ES

ABFALLWIRTSCHAFT
IN FORSCHUNG UND PRAXIS

Band 89

Auswirkungen von Deponien

Systemanalyse und Steuerungsmöglichkeiten
– Grundlagen für Neuplanung und Sanierung –

Von
Manfred Voigt

ERICH SCHMIDT VERLAG

Die Deutsche Bibliothek – CIP-Einheitsaufnahme

Voigt, Manfred:
Auswirkungen von Deponien : Systemanalyse und
Steuerungsmöglichkeiten ; Grundlagen für Neuplanung und
Sanierung / von Manfred Voigt. – Berlin : Erich Schmidt, 1996
(Abfallwirtschaft in Forschung und Praxis ; Bd. 89)
ISBN 3-503-03938-4
NE: GT

⊂ 362/96

ISBN 3 503 03938 4

Gedruckt auf „RecyMago"
der Fa. F. Flinsch + E. Michaelis & Co.,
Reinbek

Druck: Regensberg, Münster

Vorwort

Diese Arbeit entstand im Rahmen der Forschung des Fachgebietes Stadtbauwesen und Wasserwirtschaft, Fakultät Raumplanung der Universität Dortmund, zu Auswirkungen von Einrichtungen der Versorgungssysteme auf den Raum und den Standort.

Weitere Arbeiten in dieser Reihe zu Standortauswirkungen von Abfallverbrennungsanlagen und zu Windkraftanlagen sind in Vorbereitung.

Solche Arbeiten entstehen in der Regel nicht im Alleingang und so geht mein herzlicher Dank an

Dipl.-Ing. Heike Gantke
für Anregungen, Textvorschläge, Korrekturen und Kritik;

Dipl.-Ing. Petra Matil-Franke
die einen großen Teil der Graphiken erstellt hat bzw. bei der Erstellung der Graphiken beraten hat;

Dipl.-Ing. Franz Josef Nowak
für Beratungen und Textvorschläge zu ökologischen Fragen.

Dank schließlich auch an den Erich Schmidt Verlag, mit dem ich unbürokratisch und flexibel zusammenarbeiten konnte.

Dortmund, Januar 1996   Manfred Voigt

INHALT

Übersicht

Inhaltsverzeichnis

Manfred Voigt
Dipl.-Ing., Bauingenieur (Hamburg, Berlin); wiss. Angestellter; - Leiter von
TRENT (zusammen mit Prof. Dr.-Ing. J. d'Alleux - Leiter des FG Stadtbau-
wesen und Wasserwirtschaft, Fakultät Raumplanung, Universität Dortmund);
Wasser-, Energie- und Abfallwirtschaft; Umweltschutz und Umweltplanung;
Technikfolgenabschätzung; Systemanalyse, Methodenentwicklung, Didaktik;
Umweltverträglichkeitsprüfungen, Standortuntersuchungen; kommunale
Entwicklungsplanung; Dissertation "Versorgungssysteme und Ressourcen"
im Verfahren.

**TRENT - TeamRegionaleENTwicklungsplanung - Forschungsgruppe an
der Universität Dortmund**; forschungsorientierte Projekte in den Bereichen
Umweltplanung, Umweltschutz, Versorgungssysteme und Ressourcen:
Wasser, Energie und Abfall sowie Altlasten; Vermittlung bei Planungskonflik-
ten.
c/o Universität Dortmund, August-Schmidt-Str. 10, 44227 Dortmund; Tel.
0231/7552281, Fax. 0231/7554755.

EINLEITUNG

Angesichts des zur Zeit zu beobachtenden Rückganges von Abfallmengen, sowohl bei Sonderabfällen als auch bei Siedlungsabfällen, verbesserter Verbrennungstechnik und thermischer Verfahren und neueren Hoffnungen, Abfälle unter Tage in ausgeräumten Bergwerken als Versatz (Wertstoff) zu verbringen, gedeiht die Hoffnung, die politisch schwer zu handhabenden Deponien gar nicht oder kaum noch gebrauchen zu müssen und auf jeden Fall keine neuen Deponien mehr zu benötigen.

- Sicherlich waren Abfälle bisher auch ein Wohlstandsindikator, so daß sich entsprechend der Konjunktur periodische Prozesse (steigen - fallen) auch in der Abfallwirtschaft bemerkbar machen können.
- Sicherlich gibt es in der Industrie ständig Umstellungen der Produktion, die mit einer Veränderung von Stoffströmen, ggf. auch Stoffqualitäten, verbunden sind.
- Sicherlich zeitigt auch das Verbraucherverhalten Wirkungen auf das Abfallaufkommen.
- Sicherlich müssen sich auch die zahlreichen gesellschaftlichen Sortierprozesse zumindest vorübergehend auf die zu entsorgenden Abfallmengen auswirken.

Wenn sich jedoch der Metabolismus der Industriegesellschaft nicht dramatisch verändert, verschwinden auch die umgesetzten Stoffe aus naturgesetzlichen Gründen nicht endgültig - sie müssen aus diversen Wertstoffschleifen zu einer Ablagerung kommen, entweder als Wertstoff oder als Abfall. Wertstoffe sind als Wirtschaftsgut konjunkturellen Schwankungen ausgesetzt, also keine fixen Größen, so daß deren geordnete Ablagerung als Abfall in der gesellschaftlichen Planung berücksichtigt werden muß. Was das Volumen der Stoffe betrifft, wird vieles von der politischen Durchsetzbarkeit von Standorten für Verbrennung und thermische Verfahren ankommen. Darauf sollte keine abfallwirtschaftliche Planung gründen.

Angesichts einer abfallwirtschaftlichen Umbruchphase, in der noch nicht übersehbar ist, welche Konsequenzen eine Rückführung von Abfällen (Kreislaufwirtschaft) mit sich bringt, befinden sich zudem viele Abfälle/Wertstoffe in einer Warteschleife. Die vielen im Kreislaufwirtschaftgesetz angekündigten Verordnungen der Bundesregierung sorgen für Unsicherheit, da sich noch nicht bekannt sind. Darüber hinaus ist aus naturgesetzlichen Gründen eine Kreislaufwirtschaft von Stoffen /Produkten nicht möglich. Insofern wäre es unverantwortlich, im Sinne einer Entsorgungssicherheit auf geordnete Deponien zu verzichten.

Hoffnung wird bei sinkenden Abfallmengen auch auf die verlängerte Nutzbarkeit im Betrieb befindlicher Deponien gesetzt, die neue Planungs- und Standortsuchverfahren überflüssig machen sollen. Zu fragen ist jedoch, was es für einen Sinn machen soll, Vorschriften zu haben, die den Stand der Technik für Deponien markieren, aber keine Deponien, die diesem Stand entsprechen. Statt dessen gibt es zahlreiche geschlossene Deponien, die jetzt in der Altlastenstatistik wieder auftauchen und noch im Betrieb befindliche Altanlagen, deren Konzepte aus einer Zeit stammen, als es die aktuellen Technischen Anleitungen noch nicht gab. Diese Anlagen werden zukünftig einen Großteil der Probleme ausmachen, vor denen die Technischen Anleitungen eigentlich schützen sollten.

Ob Neuplanung oder Fortsetzung des Betriebes von Altanlagen bzw. deren Sanierung und Ertüchtigung, wir werden uns auch in Zukunft - vielleicht noch intensiver als bisher - mit Deponien zu befassen haben; was auch sinnvoll ist. Es ist besser, potentiell gefährliche oder unangenehme Stoffe unbefristet zu konzentrieren und zu kontrollieren, als sie als Immission oder als Wertstoff in der Biosphäre zu verteilen.

Sieht man sich das umfangreiche Regelwerk im Hochbau, beim Stahlbeton und Stahlbau an, so wirken die Hefte der Technischen Anleitungen Abfall und Siedlungsabfall (TA-A, TA-Si) eher mager. Wenn man darüber hinaus weiß, daß die Bestimmungen z. B. der DIN 1045 - Stahlbeton - auf vielfältigen Nachweisen über ihre Validität beruhen, so wird der Satz eines Baupraktikers verständlich: "Wenn alle Bauwerke so gebaut würden wie Deponien, würden die Menschen lieber in Zelten wohnen und keine Brücken mehr betreten".
Bei einem Vortrag im Rat der Stadt Hamm wurde mir von einem Zuhörer vorgehalten, "Deponien sind doch Steinzeit mit etwas Folie". Ich habe darauf geantwortet, daß das Gute daran die Steinzeit sei, wenn diese sich auf die Abdichtungen von Deponien beschränke und sich nicht in unseren Köpfen fortsetze, indem wir **deponieren** mit **vergessen** gleichsetzen. Eine Technik, die ihre Funktion unbegrenzt erfüllen soll, muß ebenso lange in der Gesellschaft verankert sein - wie ein Deich oder ein Brücke.

Die Lastfälle einer Deponie sind vielfältig. Schon die Primäraufgabe, das Zusammenhalten von Stoffen an einem Ort, ist schlecht definiert und für die Tragfähigkeit der Regelkonstruktion (entsprechend den TA'en) gibt es nur Vermutungen - insbesondere was die Forderung nach unbefristeter Funktion betrifft. Anders als bei anderen technischen Großanlagen, z.B. der Reaktortechnik, gibt es keine Redundanzen der Anlagenteile. Das Überwinden eines Sicherheitssystems ist irreversibel bzw. verändert den Zustand des Systems und/oder seiner Umgebung: Ein Gas, was die Deponieabdeckung durchströmt hat, wird nicht von einer weiteren - dem gleichen Zweck dienende - Sicherung zurückgehalten. Das Wasser, was die Oberflächenabdichtung durchströmt hat, befindet sich im Abfallkörper, kann sich mit Stoffen befrachten und - sehr langsam - durch die Basisabdichtung und - etwas schneller - durch die Deponieflanken fließen. Hat es diese verlassen, befindet es sich außerhalb der Deponie in der sogenannten 'Geologischen Barriere', deren Funktionsfähigkeit nur durch Stichproben beschrieben werden kann oder in die freie Deponieumgebung. Die Dichtigkeit der Oberflächen- und Basisabdichtung wird u.a. mit einer Fließgeschwindigkeit beschreiben (dem Durchlässigkeitsbeiwert k_f in m/s).

Andere Lastfälle, wie Klima, Wetter, Erosion, Austrocknung, Durchwurzelung und Tiere werden gar nicht explizit nachgewiesen und über die Änderung des gesellschaftlichen Umfeldes, Nutzungsänderungen, Änderungen von Vorschriften, Änderungen in der Abfallwirtschaft und in der Risikoakzeptanz, das Vergessen ... wird noch nicht einmal systematisch nachgedacht, obwohl die unbefristete Funktionsfähigkeit der Anlage als Konstruktionskriterium bekannt ist.

Die Versuche, den Primärlastfall zu ändern, also die Entfrachtung der Abfälle von Stoffen, die die Funktionsfähigkeit der Deponie gefährden oder ihre Umgebung belasten könnten, sind zwar in den genannten Regelwerken als Stand der Technik ausgewiesen, machen jedoch offensichtlich die Abkapselung des Restabfalles nicht überflüssig, da auch Aschen und Filterstäube abgelagert werden müssen. Das, was in der Buchhaltung über bewegte Massen dann fehlt, befindet sich in der großen Deponie, genannt Atmosphäre bzw. Landschaft.

All das ruft nach gesellschaftlichen Strukturen, die mit der Permanenz dieser Technik umgehen können, die also die Forderung nach dauerhaft-umweltgerechter Stoffwirtschaft in diesem Bereich handlungsstrukturell einlösen können. Sprech niemand von Utopien; die Wirklichkeit ist banaler: die Brückenabteilung einer Straßenverwaltung kümmert sich um deren Funktionsfähigkeit, solange diese befahren wird. So wird aus einer Deponie ein System mit gesellschaftlich-industrieller Prägung mit Sach- und Zielebenen und den dazu erforderlichen Handlungstrukturen. Da eine Deponie heute in der Regel von Auseinandersetzungen über Notwendigkeit, Größe, Inhalt, Konstruktion, Gestalt begleitet wird, ist es erforderlich, sie auch als ein solches System zu begreifen und zu planen.

Die Wissenschaft produziert entsprechend ihrer historischen Ausdifferenzierung vorwiegend Erkenntnisse zu Einzelsachverhalten. Daher gibt es zu Deponien eine Vielzahl von Literatur, die diesen wissenschaftlichen Ansprüchen mit Erfolg genüge tut. Vergleichsweise gering entwickelt ist das Bemühen, Deponien - in ihrem jeweiligen gesellschaftlichen Zusammenhang - als Systeme zu betrachten, etwa auf dem Niveau der Industrie- und Produktionsplanung. Mit der hier vorgelegten Untersuchung soll dieser Gedanke aufgegriffen werden.

Die Deponie steht am - vorläufigen - Ende eines vergesellschafteten Stoffstromes und ist damit integriert in entsprechende Kommunikations- und Organisationsstrukturen. Sie ist als System dort abzugrenzen, wo sie in der abfallwirtschaftliche Planung als Entsorgungsmöglichkeit berücksichtigt und wo entsprechende Transporte mit dem Ziel Deponie auf den Weg gebrachten werden. Ab diesen Schnittstellen entwickelt sich nicht nur ein technisches und betriebliches System, sondern auch ein soziales System im Sinne der soziologischen Systemtheorie. Deponiestandort, -bau und -betrieb sowie schließlich eine Halde gehören dazu, aber auch Einwirkungen auf die Deponie, ihre Auswirkungen und die davon Betroffenen. Die einzelnen Komponenten können sich gegenseitig beeinflussen.

Abbildung 1 gibt in einer hierarchischen Darstellung das 'System Deponie' mit den oben textlich eingeführten Systemkomponenten wieder. In der Darstellung wird deutlich, daß die rein technisch erforderlichen Minimalbedingungen durch die Komponenten "Abfall", "Bau", "Transport", "Betrieb" und "Halde" beschrieben werden können. Auch eine - früher übliche - unkontrollierte Deponie bestand aus diesen Komponenten.
Die zusätzlichen Aufwendungen und Betrachtungen über Auswirkungen und Betroffene resultieren aus den weitergehenden sozialen und humanen Dimensionen der Technik und der Umsetzung eines allgemeinen Besorgnis- und Vorsorgeprinzips für den Schutz von Mensch und Naturhaushalt.

Durch die Abwärtsbewegung in der Hierarchie (von außen nach innen) erhält man detaillierte Erklärungen des Systems. In umgekehrter Richtung erschließt sich die Systembedeutung (vgl. MESAROVIC/MACKO 1969, S. 19-50).

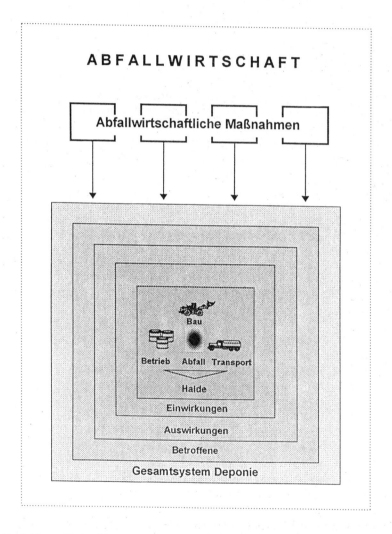

Abb. 1: Hierarchische Darstellung des Systems und seiner Komponenten

Dies ist der Kontext, im dem nachfolgend von Deponie zu sprechen sein wird. Die Untersuchungen beziehen sich nicht auf eine bestimmte Deponie, sondern sind nutzbar für alle Arten von Deponien, von denen Gefahren ausgehen und für deren Planung, Umweltverträglichkeitsuntersuchung und -prüfung sowie für Analyse und Sanierung von Altanlagen. Allerdings wird, um die jeweils schwerwiegendsten Probleme zu berücksichtigen, in einigen Bereichen vorzugsweise der Bezug zu Sonderabfalldeponien gewählt. Minderschwere Fälle können darum aus Platzgründen nicht behandelt werden und der Leser muß hier selbst entscheiden, was für ihn nützlich ist.

Präferenzen bestehen auch bzgl. der Deponieform. Eine Halde ist dann die gegebene Konstruktion, wenn der Forderung nach freier Vorflut nachzukommen ist. Sie stellt also den schwerwiegenderen Fall dar. Wo solche Anforderungen nicht bestehen, sind auch andere Formen denkbar.

Die Untersuchung ist weitgehend so aufgebaut, daß sie den gesamten Prozeß, die Abfolge von Stadien der Deponie entlang des Abfall- und Stoffstromes verfolgt. Sie kann also als Leitfaden insgesamt oder für Teilabschnitte und Einzelfragen verwendet werden und als Planungs- und Konstruktionsunterstützung dienen. Insbesondere bei der Vorbereitung von Entscheidungen über die Fortsetzung des Betriebes einer Altanlage bzw. deren Ertüchtigung im Sinne der TA Abfall und der TA Siedlungsabfall ist eine systematische Analyse über Auswirkungen der Deponie und deren Steuerungsmöglichkeiten erforderlich. Die entsprechenden Kapitel enthalten daher Hinweise auf solche Steuerungen.

Ebenso wichtig ist eine systematische Analyse über Auswirkungen einer Deponie aber auch bei der Standortsuche und der - vergleichenden - Bewertung von Deponiestandorten. Die damit zu erreichende Transparenz zeigt gerade auch bei Auseinandersetzungen, mit denen bei der Standortsuche im Regelfall zu rechnen ist, muß nach vielfältigen - auch persönlichen - Erfahrungen sehr hoch eingeschätzt werden.

Grundlage für eine Systemanalyse ist entweder eine reale Anlage oder ein Modell. Erste Anhaltspunkte für ein Modell geben die Technischen Anleitungen Abfall und Siedlungsabfall. Deponien sollten jedoch als kontext-/standortbezogene Einzelfälle betrachtet werden, so daß man bei diesen Modellen nicht stehen bleiben wird, zumal die Technischen Anleitungen auch als Momentaufnahmen eines abfallpolitischen Kompromisses angesehen werden können und der Stand der Technik sich weiterentwickelt.
Bei der Analyse und Ertüchtigung von Altanlagen kommt die vorhandene Anlage als zweites Modell hinzu. Die Überprüfung von Altanlagen sollte auf

dem Niveau von Standortsuchen für Neuplanungen durchgeführt werden und kann zu dem Ergebnis führen, daß sie nicht weitergeführt werden sollten und demzufolge ein neuer Standort benötigt wird. Hier tritt dann wieder der erste Modellfall ein.

Im Verlauf der Standortsuche und -entscheidungsprozesse sollte das allgemeine Modell immer mehr an Standortbezug gewinnen, bis im Idealfall eine standortbezogene Lösung gefunden wurde.

Eine Deponie ist insofern ein künstliches, mit technischen Mitteln erstelltes Gebilde, welches eine bestimmte Aufgabe erfüllen soll. Sie ist also eine technische Anlage wie eine Fabrik oder ein anderes Bauwerk.
Die Konstruktion einer technischen Anlage ist praktisch immer ein iterativer Prozeß, ein sich wiederholender - kreisförmiger - Vorgang, in dem gleiche oder ähnliche Schritte immer wieder durchlaufen werden, bis aus relativ groben und unsicheren Überlegungen ein genauer Plan entstanden ist (siehe Abb. 2), z. B. wie folgt:

* **Verfahrensträger** legt fest:
  1. Oberziel: Endablagerung von Abfällen
  2. Erste Konstruktionsentscheidungen: Abschätzungen zur Deponietechnik bzw. Übernahme von TA Abfall und TA Siedlungsabfall als allgemeinen standortunabhängigen Stand der Technik
  3. Vorgabe grundlegender Standortmerkmale

* **Gutachter:**
  4. führt danach Standortvorerkundungen durch; Ergebnis: Suchgebiete für mögliche Standorte

* **Verfahrensträger:**
  5. Auswahl möglicher Standorte
  6. Weitere Ziele, z. B.: Definition standortbezogener Sicherheit, Umweltverträglichkeitskriterien

* **Gutachter:**
  7. Standorthaupterkundung: Vergleichende Umweltverträglichkeitsuntersuchung
  8. Untersuchung genereller Auswirkungen einer Deponie und Vergleich mit den konkreten Standortbedingungen
  9. Weitere Empfehlungen zur Deponietechnik und zur Einlagerung von Abfällen
  10. Vergleichende Untersuchungen zu den möglichen Standorten

* **Verfahrensträger:**
  11. Weitere technische und stoffliche Entscheidungen
  12. Standortentscheidung
  13. Planfeststellungsverfahren und Umweltverträglichkeitsprüfung.

Während dieses Prozesses verbessern und verfeinern sich Bewertungsmaßstäbe und Wissen (vgl. Abb. 2).

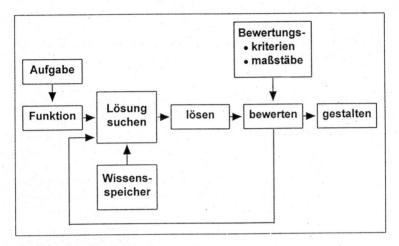

Abb. 2: Iteratives Vorgehen beim Konstruieren (SCHARF 1975)

Bezüglich der Standortsuche wird auf die Arbeit des "Arbeitskreises Standortsuche für Abfallentsorgungsanlagen" verwiesen (STOLPE/VOIGT (Hg.) 1996). Zur Sanierung von Altanlagen kann die Literatur über Altlasten herangezogen werden.

In konkreten Standortsuch- und -überprüfungsverfahren hat eine allgemeine Betrachtung von Deponieauswirkungen

– den Vorteil, daß die Auswirkungen und Gefahren einer Deponie, soweit möglich, **offengelegt** werden können;
– ermöglicht einen **Vergleich** der für den jeweiligen Standort zu berücksichtigenden Probleme;
– verringert die Wahrscheinlichkeit, daß etwas **übersehen** wird;
– markiert den jeweils existierenden **Stand der Technik** als gemeinsame Basis für die Beteiligten, auf den aufgebaut werden kann;
– ist als Gefahrenanalyse **Vorstufe zu einer Risikoanalyse**;
– **erspart aufwendige Analysen** für eine Vielzahl von einzelnen Standorten;
– liefert frühzeitig Ansätze zur **Verbesserung, Anpassung und Steuerung** des Deponiesystems;
– ist Grundlage zur zielgerechten **Integration von Standort und Deponie**;
– sichert einen gewissen **Standard** für Planung, Standortsuche, Standortüberprüfung und Konstruktion.

Schließlich ist es bei einem Bauwerk, welches unbefristet funktionstüchtig sein soll wesentlich, noch bestehende Unwägbarkeiten und Kenntnislücken zu erkennen, um zukünftige Handlungsmöglichkeiten besser einschätzen zu können. Standortspezifische organisatorische und technische Lösung kommen in das Blickfeld und frühzeitig werden die Erfordernisse für weitere Untersuchungen identifiziert.

Eine Arbeit wie diese nimmt einige Zeit in Anspruch, in der sich nicht nur die Deponietechnik, sondern auch die abfallwirtschaftlichen Verhältnisse wandeln. Insofern wurde versucht, vor allem die sachlichen Grundlagen und das methodische Prinzip zu zeigen und so den Gebrauchswert dieser Untersuchung möglichst lange zu erhalten.

Für aktuelle Details ist nach wie vor die Lektüre der Fachzeitschriften und der sonstigen Periodika unentbehrlich. Diese Arbeit bietet jedoch die Möglichkeit einer erleichterten Einordnung und Beurteilung aktueller Informationen.

Eine Deponie kann als Bauwerk einer entropischen Gesellschaft angesehen werden. Seine Qualität und Funktionstüchtigkeit wird dann um so größer sein, je mehr es gelingt, Entropie in der Information zu verringern und zu vermeiden.

1   METHODIK

1.1   ZUR SYSTEMANALYSE ALS METHODE

Wissenschaft erzeugt aufgrund ihrer methodischen und wissenschaftshistorischen Grenzen vornehmlich einzelwissenschaftlich orientierte Informationen. Reale Probleme wie Planung, Bau und Betrieb einer Deponie halten sich jedoch nicht an diese disziplinären Grenzen. Dadurch bestehen für Wissen und Handeln unbeachtete Bereiche - "Anschlußlücken" - die einem großen Teil der Probleme im Spannungsfeld von Gesellschaft und Naturhaushalt ausmachen (vgl. VOIGT 1996). Nur dort, wo Prozeßketten konstruiert und handlungsstrukturell begleitet werden, treten solche Anschlußprobleme nicht oder in geringem Maße auf (z.b. in Fertigungsbetrieben). Solche Diskrepanzen können auf systemtheoretischer Grundlage überbrückt werden.
Systemanalyse soll hier als eine allgemeine Problemlösungssystematik verstanden werden, deren Handlungsorientierung sich in pragmatischen und konkreten Problemlösungskonzepten verwirklicht.

Der betrachtete Sachverhalt "Deponie" wird als komplexer Zusammenhang, als System betrachtet. **Unter einem System soll eine Ganzheit miteinander verknüpfter Elemente verstanden werden, die zu einem gemeinsamen Zweck miteinander operieren** (FORRESTER 1972, S. 9).
Diese Ganzheit besteht "aus Elementen (Dingen, Objekten, Sachen, Komponenten, Teilen, Bausteinen, Gliedern) mit Eigenschaften (Attributen), wobei die Elemente durch Beziehungen (Zusammenhänge, Relationen, Kopplungen, Bindungen) verknüpft sind" (FUCHS 1969, Sp. 1620.).

Systeme an sich, soweit sie sich nicht als autopoietische Systeme selbstreferentiell präsentieren, sind jedoch nicht ohne weiteres gegeben, sondern stellen weitgehend gedankliche Konstrukte dar, mit deren Hilfe Wirklichkeit (natürliche und künstliche Systeme) besser erfaßt werden kann.
Die Systemanalyse ist daher eine Untersuchungsmethode mit der versucht wird, Einzelfaktoren eines gedachten Systems nicht isoliert zu betrachten, sondern deren Bedeutung und ihre Einordnung im Gesamtsystem zu analysieren. Sie verfügt über keinen festen Satz von Techniken, sondern ist pro-

blemabhängig, unterscheidet sich also je nach betrachtetem System und dem jeweiligen Ziel der Arbeit.

Vergleichbar ist hingegen bei der Anwendung der Systemanalyse die methodische Vorgehensweise, die sich grob in 4 Stufen gliedern läßt (nach WEGNER 1969. Aus: EPPLE 1979, S. 49; s. Abb. 1.1):

– **Analyse der Zielsetzungen**
   = Feststellung der konkreten materiellen Systemleistungen sowie Festlegung der Auswahlkriterien.
– **Analyse der Elemente**
   = Feststellung der Elemente, aus denen sich das System zusammensetzt.
– **Analyse der Beziehungen**
   = Feststellung, zwischen welchen Elementen Beziehungen bestehen.
– **Analyse des Systemverhaltens**
   = Dieser Analyseschritt geht von dem Bestand eines Systems aus, das auf der Grundlage der ermittelten Elemente und Beziehungen konzipiert wurde.

Die einzelnen Phasen können sich überlappen und, wenn erforderlich, auch in einem iterativen Prozeß mehrfach durchlaufen werden.

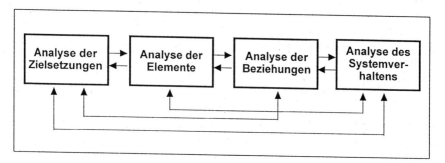

Abb. 1.1: Stufen der Systemanalyse, Rückkopplungen
(nach WEGNER 1969; aus EPPLE 1979, S. 50)

Ein System wird wesentlich dadurch begründet, daß es von seiner Umgebung abgegrenzt wird, soweit es dies nicht selbst tut. Dieses erreicht man durch die problembezogene Betrachtung der Materie-, Energie- und Informationsströme. **Bei einem Deponiesystem sind es überwiegend Informations- und**

Kommunikationsprozesse (z. B. Deponieplanung), die sich um gewünschte und/oder vorhandenen Stoffströme herum anordnen.

1.2 ZUM METHODISCHEN VORGEHEN

Entsprechend dem systemanalytischen Ansatz (vgl. Kap. 1.1) wird der Untersuchungsgegenstand - d. h. die Deponie, deren Bau, Betrieb und die örtlichen Bedingungen - als System aufgefaßt, über dessen Funktionsweise Modellvorstellungen (in Abbildungen und Texten) zu entwickeln sind bzw. vorliegen. Zustand, Entwicklung und Verhalten dieses Systems werden bestimmt durch

- die Eigenschaften seiner Komponenten und
- ihr Zusammenwirken.

Das System steht unter dem Einfluß der Systemumgebung wie den umgebenden realen Räumen, aber auch politischen, wirtschaftlichen und sozialen Bedingungen und Entwicklungen.

Das hier zu analysierende System lautet allgemein:

>> In eine jeweils zu definierende Landschaft mit näher zu beschreibenden Nutzungen und naturhaushaltlichen Elementen hinein wird eine Deponie des in einem Modell beschriebenen Typs gebaut. Zweck der Deponie ist die unbefristete Trennung von Stoffen von der Biosphäre. Dazu wird eine Fläche benötigt, auf die der Ablagerungsbereich sowie Betriebseinrichtungen angeordnet werden. Innerhalb dieser Fläche findet der Deponiebetrieb statt. Es werden unter bestimmten technischen und organisatorischen Bedingungen Stoffe von definierter Qualität gelagert. Die Deponie unterhält Wechselwirkungen mit ihrer näheren und weiteren Umgebung. Die Verbindung zwischen Deponie und Umgebung zur Erfüllung des Deponiezweckes wird über bestimmte Wege abgewickelt. <<

Die Systemanalyse soll mit einem jeweils zu bestimmenden Detaillierungsgrad die Systemkomponenten erfassen, ihre wesentlichen Wechselwirkungen qualitativ und - soweit möglich - quantitativ darstellen mit dem Ziel, die umweltbezogenen Gefahrenpotentiale qualitativ und möglichst auch quantitativ zu beschreiben. Dabei muß neben regelmäßigen und kurzfristig auftretenden Auswirkungen vor allem das Langzeitverhalten relevanter Systemelemente berücksichtigt werden, da das System seine Fúnktion unbefristet erfüllen soll.

Das zu analysierende Deponiesystem wird entlang seiner Stoff- und Informationsströme in folgende Komponenten zerlegt (vgl. Abb. 1.1 u. 1.2) und damit auch von seiner Umgebung abgegrenzt; es entwickelt sich zeitlich wie nachfolgend beschrieben (vgl. Abb. 1.3):

DIE KOMPONENTEN DES SYSTEMS DEPONIE

Planung	(Kap. 9)

Bereits mit der **Planung** der Deponie beginnt sich das System 'Deponie' zu bilden. Dazu zählen sowohl die Planungsschritte von Behörde und Betreiber als auch die Reaktionen der Öffentlichkeit. Das System erzeugt Resonanz nicht nur bei den unmittelbar Beteiligten, sondern auch bei Industrie, politischen Institutionen und Bürgern. Diese Resonanz beeinflußt je nach Gestaltung dieser Phase auch die Planung und Konstruktion der Deponie, hat also Wirkungen auf Bau, Betrieb und Kontrollbetrieb der späteren Anlage. Wesentliche Elemente dieser Phase sind neben der allgemeinen Entsorgungssituation und der technischen Abwicklung von Planung und Konstruktion der Anlage selbst auch die Offenheit der Planung, die Beteiligung von Betroffenen, die Unsicherheit über die konkreten Auswirkungen der Deponie und damit die Frage nach Gestaltbarkeit der Zukunft, z. B. von Anwohnern.

Bau	(Kap. 2)

Wurden die einzelnen Vorbereitungs- und Planungsphasen durchlaufen, kann mit dem **Bau** der Deponie (Untergrundvorbereitung, Basisabdichtung usw.) begonnen werden. Dieser ist mit der Begrünung der Deponie vorerst abgeschlossen.
Die zu betrachtenden Gefahrenpotentiale ergeben sich aus dem Betrieb einer über mehrere Jahrzehnte bestehenden Baustelle und dem damit verbundenen Verkehrsaufkommen. Fehler beim Deponiebau (z. B. bei den Abdichtungen) können das Verhalten der Deponie langfristig erheblich beeinflussen.
Bauphasen können sich während des Kontrollbetriebes durch Reparaturen und Nachbesserungen ergeben.

Betrieb   (Kap. 3)

Mit der Fertigstellung von betrieblichen Einrichtungen (z. B. Labor, Um-
schlageinrichtungen, Büro) beginnen die Vorbereitungen für den **Betrieb** der
Deponie, der Behandlung, Verteilung und dem Einbringen der Abfälle auf
dem Deponiegelände ebenso erfaßt wie Wartung und Überwachung der sicherheitstechnischen Einrichtungen (Überdachung der Einbaustelle, Entwässerungssysteme usw.). Je nach betrieblichen Bedingungen gibt es unterschiedliche Problembereiche: Wer ist der Betreiber, wie ist die Organisation
und die Betriebstechnik, welche Emissionen sind bei bestimmten Sicherheitseinrichtungen möglich, welche Störungen des Betriebes müssen berücksichtigt werden?

Nach Beendigung der Einlagerung von Abfällen muß die Deponie aufgrund
der Eigenschaften der eingelagerten Abfälle kontrolliert werden, um eine Gefährdung der Deponieumgebung frühzeitig erkennen zu können. Dieser **Kontrollbetrieb** muß solange aufrecht erhalten bleiben, wie Gefährdungen von
der Deponie ausgehen.

Transport   (Kap. 4)

Mit dem ersten **Transport von Abfällen** beginnt die Verwirklichung des eigentlichen Zweckes der Anlage. Gefahren entstehen hier durch zusätzlichen
LKW-Verkehr, die dafür erforderlichen Infrastruktureinrichtungen und durch
mögliche Schadstoffemissionen bei Unfällen. Das gilt auch für den ggf. erforderlichen **Transport von Sickerwasser.**

Abfall   (Kap. 5)

Die Ablagerung von **Abfall**, nämlich des vorher - spätestens im Planfeststellungsverfahren - festgelegten Sonderabfalls bzw. des allgemein definierten
Siedlungsabfalls, steht über einen bestimmten Zeitraum im Mittelpunkt der
Arbeiten. Von der Auswahl der Abfälle, deren Konditionierung, Einbau und
Verhalten in der Halde hängen für einen nicht begrenzbaren Zeitraum wesentliche umweltrelevante Gefahrenpotentiale ab. Der Abfall und seine Inhaltsstoffe beeinflussen durch ihre Eigenschaften praktisch alle anderen Deponiekomponenten.

Halde (Kap. 6)

Ist das für den Abfall vorgesehene Volumen der Deponie gefüllt und die Rekultivierung abgeschlossen, ist eine **Halde**, ggf. auch eine andere Konfiguration, entstanden, die je nach Verhalten der Abfallinhaltsstoffe und der Wirksamkeit der Sicherheitseinrichtungen unbegrenzt Bestand haben soll. Sie ist ein neues, überwachungsbedürftiges Landschaftselement und gleichzeitig für die im Umkreis Betroffenen durch mögliches Versagen von Abdichtungen und der Standsicherheit und durch unterschiedliche Einwirkungen ein Gefährdungspotential sowie durch die dauerhafte Veränderung der Landschaft mit Beeinträchtigungen verbunden.

Einwirkungen (Kap. 7)

Die Baustelle und die Halde selbst sind auch von **Einwirkungen** betroffen, die sowohl aus der Natur als auch aus der menschlichen Gesellschaft kommen können. Sie können sich auf die Veränderungen von gesellschaftlichen Randbedingungen, z. B. die Veränderung gesetzlicher und technischer Gegebenheiten und die langfristige Organisation des Kontrollbetriebes beziehen, aber auch auf natürliche Prozesse wie klimatische Einwirkungen (Sonne, Wind, Wasser und daraus folgend Erosion der Halde), biotische Einwirkungen und auf geologische und tektonische Veränderungen.

Auswirkungen (Kap. 8)

Während die vorher beschriebenen Systemkomponenten auf ihre Gefahrenpotentiale hin untersucht werden, sollen gesondert die **Auswirkungen** selbst beschrieben werden. Die Auswirkungen bzw. **Emissionen** betreffen das Kleinklima im Nahbereich der Deponie und mögliche **Pfade** (Luft, Wasser, menschliche Wahrnehmung), über die Belastungen und Emissionen von der Deponie in die Umwelt gelangen können.

Betroffene (Kap. 9)

Fraglich ist es, ob die Veränderungen der Umweltqualität für die davon **Betroffenen** (Menschen, Ökosysteme, Arten und Nutzungen) verträglich sind. Deshalb wird in der Methode zwischen Auswirkungen einerseits und Betroffenen bzw. **Immissionen** andererseits unterschieden.

6 EINWIRKUNGEN

Gefahren für die
Deponie durch
- Gesellschaftliche
  Veränderungen
- Biologische
  Einwirkungen
- Tektonik
- Klima

7 AUSWIRKUNGEN

Gefahren über Pfade
- Kleinklima
- Luft
- Wasser
- Wahrnehmung

8 BETROFFENE

- Menschen
- Ökosysteme
- Umweltmedien
- Landschaft

4 ABFALL

Gefahren durch
- Abfallarten
- Abfallmengen
- Abfallverhalten

DEPONIE

5 HALDE

- Latente Bedro-
  hung
- Standsicherheit
- Sickerwasser
- Gas
- Änderungen der
  Landschaft

1 BAU

Gefahren durch
- Langjährige
  Baustelle
- Baufehler
- Bautransporte
- Unfälle

2 BETRIEB

Gefahren durch
- Betriebliche
  Organisation
- Technik
- Emissionen
- Unfälle

3 TRANSPORT

Gefahren durch
- Zusätzlichen Ver
  kehr
- Schadstoffe
- Zerschneidung
- Unfälle

0 PLANUNG

- Entsorgung
- Stand der Technik
- Verfahren
- Öffentlichkeit
- Unsicherheit

9 AUSGLEICH

- Bedeutung des
  Eingriffs
- Machbarkeit
- Irreversibilität

10 GESAMTSYSTEM

- Ziele
- Steuerung
- Kontrolle
- Akteure

Abb. 1.2: Das Deponiesystem

Nicht alles, was den Deponiebereich verläßt, kommt auch in voller Wirksamkeit beim Betroffenen an. Diese Unterscheidung markiert Gestaltungsspielräume der Beteiligten.

Ausgleich (Kap. 10)

Was an verbleibenden Auswirkungen durch die Konstruktion und Steuerung der Anlage selbst nicht weiter minimiert werden kann, ist möglicherweise durch Maßnahmen im Wirkungsbereich der Deponie zu kompensieren. Der **Ausgleich** des Eingriffs in den Naturhaushalt ist die örtliche Möglichkeit, Anlage und Standort als System zu verbinden und miteinander zu vereinbaren. Er ist mit vielen Unsicherheiten über die Machbarkeit eines Ausgleichs für einen irreversiblen Eingriff verbunden.

Gesamtsystem (Kap. 11)

Diese einzelnen Teile von Deponie und Deponieumgebung fügen sich zu einem **Gesamtsystem** zusammen, welches mehr ist, als die Summe seiner Teile und welches durch seine Wechselwirkungen zwischen den verschiedenen Komponenten ein eigenes Systemverhalten aufweist. Die Wechselwirkungen zwischen den Teilen des Systems sollen sich nicht zufällig einstellen, sondern planmäßig, beeinflußbar und kontrollierbar ablaufen. Dieses System bedarf als technische Anlage der Steuerung. Diese Steuerung betrifft sowohl die oben genannten Komponenten im einzelnen als auch die Anlage mit ihrer Umgebung als Ganzes. Zur Steuerung sind Ziele und Zwecke erforderlich sowie Kontrollen über das Erreichen von Zielen. Daran sind unterschiedliche Akteure beteiligt.

In der Darstellung der zeitlichen Entwicklung der Komponenten des Systems Deponie (Abb. 1.3) ist erkennbar, daß die Elemente Abfall, Transport, Betrieb und Bau in eine übergeordnete Komponente 'Halde' übergehen. Der Prozeß der "Deponierung" ist in Abbildung 1.4 näher beschrieben worden.

Für die Halde muß kontinuierlich ein Kontrollbetrieb geführt werden, und es kann in gewissen Zeitabständen zu Bauarbeiten zur Ausbesserung und Erneuerung von Teilen der Halde kommen. Da es sich um ein Endlager für teilweise sehr persistente Abfälle handelt kann, ist der zeitliche Prozeß grundsätzlich nicht beendet, aber auch Hausmülldeponien müssen mehrere hundert Jahre kontrolliert werden.

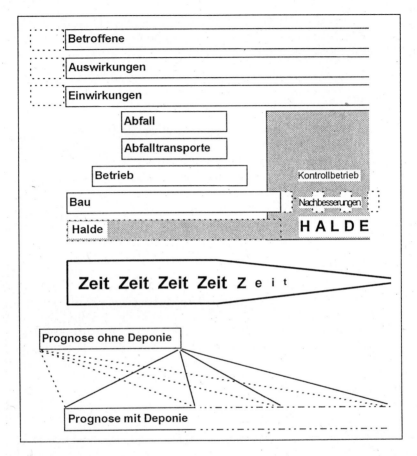

Abb. 1.3: Zeitliche Entwicklung der Komponenten des Systems Deponie und Prognose-
zeiträume

Bei der Betrachtung der Wechselwirkungen zwischen Deponie und Deponieumgebung werden zwangsläufig unterschiedliche Zeiträume mit und ohne De
ponie verknüpft. Die besten Kenntnisse über den Standort ohne Deponie hat
man am Beginn des Prognosezeitraumes. Die Vorstellungen über den Standort
am Ende des Prognosezeitraumes ohne Deponie erhält man über heute erkennbare Entwicklungen sowie vorliegende Pläne und Programme.

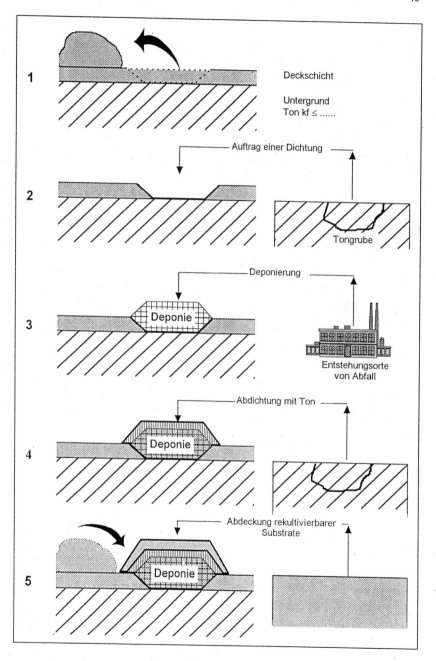

Abb. 1.4: Phasen der Deponierung

Die Auswirkungen der Deponie haben in ihrem zeitlichen Verlauf unterschiedlich große und unterschiedlich vorhersagbare Bedeutung; sie können zu variablen Zeitpunkten des Prognosezeitraumes und zum Teil weit über diesen Zeitraum hinaus auftreten. Diese Ungleichzeitigkeiten machen die Prognose über die Deponie lediglich zu einem Instrument der Gefährdungsabschätzung. Eine zeitlich bestimmbare reale Situation am Standort wird dadurch nicht prognostiziert.

In der Systemanalyse wird das Gesamtsystem mit seinen oben genannten Komponenten in seiner **Struktur** (Lage, Konstruktion) und **Funktion** (Transport und Lagerung von Stoffen, Annahme und Weitergabe von Informationen) beschrieben. Diese Beschreibung wird von verschiedenen Perspektiven aus vorgenommen.
Struktur und Funktion des Systems werden auf ihre **Gefahrenpotentiale** und die Möglichkeit von Umweltbeeinträchtigungen hin untersucht. Eine Ermittlung von Risiken erfordert eine mehr quantifizierende Abschätzung der Auswirkungen von Gefahren und ist in einem frühen Stadium der Planung noch nicht generell möglich. Bei der Gefahrenabschätzung sind verschiedene Fälle zu unterscheiden:

1. **Normalfall**: Trotz aller Sicherheitsmaßnahmen verbleiben Auswirkungen der Deponie, die je nach Betroffenen (Akzeptoren) bestimmte Veränderungen bzw. Schädigungen in der Umwelt der Deponie hervorrufen.

2. **Ausfall**: Versagen eines Teils des Systems bei planmäßigem Gebrauch, z. B. durch Alterung, fehlerhafte Herstellung u. a. (intrinsischer Fehler).

3. **Störfall**: Unplanmäßige Beanspruchung von Systemteilen, die zum Versagen führen kann (extrinsischer Fehler).

4. **Unfall**: Enthalten sind Anschläge, Sabotage, Naturereignisse u. a., durch die Teile oder das System als Ganzes durch Einwirkungen von außen außer Funktion gesetzt werden

Im Rahmen dieser Untersuchung werden weitgehend Normalfall und Ausfall zum **Normalfall**, Störfall und Unfall zum **Extremfall** zusammengefaßt. Die Möglichkeiten des Auftretens dieser verschiedenen Fälle ändert sich mit dem Entstehen und dem Bestand der Deponie. Aus diesem Grunde ist die **Zeit** eine maßgebliche Perspektive dieser Systemanalyse (vgl. Abb. 1.3 und 1.5).

Unter Gefahr soll in dieser Untersuchung eine Eigenschaft eines Stoffes, eines technischen Systems usw., aber auch eines Verhaltens verstanden werden
(vgl. WITHERS 1988, S. 17).

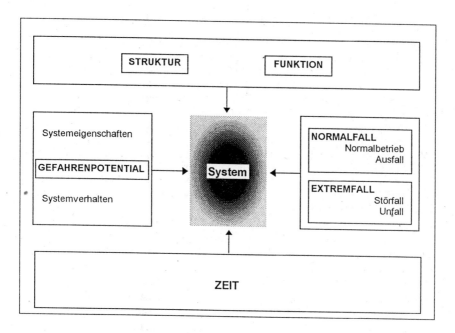

Abb. 1.5: Perspektiven der Systemanalyse

Damit wird eine Unterscheidung zum Begriff des Risikos vorgenommen. Dieser ist in technischen Risikoanalysen als Produkt aus Eintrittswahrscheinlichkeit des Versagens und der potentiellen Schadenshöhe definiert. Er beinhaltet damit eine Reihe von Quantifizierungen, statistischen Verknüpfungen und Werturteilen. Diese erfordern eine wissenschaftlich gestützte gesellschaftliche Übereinkunft über Wertungsmaßstäbe. Liegen wissenschaftliche Grundlagen und gesellschaftliche Übereinkunft nicht vor, muß ggf. mit anderen Risikobegriffen gearbeitet werden, die auch Gegenstand von gesellschaftlichen Prozessen sein können. Im Zusammenhang mit Standorterkundung, Standortauswahl und Standortüberprüfung können diese (Bewertungs-) Prozesse zum Bestandteil des Verfahrens gemacht werden.

Insofern kann eine Gefahrenbetrachtung als eine Grundlage angesehen werden, einen solchen Prozeß zu ermöglichen, der auch quantifizierende Risikoanalysen (z. B. Detailuntersuchungen zu einzelnen Problemen) einschließen kann. Diese sind bei Deponien jedoch ungleich schwieriger zu erstellen, als bei anderen technischen Anlagen. Die Gründe liegen in den Besonderheiten der Deponie als technischem System begründet.

Beispiele:
- Der **Belastungsfall** kann nicht ausreichend beschrieben werden.
- Technische Anlagen bestehen überwiegend aus aktiven Bestandteilen, deren Betriebszustände bekannt sind und getestet werden können. Eine Deponie hingegen besteht fast nur aus **passiven Bauteilen**, die allein durch ihre Anwesenheit ihre Funktion erfüllen.
- Die **Grenzzustände** von Deponiebauteilen (z. B. intakt - defekt) sind kaum formulierbar, wenn schon für eine mineralische Dichtungsschicht ein Durchlässigkeitsbeiwert zur Beschreibung ihrer Dichtigkeit verwendet wird.
- Die **Lebensdauer/Funktionsdauer** der Bauteile ist im Gegensatz zu anderen technischen Anlagen weitgehend nicht genau zu quantifizieren.
- Die Risiken liegen im Gegensatz zu anderen technischen Anlagen bei Deponien wesentlich auch in der **Zeit** nach dem eigentlichen Betrieb.
(vgl. u. a. DEMMERT/JESSBERGER 1990)

Verschiedene Vorgehensweisen bei Gefahrenabschätzungen und Risikoanalysen sind bei der Analyse der Deponie in Erwägung zu ziehen:

- **trial-and-error-Verfahren:**
  Klassische Vorgehensweise der sukzessiven Auswertung von Erfahrungen bei der Entwicklung von Baukonstruktionen mit folgenden Voraussetzungen:
  + Der materielle Schaden bei fehlerhaften Konstruktionen ist begrenzt; es gibt keinen Personenschaden.
  + Es muß eine große Anzahl von gleichartigen Bauwerken erstellt werden, so daß Erfahrungen auf das nächste Bauwerk übertragen werden können.
  + Es muß eine eindeutiger Zusammenhang zwischen Fehler und Folgen erkennbar sein.
  Diese Voraussetzungen sind bei einer Deponie des neueren Typs noch nicht gegeben.

- **Semiprobabilistische Verfahren:**
  Ein Deponiebauwerk ist zum großen Teil eine Konstruktion, die nach vorhandenen Vorschriften erstellt werden kann. Die Sicherheitsanalyse beschränkt sich darauf, vor allem standortspezifische Risiken zu ermitteln (sog. Restrisiko).

- **Probabilistische Verfahren:**
  Die Konstruktionen werden im normenfreien Raum erstellt, was bei heutigen Deponien trotz TA-A u. TA-Si teilweise der Fall ist. Jede Komponente des Gesamtsystems hat jedoch eine Versagenswahrscheinlichkeit, die auch im Zusammenwirken mit anderen Komponenten noch nicht beschrieben ist (vgl. JESSBERGER + PARTNER 1988, S. 17/18).

Die drei methodischen Varianten entsprechen den bekannten Vorgehensweisen im Bauwesen. Durch Versuch und Irrtum (trial and error) sowie durch Weiterentwicklung der technischen und naturwissenschaftlichen Theorie werden die meisten Bauwerke nach bekannten technischen Regeln erstellt. Ihr Versagen und das damit verbundene Risiko sind grundsätzlich berechenbar. Mit zunehmender Komplexität der Anforderungen an das Bauwerk und der Wechselwirkungen mit seiner Umgebung verläßt man den aus der Erfahrung bekannten Bereich und muß sich zunehmend mit Teilwahrscheinlichkeiten und Wahrscheinlichkeiten (Probabilistik) befassen, weil Neuland betreten wird.

Über die Eintrittwahrscheinlichkeit der o. g. verschiedenen Fälle liegen keine Erfahrungen aus dem Langzeitbetrieb von Deponien vor. Zur Zeit sind viele Bereiche und Komponenten des Deponiesystems noch nicht durch Vorschriften erfaßt, wenngleich hier die TA Abfall und die TA Siedlungsabfall erste Normen setzen. Auch die Versagenswahrscheinlichkeit von Einzelkonstruktionen und -komponenten ist noch nicht erfaßt.
Eine Risikoabschätzung ist daher - zumal bei dem vorliegenden Verfahrensstand - noch nicht durchführbar, so daß nur durch Studium der Literatur (gewissermaßen Expertenbefragungen) u. a. ein gewisser Aufschluß gewonnen werden kann. Eine qualitative Bewertung ohne Erfassung des quantitativen Gefahrenpotentials sind weitgehend das derzeit Machbare.

Die hier vorzunehmende Systemanalyse kann daher durch die Untersuchung der Abläufe die Gefahrenpotentiale qualitativ ermitteln. Weitere Untersuchungen wie Störfallablaufanalysen (DIN 25 419), Ausfalldefektanalysen (DIN 26 480), Fehlerbaumanalysen (DIN 25 424) und Sensitivitätsanalysen können dann vorgenommen werden, wenn Entscheidungen zur Deponietechnik und zu den einzulagernden Abfallarten weiter fortgeschritten sind sowie detaillierte Kenntnisse über die Standortverhältnisse vorliegen. Sie werden dann unverzichtbar, wenn Störfallpläne, Detailkonstruktionen und Umweltverträglichkeitsprüfung erarbeitet werden.

2   BAUBETRIEB

Die Deponie als Bauwerk besteht aus der Deponiegründung, der Basisabdichtung, dem Abfallkörper, der Oberflächenabdichtung und der Rekultivierung. Hinzu kommen die jeweils erforderlichen sicherheitstechnischen Einrichtungen wie Dränung (Gas, Wasser) und Immissionsschutz. Praktisch alle diese Bestandteile sind mit Baumaßnahmen verbunden. In Abgrenzung zu den anderen Komponenten des Deponiesystems (vgl. Kap. 1) soll hier unter "Baubetrieb" z. B. verstanden werden:

- Baustelleneinrichtung
- Abtragung, Transport und Deponierung der Oberbodenschichten
- Aushub, Transport und Deponierung der Deckschichten bis zur natürlich anstehenden Tonschicht als natürliche Schadstoffbarriere der späteren Deponie
- Wasserhaltung, falls dieser Aushub bis unter den Grundwasserhorizont vorgenommen werden muß
- ggf. Entnahme, Aufarbeitung und Einbau der gestörten oberen Schicht des natürlich anstehenden Tones
- Gewinnung, Transport, lagenweise Einbringen und Verdichtung von Ton als mineralische Dichtung bis mindestens zu einer Höhe, wie TA-A und TA-Si bzw. regionale Vorschriften oder die örtlichen Verhältnisse es fordern, z.B. 1 m über dem höchsten Grundwasserstand
- Einbau von künstlichen Dichtungsschichten als Kombinationsdichtung
- Einbau von Schutzschichten für die Kunststoffdichtungen
- Einbau von Flächendränungen, deren Ableitungssystem, Filterschichten und Schutzschichten
- Vorbereitung des Planums für das Einbringen der Abfälle (Deponiesohle)
- Herstellung von Ringwällen um die Einbauabschnitte herum
- Herstellung von Lärmschutzwällen
- Einbau von Zwischenschichten im Abfallkörper
- Einbau von mineralischer Dichtung über den Abfällen
- Einbau von künstlichen Dichtungsschichten als Kombinationsdichtungen
- Einbau von Schutzschichten für die Kunststoffdichtungen
- Einbau von Flächendränungen, Wasserleitungssystemen, Filter- und Schutzschichten
- Einbau einer Gasdränung
- Herstellung von Schutz- und Rekultivierungsschichten einschließlich Oberbodenabdeckung und den darauf anzulegenden Wegen und Straßen

- landschaftsgärtnerische Gestaltung der Deponieoberfläche
- Bau der betrieblich erforderlichen Einrichtungen wie Straßen auf dem Deponiegelände, Bauten für Labors, Geräte und Personal, zur Aufbereitung von Sickerwässern, Emissionsschutzeinrichtungen usw.
- ggf. Bau von Transportwegen zwischen Deponiegelände und dem öffentlichen Verkehrsnetz
- Aufbau einer Überdachung, welche überwiegend im Deponiebetrieb, aber auch beim Einbau der Abdichtungs-, Schutz- und Dränsysteme Verwendung findet
- Reparatur- und Neubaumaßnahmen einzelner Deponieteile während des Betriebes und Kontrollbetriebes.

Wie in Abbildung 2.1 dargestellt, werden die Gefahrenpotentiale des Teilsystems Baubetrieb in drei Bereiche gegliedert:

1. **Wirkung der Bautransporte**
2. **Wirkung des Baubetriebes nach außen**
3. **Wirkung des Baubetriebes nach innen.**

Betroffene der Bereiche **Transporte** und **Wirkungen nach außen** sind:

- **Anwohner:** betroffen von Lärm, Abgasen, Verwehungen, Bewegung, Fahrbahnverschmutzung, Unfällen
- **Biotope, Fauna und Flora:** betroffen von Lärm, Abgasen, Verwehungen, Bewegung, Unfällen, Erschließung (Zerschneidungswirkungen)
- **Umweltmedien** Wasser, Boden, Luft: betroffen durch Abgase, Fahrbahnverschmutzung, Erschließung
- **Öffentliche und private Planung:** betroffen sind potentielle Anwohner, potentielle. Gewerbeansiedlungen, sonstige potentielle Nutzer, Entwicklungsplanung.

Betroffen von den **Wirkungen nach innen** sind, neben im Baubetrieb beschäftigten **Menschen**, die herzustellenden Teile des Deponiesystems durch **Baufehler, Beschädigungen und Unfälle.**

Die einschlägige Literatur schenkt dem Deponiebau als Teilbereich eine relativ geringe Aufmerksamkeit. JESSBERGER + PARTNER (1988, S. 21) vertreten die Auffassung, daß die zu erwartenden Emissionen denen eines Baustellenbetriebes einer deponieunspezifischen Erdbaustelle entsprechen und demzufolge tolerierbar seien.

Trotzdem ist zu berücksichtigen, daß der Bau der Deponie in mehreren Abschnitten erfolgt, vor dem eigentlichen Deponiebetrieb beginnt und erst mit dem Anlegen der Rekultivierung abgeschlossen ist. So ergibt sich für Anwohner, Nutzungsinteressenten und naturhaushaltliche Bereiche am Gelände und an den Zufahrtswegen die Jahrzehnte dauernde Belastung einer Baustelle.

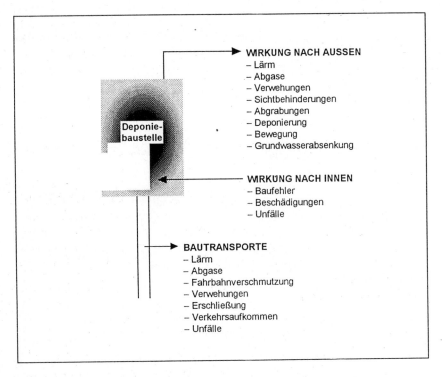

Abb. 2.1: Gefahrenpotentiale durch den Deponiebau

2.1 BAUTRANSPORTE

Eine Abschätzung möglicher Verkehrsbewegungen soll einen Anhalt für die Größenordnung von Beeinträchtigungen und Emissionen durch Baustellenverkehr (+ Abfalltransporte) liefern (vgl. Tab. 4.1).

Zum Teil kommt es natürlich zur Konzentration von Fahrten in bestimmten Perioden des Bauvorganges, z. B. wenn ein neuer Deponieabschnitt eröffnet wird. Mit kontinuierlichen Transporten ist durch den Abfall zu rechnen. Er hat je nach Abfallart, Deponietyp und Standortbedingungen einen Anteil von > 50 % der Transporte. Die Fahrtenzahlen sind nicht zu vernachlässigen und müssen in eine vergleichende Betrachtung von verschiedenen Standorten einbezogen werden.

Dabei müßten auch die Orte berücksichtigt werden, an denen Materialien wie Ton gewonnen wird bzw. an denen Materialien, wie z. B. von den Deckschichten, abgelagert werden, wenn diese nicht auf dem Deponiegelände verbleiben können. Dazu ist bei Beginn der Planung in der Regel nicht bekannt.

2.2 AUSWIRKUNGEN DES BAUBETRIEBES NACH AUSSEN

Wenn auch die Auswirkungen des Baubetriebes in der Regel nur während der normalen Arbeitszeit auftreten, können sie doch sowohl absolut als auch relativ im Vergleich verschiedener Standorte von Bedeutung sein. Dies gilt insbesondere für Standorte, die ohne Deponie sehr ruhig gelegen sind und wo deshalb Veränderungen durch die Deponie erheblich sind. Näheres wird in Kapitel 4 - Deponiebetrieb - behandelt.

Lärm und Abgase

Lärm und Abgasemissionen sowie auch mögliche Verwehungen von Baumaterial sind nicht nur nach gängigen Grenzwerten zu beurteilen, da sich die Lebensqualität einzelner Menschen bzw. der Verlust derselben nicht unbedingt an pauschalen Größen messen läßt. WEDDE (1987) schlägt beispielsweise für Wohnhäuser einen Schutzabstand von 200 m bei max. 60 dB(A) vor, doch muß die unterschiedliche Empfindlichkeit von Menschen und anderen Lebewesen berücksichtigt werden. Solche Richtwerte können jedoch Anhalte für einen Standortvergleich sein.

Verwehungen

Beim Deponiebau werden in der Regel kaum Materialien verwendet, die bei durchschnittlichen Windstärken verweht werden. Lediglich bei der Erstellung der Betriebsgebäude kann es zu Verwehungen wie an üblichen Baustellen von Hochbauten kommen.

Sichtbehinderungen

Bauliche Einrichtungen zum Emissionsschutz haben nicht nur den Vorteil, vor Emissionen zu schützen. Sie können auch durch Sichtbehinderung Nachteile bringen, die die Vorteile relativieren. Ob sich die Situation für Einzelne (z. B. beim Wohnen unmittelbar hinter einem Lärmschutzwall) verschlechtert, muß standortbezogen - nach Möglichkeit unter Einbeziehung der Betroffenen - geklärt werden; Schutzpflanzungen wären ggf. Alternativen.

Bewegung

Nicht nur Lärm, Abgase und Verwehungen sind Merkmale der Deponiebaustelle, sondern auch die von ihr ausgehende Unruhe durch Betriebsamkeit/Bewegung auf der Fläche. Auch dieser Effekt wird in seiner Bedeutung relativ zu dem bisherigen Zustand empfunden.

Abgrabungen / Deponierungen

Zur Gewinnung von Baumaterialien, insbesondere Ton, müssen an anderer Stelle Abgrabungen erfolgen. Diese Fernwirkung des Deponiebaus muß für diesen Ort in einer Umweltverträglichkeitsprüfung untersucht werden.

Das gilt auch für die Deponierung von Aushub vom Deponiegelände, der je nach Tiefenlage der geologischen Barriere erheblich sein kann. Um diese weitere Fernwirkung des Deponiebaus zu vermeiden, sollte als Auswahlkriterium für den Deponiestandort auch die Möglichkeit der Lagerung von Bodenaushub herangezogen werden.

Grundwasserabsenkung

Zur Aufbereitung des Untergrundes und zum Einbau von mineralischen Dichtungsschichten kann es erforderlich sein, die Baugrube gegen Wasserzutritt zu schützen. Da als Standortbedingung große Mächtigkeit natürlich anstehender Tonschichten vorausgesetzt wird, handelt es sich dann um die Wasserführung der quartären Deckschichten. Diese können einen hohen k_f-Wert besitzen, so daß ein großflächiges Leerlaufen dieser Schichten die Folge sein könnte. Um die Vegetation und die Nutzung der anliegenden Flächen nicht zu beeinträchtigen, sollte die Zeitdauer einer solchen Wasserhaltung so gering wie möglich sein und das hydrologische Gleichgewicht von Deckschicht und Vorfluter durch geeignete Maßnahmen nach Möglichkeit erhalten bleiben. Bezüglich der Empfindlichkeit von betroffener Vegetation sollten Sachverständige konsultiert werden.

2.3 AUSWIRKUNGEN DES DEPONIEBAUS AUF DIE QUALITÄT DER DEPONIEKONSTRUKTIONEN

Grundsätzlich gilt, daß eine große Erd- und Grundbaustelle nicht mit den Kategorien eines Maschinenbaubetriebes oder der Feinwerktechnik zu messen ist. Demzufolge bergen die am Anfang dieses Kapitels aufgeführten Einzelarbeiten des Deponiebaus unterschiedliche Probleme und Gefahren für das vorhergesagte Verhalten des Deponiekörpers. Insbesondere die empfindlichen Dichtungs- und Dräneinrichtungen können trotz Qualitätssicherungsmaßnahmen (z.B. TA-A, Anhang E bzw. TA-Si Zi. 10.4.1.2 und DIN 55350) schon beim Einbau und während des weiteren Baubetriebes beschädigt und daher in ihrer Funktion beeinträchtigt werden.

Die Herstellung von Deponieabdichtungen nach dem Stand der Technik (TA-A u. TA-Si) stellt an den Baubetrieb erhebliche Anforderungen. Dazu gehören exakte Abstimmung der einzelnen Arbeitsgänge und ein reibungsloser, gut organisierter Bauablauf (vgl. DORNBUSCH 1993), nicht nur nach den Erfordernissen der Baustelle selbst, sondern auch nach den Witterungsverhältnissen. Diesbezüglich empfindlich sind der Einbau von mineralischen Dichtungsschichten und das Auslegen von Kunststoffdichtungsbahnen (KDB).

Je nach Witterungsverhältnissen kann es zu Trockenrissen oder zum Aufweichen der mineralischen Dichtung bzw. zur Wellenbildung oder Elastizitätsverringerung der KDB kommen. Auch die Größenordnung der Änderungen von Temperaturen hat bei thermoplastischem Material (z. B. hochdichte Polyethylenfolien - HDPE) erheblichen Einfluß. Sowohl Frost als auch große Nässe beeinträchtigen den unbedingt erforderlichen vollständigen und guten Kontakt zwischen KDB und mineralischer Dichtung.
Bei Frost und Feuchtigkeit können die Kunststoffdichtungsbahnen nicht verschweißt werden; hohe Windgeschwindigkeiten unterbinden deren Verlegen.

Die Witterung kann auch die Wahl der mineralischen Dichtungsmaterial mit unterschiedlichen Vor- und Nachteilen beeinflussen. Dichtungsmaterial mit geringem Feinkornanteil zeigt zwar weniger ausgeprägtes Schwindrißverhalten, neigt aber wegen seiner geringeren Kohäsion zu Erosionserscheinungen. Die Mischung des Materials auf der Baustelle wird ebenfalls vom Wetter beeinflußt (z. B. Wassergehalt, Vermischungsverhalten). Abhilfe könnte hier ein zentraler stationärer Mischer bieten.

Resümierend: "Bei sonst ähnlichen Randbedingungen wird eine im Sommer hergestellte Deponiebasisabdichtung qualitätsmäßig immer überlegen sein" (SASSE 1992, S. 27; vgl. auch RETTENBERGER/BEITZEL 1992).

Je höhere Ansprüche jedoch an die Bauteile gestellt werden, desto größer sind auch die Fehlerquellen und desto schwieriger abschätzbar die Folgen (vgl. Bemerkungen zur Risikoanalyse, Kap. 1).
Die Fehlerquellen reichen vom Verschweißen von Folienstößen, Beschädigungen der Dichtung, der Filterschichten und der Dränung durch Befahren mit schwerem Gerät bis zum "legendären" Durchstechen von Folien mit Schaufeln, Handwerkzeugen usw. Damit ist das Spektrum der Möglichkeiten noch längst nicht beschrieben. Die Literatur über Baufehler füllt Fachbibliotheken und die Archive von Gerichten.
AUGUST (in FEHLAU/STIEF 1986, S. 107) stellt lapidar fest, daß Perforationen im rauhen Baubetrieb kaum vermeidbar sind.

Aufgrund von Feldversuchen über die Eignung von Dichtungsmaterial an der Deponie Geldern-Pont vermutet HOFFMANN (in FEHLAU/STIEF 1986, S. 27-28), daß die Ursachen von Leckagen nicht am Dichtungsmaterial, sondern nur im fehlerhaften Einbau der Dichtungen liegen. Zusätzliche Beschädigungen könnten auch beim Ablagern der ersten Abfallschichten erfolgen.

WIEMER (1987, S. 408-409) listet mögliche Gefährdungen der Kunststoff-Basisabdichtungen wie folgt auf:

- Einbaufehler, insbesondere an Abschlüssen, Anschlüssen, Ecken, Neigungswechseln
- Überproportionale Dehnung infolge Punktsetzungen bei schlechter Untergrundverdichtung
- Scharfkantige Dränleitungen bei Bruch
- Schlechtes Feinplanum bzw. Abdeckschicht
- Wechselzugbeanspruchungen bei Temperaturschwankungen.

Generell ist gegen Fertigungsfehler auf Baustellen kaum ein Kraut gewachsen. Man kann jedoch Maßnahmen zur Minimierung von Fehlern vornehmen und in besonders wichtigen und sensiblen Bereichen durch geeignete Maßnahmen Fehler weitgehend ausschließen (z.B. Qualitätsmanagement).

2.4 ZUSAMMENFASSUNG UND STEUERUNGSMÖGLICHKEITEN

Die Belästigungen und Gefährdungen durch den Baubetrieb entfalten ihre Wirkungen nach außen durch Emissionen unterschiedlicher Intensität, durch Wirkungen auf die Deponie aufgrund von Baufehlern sowie durch Transporte, die - zusammen mit den Abfalltransporten - von relativ großer Zahl sein können (siehe zu Emissionen auch Kap. 3 und 4).

Die im folgenden aufgeführten Vorschläge zur Verminderung des Gefährdungspotentials und der Belastungen können lediglich als Einstieg betrachtet werden. Details können nur dann festgelegt werden, wenn die Konstruktion der Deponie zur Planfeststellung gereift ist.

- Die Überdachung des Baustellenbereichs bis hin zur völligen Einhausung des aktuellen Deponiebereiches stellt aus unterschiedlichen Gründen einen wesentlichen Vorteil dar. Das Fernhalten klimatischer Einflüsse fördert die Genauigkeit der Arbeiten und verringert Unfälle und Fahrlässigkeiten. Klimatische Einflüsse umfassen auch die UV-Strahlung auf Kunststoffdichtungsbahnen. Dabei ist nach dem Freilegen und Aufbereiten des gewachsenen Tones an folgenden Ablauf bei den einzelnen Deponieabschnitten zu denken:

1. Aufsetzen der Überdachung
2. Deponieaufstandsfläche und Basisabdichtung
3. Verfüllen
4. Oberflächenabdichtung / Rekultivierung
5. Versetzen der Überdachung.

Das Herstellen und Gebrauchen der Fundamente von Überdachungen kann ebenfalls ein Sicherheitsproblem sein. Traglufthallen sind sehr flexibel im Betrieb und erfordern keine so massiven Fundamente wie andere Überdachungsmodelle (vgl. u.a. AEW 12/88 S. 20, und MÜLLER/-HEEMEIER/LAHL 1990, LANGHAGEN 1990).

– Der Kontakt zwischen schwerem Baugerät und den Dichtungs- und Dräneinrichtungen muß durch geeignete Maßnahmen ausgeschlossen werden (z. B. durch das Auslegen von Fahrbahnplatten zur Verteilung der Belastung). Dieser Einzelaspekt ist nur als Beispiel für eine ganze Kategorie von erforderlichen Maßnahmen zu sehen.

– Ständige Kontrollen der Arbeit im Rahmen eines umfassenden Qualitäts-, Kontroll- und Monitoringprogramms (vgl. AHU 1989b sowie TA-A u. TA-Si).

Diese Überwachung sollte getrennt vergeben werden und, wenn möglich, einer Organisation von Betroffenen, Anwohnern, örtlichen Politikern o. ä. gegenüber verantwortlich sein (vgl. URBAN-KISS 1992).

– Einbeziehung von Sicherungsmaßnahmen durch die entsprechenden Berufsgenossenschaften.

– Umweltverträglichkeitsprüfungen für Abgrabungen und Deponierungen außerhalb des Deponiegeländes.

Zur Minimierung der Belastungen und Gefahren aus dem Baustellenverkehrsaufkommen wird empfohlen:

– Auswahl der Fahrtstrecken nach dem Minimierungsgebot für Immissionen und Unfallgefahren. Zu berücksichtigen sind insbesondere Wohnbebauung, Wege von Kindern und weitere sensible Nutzungen im Bereich der Verkehrswege.

– Diese Kriterien gelten auch für die Wahl des Eingangsbereiches der Deponie.

– Geschwindigkeitsbegrenzungen.

– Auflagen für die Fahrzeuge zur Abgas- und Lärmminderung.

– Errichtung einer Waschanlage auf dem Deponiegelände.

– Minimierung von erschließungsbedingten Versiegelungen; Durchführung von Ersatzmaßnahmen (Entsiegelung) im Nahbereich.

3 DEPONIEBETRIEB

Der Deponiebetrieb wird zeitlich in die **Phasen Betrieb und Kontrollbetrieb** gegliedert.

Der **Betrieb** umfaßt weitgehend
- Anlieferung,
- Registratur,
- Kontrolle,
- ggf. Umladen auf interne Transportmittel,
- ggf. Zwischenlagerung,
- ggf. Vorbehandlung,
- Transport auf der Deponiefläche,
- Einbau/Verdichtung,
- Zwischenabdeckungen

von Abfällen mit den damit verbundenen Prozessen und Einrichtungen, ferner
- die Vorhaltung von Sickerwasser - und ggf. Gasdränungen,
- die Erfassung von Sickerwasser und Deponiegasen und ggf. deren Aufbereitung,
- Betrieb von Versuchsfeldern,
- Meß- und Kontrollprogramme gem. TA Abfall und Siedlungsabfall,
- das Aufstellen, Umsetzen und Abbauen der Überdachung,
- Sicherung des Deponiegeländes,
- Emissionsmessungen (Geruch, Staub, sonstige Luftemissionen, Grundwasserkontrollen).

Der Kontrollbetrieb setzt ein, wenn der letzte Abfall eingebaut ist und mit der Fertigstellung der Oberflächenabdichtung begonnen wurde. Er muß solange weitergeführt werden, wie von der Deponie Gefahren für die Umgebung ausgehen können.

Zum **Kontrollbetrieb** gehören als wesentlichste Bestandteile die regelmäßige, nachgewiesene und zeitlich nicht befristete
- Überprüfung der Deponieoberfläche auf Erosion, Setzungen und sonstige Beschädigungen,
- Überprüfung und Wartung der Oberflächendränung,
- Ermittlung von Sickerwasseraustritten,

- Analyse der quartären Deckschichten auf Kontamination im Nahbereich der Halde,
- Analyse des Grundwassers im Nahbereich der Halde (ggf. nach allen Seiten, da im Flachland die vorherrschende Grundwasserfließrichtung nicht sehr dominierend ist und durch das Potential der Halde beeinflußt wird),
- Analyse der anliegenden Vorfluter (Gräben, Bäche),
- Pflege und Kontrolle des Bewuchses der Halde (z. B. auch im Hinblick auf die Durchwurzelungstiefen von unplanmäßigen Gehölzen).

Bei einer Hausmülldeponie kann man diesen Kontrollbetrieb zusätzlich noch in eine Phase unterteilen, in der sich das Deponieverhalten noch nicht auf festgelegte Werte stabilisiert hat (z. B. durch Setzungen oder Reaktionsprozesse der Abfallstoffe, z.b. in der sauren Phase) und in die Zeit danach. Bei Sonderabfalldeponien behält der eingelagerte Stoff weitgehend seine Eigenschaften bei. Grundsätzlich bedürfen Deponien aller Art der "ewigen" Nachsorge (vgl. STIEF 1989b, S. 110).

Der Kontrollbetrieb läßt sich in Phasen gliedern, die durch das wiederholte Unwirksamwerden der künstlichen Oberflächenabdichtung vorgegeben sind (siehe Abb. 1.3 und Kap. 6 - Halde -).

Technisch ist so ein Kontrollbetrieb - mit zeitweiligen Bauphasen (siehe Deponie Hamburg-Georgswerder) - wahrscheinlich zu lösen. Wie er über viele Generationen hinweg gesellschaftlich aufrecht erhalten werden kann, müßte eher von gesellschaftswissenschaftlicher als von ingenieurwissenschaftlicher Seite behandelt werden. Hierzu sollten im Verlauf des Verfahrens Überlegungen angestellt werden. Erfahrungen, die vielleicht Tendenzen aufzeigen, sind - wenn auch noch nicht langfristig erprobt - z. B. vom Standort der Sonderabfalldeponie Hünxe (Regierungsbezirk Düsseldorf) bekannt. Dort werden in einem besonderen Gremium die Nachbargemeinden an der Kontrolle der Deponie beteiligt.

So erhalten wir folgende zu analysierende Bereiche für den Betrieb (vgl. Abb. 3.1):

- Betriebliche Organisation
- Eingangsbereich: Anlieferung, Registratur, Kontrolle, Zwischenlager, Umladen, ggf. Vorbehandeln
- Transportbereich auf der Deponiefläche
- Einlagerungsbereich
- Sicherheitstechnik: Gas- und Wasserdränung, Überdachung

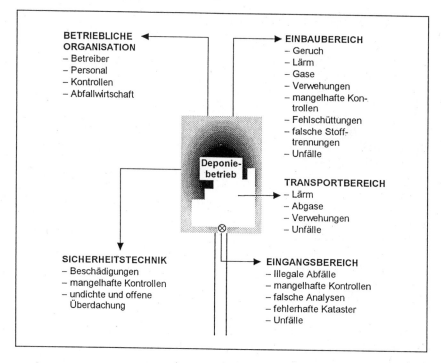

Abb. 3.1: Gefahrenpotentiale des Deponiebetriebs

und für den Kontrollbetrieb die Sicherheitstechnik; langfristig insbesondere für die Oberflächenabdichtung, das Grundwasser und die Vorfluter.

Betriebseinrichtungen auf dem Deponiegelände können sein (s. auch Kap. 2, "Baubetrieb"):

- Betriebsgebäude mit Büro, Labor, Aufenthalts- und Sanitätsraum
- Fahrzeug- und Gerätehalle
- Waage
- Zwischenlagerungseinrichtungen
- Vorbehandlungseinrichtungen
- Sicherheits- und Kontrollsysteme (z.B. Gas- u. Sickerwasserfassung)
- Überdachung des Einbaubereiches
- Sammelbecken und Tanks für Sicker- und Oberflächenwasser
- Wagen- und Reifenwaschanlage
- Versuchsflächen für das Langzeitverhalten von Dichtung und Dränung.

3.1   BETRIEBLICHE ORGANISATION

Für alle genannten Bereiche ist die betrieblichen Organisation von Bedeutung, die über die Verwendung von technischen Einrichtungen hinaus den eigentlichen Schwerpunkt der Abwicklung des Deponiezweckes bildet.

Dazu gehört die Frage nach dem **Betreiber**, dessen Erfahrung mit Deponien des jeweiligen Typs, aber auch nach dessen wirtschaftlicher Situation, wenn es sich um einen privaten Betreiber handelt.

Das Verantwortungsbewußtsein und die persönliche Integrität der Verantwortlichen ist bei jedem Betreiber - der auch wechseln kann - eine Unwägbarkeit und damit auch ein potentielles Gefahrenmoment für die Deponie und die Umwelt der Deponie. APPEL (1987, S. 383) sieht eine Kollision mit ökonomischen Interessen und RÜCKEL (1987, S. 452) spricht sich in diesem Zusammenhang gegen das Prinzip der Gewinnmaximierung aus.

Die wirtschaftliche Situation ist keine Konstante über die Zeit und birgt demzufolge ein nicht abzuschätzendes Gefahrenpotential. Die Versuchung, aus einer immer knapper werdenden Lagerungskapazität für Sonderabfälle auch etwas außerhalb der Legalität Kapital zu schlagen, ist nicht zu vernachlässigen (vgl. Die Tageszeitung, 28.7.1990). Auch der umgekehrte Fall, das - vorübergehende - Sinken der Abfallmengen, führt zu ökonomischen Problemen, die auf den Betrieb durchschlagen können.

Aber nicht einmal illegal muß gehandelt werden. Der "Müllnotstand" kann auch einschlägige rechtliche Vorschriften verändern. Wer die im Frühjahr 1990 in Kraft getretenen Bestimmungen zur Verbrennung von Abfällen auch außerhalb von speziellen Müllverbrennungsanlagen noch nicht als Beispiel ansehen will, mag sich an die "Anpassung" der Grenzwerte über die Radioaktivität von Lebensmitteln nach dem Reaktorunfall von Tschernobyl erinnern.

Die Forderung nach einem öffentlichen Betreiber muß nicht unbedingt zum Ziel führen, da es auch im öffentlichen Bereich immer wieder Probleme sowohl mit Deponien der öffentlichen Hand als auch mit der staatlichen Kontrolle privater Deponien gegeben hat (siehe die öffentliche Diskussion um die SAD Münchehagen - Die Tageszeitung, 4.4.1990 - und andere Deponien in Niedersachsen, vgl. NIEDERSÄCHSISCHER LANDTAG 1989, Drs. 11/385).

Es geht dabei jedoch nicht um Schuldzuweisungen oder Unterstellungen bei früheren Vorfällen, sondern um die Vermeidung von Strukturen und Sachzwängen, die Probleme entstehen lassen. **Vielfältige öffentliche Beteiligung und Kontrollen wären z. B. Möglichkeiten, Problembereiche zu minimieren.**

Wesentliche Verantwortung im Betrieb der Deponie trägt auch das **Personal** als Gestaltende und Ausführende der betrieblichen Vorstellungen des Betreibers. Hierzu müssen in der Planfeststellung Festlegungen z. B. zur Qualifikation erfolgen (die TA Abfall, Pkt. 5.3 bzw. TA Siedlungsabfall, Pkt. 6.3, bieten hierzu einen Einstieg).

In der Organisation des Betriebes und der Qualifikation von Betreiber und Personal liegt es sehr wesentlich, zu gewährleisten, daß
–   nur diejenigen Stoffe eingelagert werden, auf die man sich am Ende des Planungsprozesses geeinigt hat,
–   die eingelagerten Stoffe richtig dokumentiert und in einem dreidimensionalen Kataster festgehalten werden,
–   die eingesetzte Sicherheits- und Betriebstechnik einschließlich der Überdachung der Einbaustelle sachgemäß behandelt wird,
–   betriebsinterne Kontrollen mehr sind als Alibis gegenüber der Öffentlichkeit,
–   bei Unfällen angemessen und öffentlich kontrollierbar gehandelt wird (Erarbeitung und Veröffentlichung eines Störfall- und Katastrophen planes).

Die TA Abfall bzw. die TA Siedlungsabfall behandeln die Bereiche betriebliche Organisation, Kontrollen, Personal von Anlagen und die Information/Dokumentation relativ ausführlich. Dabei bleiben jedoch Betreiber und zuständige Behörden weitgehend unter sich.
Bei einer Analyse der Problemangemessenheit dieser Handlungsstrukturen würde deutlich werden, daß neben der Berücksichtigung der Interessen der Abfallwirtschaft (privat und staatlich) auch andere Interessen existieren. Zwar wird in der TA Abfall bzw. Siedlungsabfall entsprechend dem Abfallgesetz das Wohl der Allgemeinheit erwähnt, doch werden daraus nur unzureichende Konsequenzen gezogen.

Die zuständigen Behörden müssen in dem Konflikt zwischen der Aufgabe, die Entsorgung von Abfall sicherzustellen, und den Aufgaben, die Sicherheit der Bürger, der Natur und natürlichen Ressourcen sowie der örtlichen und regionalen Entwicklung zu gewährleisten gerade dort unterstützt werden, wo keine festen Handlungsstrukturen, wohl aber eine Vielzahl von berechtigten Interessen existieren. Dies ist vor allem bei den Interessen der Anwohner, aber auch - in geringerem Maße - bei dem Natur- und Ressourcenschutz der Fall.

In der Zulassung zum Bau und Betrieb einer Deponie sollten hierzu umfassende Regelungen getroffen werden.

3.2 EINGANGSBEREICH

"Eingangsbereich ... ist der Bereich ..., in dem die Abfälle angeliefert, gewichts- oder volumenmäßig erfaßt und identifiziert werden. Identitätskontrolle ... ist die Prüfung des Abfalls bei der Anlieferung .... Sie besteht aus einer Sichtkontrolle, der Identifikationsanalyse und der Probenrückstellung" (TA Abfall, Zi. 2.2.1).

Der Eingangsbereich besteht mindestens aus:
– Stauraum für die Anlieferungsfahrzeuge
– Waage mit Eingangsbüro
– Labor
– Probennahmestelle
– Lagermöglichkeiten für die Rückstellproben
(TA Abfall, Zi. 6.3.1; siehe auch Zi. 7.3, TA Siedlungsabfall).

Nach Anhang B, Zi. 3.2, TA Abfall, gilt die Identität der angelieferten Abfälle mit den in der Verantwortlichen Erklärung beschriebenen Eigenschaften des Abfalls, die den Analysewerten des Anhanges D entsprechen müssen, noch als nachgewiesen, wenn diese Werte bis zum zweifachen überschritten werden.
Es ist nicht auszuschließen, daß in dieser Regelung ein Ansatz gesehen werden könnte, die **Zuordnungskriterien für die oberirdische Ablagerung von Abfällen (Anlage D der TA Abfall) systematisch zu verdoppeln.** In der Zulassung einer Anlage muß dieser Fall ausgeschlossen werden.

Darüber hinaus ist es "reine Theorie, alle Abfälle am Eingang so zu kontrollieren, daß keine Fehlchargen deponiert werden"; wichtig sei auch die Wachsamkeit an der Entladestelle (RYSER 1987, S. 711).

Zusätzlich ist die Möglichkeit vorzusehen, die angelieferten Abfälle im Eingangsbereich zwischenzulagern, um eine zuverlässige Kontrolle vor dem Einbau zu gewährleisten und ggf. noch Vorbehandlungen, z. B. Entwässerung, vornehmen zu können (vgl. JESSBERGER u. PARTNER 1988, S. 27).

Das deponieeigene Labor muß personell und materiell so eingerichtet sein, daß es die Mehrzahl der angelieferten Abfälle selbst kontrollieren kann. Der Betriebsplan muß darüber hinaus die Möglichkeit berücksichtigen, bei Unklarheit über den angelieferten Abfall ein anderes Labor zu konsultieren.

Da das Anliefern von nicht deklariertem Abfall als illegale Handlung anzusehen ist, sollte dieser keinesfalls einfach zurückgewiesen, sondern auf dem Deponiegelände festgehalten werden, damit verhindert wird, daß er anderweitig verbracht wird.

Das Abfallkataster sollte hier geführt und vor Ort bestätigt werden. Die sorgfältige Führung eines dreidimensionalen Katasters ist unbedingt erforderlich, doch sollte der Rahmen bekannt sein, in dem dieses Kataster praktikabel ist: "... diese Kataster, Dossiers und Daten werden zuallererst für den Betriebs- und anschließenden Haftungszeitraum gefordert und benötigt. Sobald sie nicht mehr laufend abgefragt werden, haben Datenspeicher und Archive es so an sich, daß die darin verwahrten Daten immer schwerer zugänglich, immer lückenhafter, immer fragwürdiger, von Sprache und Terminologie her immer schwerer verständlich und damit unterschiedlich interpretierbar werden, ganz abgesehen von der jederzeit gegebenen Möglichkeit des Totalverlustes dieser 'zur Aufbewahrung für alle Zeit' bestimmten Unterlagen." (WIEDEMANN 1988a, S. 935).

Der Eingangsbereich, die dortigen Tätigkeiten und die dort geführten Dokumentationen müssen entsprechend den Ausführungen in Kapitel 3.1 öffentlich kontrollierbar sein.

3.3 TRANSPORTBEREICH

Die Art des innerbetrieblichen Transportes ist stark abhängig von der Qualität und Quantität der angelieferten Abfälle. Massengüter, deren Kontrolle einfach ist, könnten z. B. direkt mit den Anlieferungsfahrzeugen zur Einbaustelle gebracht werden.

Für andere Stoffe, die in geringerer Menge anfallen, ausführlicher kontrolliert und ggf. noch vorbehandelt werden müssen, ist ein deponieeigenes Transportportsystem erforderlich. Hier können auch Überlegungen zu getrennten Bereichen auf dem Deponiegelände stattfinden, die jeweils von festgelegten Fahrzeugen befahren werden dürfen und verhindern sollen, daß Fahrzeuge sowohl die mit Abfällen in Kontakt kommenden Teile des Deponiegeländes befahren dürfen als auch die Deponie verlassen dürfen (sog. "weiße" und "schwarze" Bereiche).

Die Betriebsordnung muß zur Vermeidung von Unfällen auf dem Deponiegelände kreuzungsfreie Transportabläufe vorsehen. Dies ist z. B. durch die Anlage von Ringstraßen möglich, von denen die Zufahrtswege zu den Schüttbereichen abzweigen.

Bei geringen Abfallmengen pro Tag muß die Möglichkeit des Abfalltransportes über Bandanlagen wahrscheinlich nicht diskutiert werden. Bei Änderung der Planungsvoraussetzungen besteht mit dieser Technik jedoch eine Alternative zum Transport mit LKW, die zu gegebener Zeit diskutiert werden sollte. Die Transportbänder müßten natürlich überdacht werden.

3.4   EINBAUBEREICH

In den TAen Abfall und Siedlungsabfall sowie in regionalen Vorschriften (z.B. MURL-Rahmenkonzept) sind wesentliche Vorgaben aufgeführt. Zusätzlich sind für die Einbautechnik folgende Kriterien anzusetzen:
–   die Einbaufläche/Abfalloberfläche soll möglichst klein sein,
–   der Abfall soll hohlraumarm eingebaut werden (bei Siedlungsabfall gibt es auch andere Vorstellungen, vgl. Kap. 5),
–   untereinander reagierende Stoffe sind getrennt, ggf. in Kassetten, zu lagern (darüber mehr unter Kap. 5.5),
–   der Abfall soll regelmäßig abgedeckt werden,
–   zwischen den Verfüllschichten sind senkrechte Dränungen für eine räumliche Entwässerung vorzusehen.

Mindestanforderung zur Vermeidung von chemischen Reaktionen im Deponiekörper ist die räumliche Trennung der Stoffe nach sauren, neutralen und basischen Eigenschaften und ihrem Redoxverhalten (vgl. BILITEWSKI u. a. 1987, S. 875 ff.). Organische Stoffe sollen überhaupt nicht eingebaut werden (vgl. Kap. 5, "Abfall"), wenngleich die TA Abfall hierzu andere Bestimmungen enthält und die Verwirklichung der TA Siedlungsabfall diesbezüglich noch nicht sicher ist.

Deponiebetrieb und Betriebstechnik werden als wesentliche Einflußgröße auf die Sickerwasserqualität angesehen (vgl. KRUSE 1994, 46). Überdurchschnittliche Schüttgeschwindigkeit (> 5m/a), Kippkantenbetrieb und Zwischenabdeckungen verursachen höhere Belastungswerte (vgl. Kap. 5), während eine gezielte Vorrotte bewirkt, daß sich die Gehalte der Sickerwasserinhaltsstoffe im unteren Wertebereich halten.

Eingangs-, Transport- und Einbaubereich (Kap. 3.2 - 3.4) gemeinsam ist das mögliche Auftreten von Geräuschemissionen und Emissionen durch Luftverunreinigungen. Sie werden in den beiden folgenden Kapiteln gesondert behandelt. Enthalten sind darin auch Aspekte, die für den baubetrieblichen Bereich (Kap. 2.) Anwendung finden können.

3.5   GERÄUSCHEMISSIONEN

Als Geräuschquellen eines Deponiebetriebes und Baubetriebes kommen im wesentlichen folgende Aggregate in Betracht:
- Anlieferungsfahrzeuge (LKW unterschiedlichen Typs mit unterschiedlichen Aufbauten)
- Bagger
- Verdichtungsgeräte
- Planierraupen
- Kettenlader
- Kompaktoren
- Gabelstabler.

Bei den Anlieferungsfahrzeugen entstehen Entladegeräusche. Als Annahme für Emissionsdaten können die durch Messung auf einer Bauschuttdeponie an 20 LKW gewonnenen Werte zugrunde gelegt werden (TÜV Rheinland 1987, S. 28), die einzeln bei der Entleerung von Erdaushub, Bauschutt und Straßenaufbruch gemessen wurden. Im Durchschnitt betrug das Ladegewicht 9,5 t. Die Fahrzeuge waren zu je 50 % 2- bzw. 3-Achsfahrzeuge. Der Anteil der Containerfahrzeuge betrug 30 %. Folgende Mittelwerte wurden gemessen (L_{WA} = gesamter A-Schallleistungspegel):
- L_{WA} bezogen auf die Einwirkzeit (pro Entladung ca. 60 s): 107 dB(A)
- L_{WA} bezogen auf 1 t in 1 min: 97 dB(A).

Beim Fahren und Anfahren kann als Erfahrungswert ein Schallleistungspegel von L_{WA} = 108 dB(A) zugrunde gelegt werden.

Die Geräusche von Planierraupen, Kettenladern, Radladern und Kompaktoren entstehen durch Motor, Motorlüfter, Auspuff, Hydraulik, Laufwerk und Abrollen der Räder. Bis auf die Kompaktoren handelt es sich um Baumaschinen, für die die Emissionsrichtwerte der allgemeinen Verwaltungsvorschrift (AVwV) zum Schutz gegen Baulärm gelten. Bei Planierraupen bestehen Schwierigkeiten, den Richtwert bei der Vorbeifahrt einzuhalten (Kettengeräusche). Die Kompaktoren unterliegen nicht der AVwV, sie können jedoch wie Radlader behandelt werden (TÜV Rheinland 1987, S. 30). In Tabelle 3.1 sind die Emittenten im Deponiebetrieb zusammengestellt.

Tab. 3.1: Geräuschemittenten im Deponiebetrieb

Maschine	Größe bzw. Art	Betriebs-vorgang	Emissions-richtwerte[1] dB(A)	Emissions-pegel[2] dB(A)	Arbeitsplatz dB(A)
Planierraupen	bis 110 kW	Standlauf	82	81	84
		Vorbeifahrt	87	87 - 88	
		Arbeitszyklus	82	81 - 82	
	über 110 kW	Standlauf	85	81 - 82	88
		Vorbeifahrt	89	90	
		Arbeitszyklus	85	85	
Kettenlader	bis 110 kW	Standlauf	81	81	
		Arbeitszyklus	83	82	
	über 110 kW	Standlauf	84	-	
		Arbeitszyklus	86	-	
Radlader	bis 110 kW	Standlauf	82	76 - 80	78
		Vorbeifahrt	85	76 - 80	
		Arbeitszyklus	81	78	
	über 110 kW	Standlauf	85	78 - 82	82 - 86
		Vorbeifahrt	88	80 - 83	
		Arbeitszyklus	85	80 - 83	
Kompaktoren	bis 110 kW		-[3]	-	82 - 89
	über 110 kW	Standlauf	-[3]	80 - 86,5	
		Vorbeifahrt	82 - 87		
		Arbeitszyklus	82 - 86		

Quellen:
1 Gültige Emissionsrichtwerte für Baumaschinen gem. AVwV 2.15
2 Herstellerangaben 1985
3 Sind bisher nicht erfaßt; werden von den Berufsgenossenschaften nach Auskunft der Hersteller wie Radlader behandelt.

Bei der Ermittlung der Immissionen muß berücksichtigt werden, daß die wichtigsten Schallquellen eines Deponiebetriebes nicht ortsfest, sondern an die jeweiligen Verfüllabschnitte gebunden sind. Mit der Höhe der Verfüllung ändern sich die Reichweite der Emissionen und die Abschirmung zwischen

Geräuschquellen und Immissionsort. Entsprechend den wechselnden Entfernungen und Abschirmungen ändern sich die Immissionen an den Aufpunkten. Dies macht eine einheitliche Angabe der Geräuschimmissionen eines Deponiebetriebes unmöglich (TÜV Rheinland 1987, S. 34).

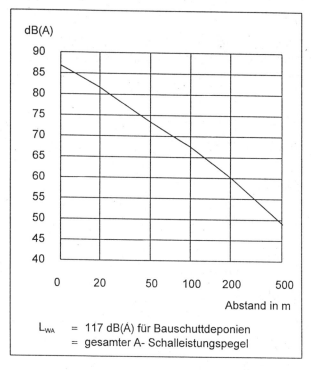

Abb. 3.2: Geräuschemissionen von Deponien mit Schalleistung

Maßgeblich ist der ungünstigste Fall, d.h. **der dem jeweiligen Verfüllabschnitt nächstgelegene Immissionsort** und die Verfüllung am Rand des Verfüllabschnittes in Richtung des jeweiligen Immissionsortes. Den Arbeitsbereich mit seinen Schallquellen kann man bei Abständen von mehr als 50 m näherungsweise als Punktquelle betrachten. Bei einer Bauschuttdeponie ergeben sich z.B. folgende Schalleistungen:

1 Kettenlader	L_{WA}	=	111 dB(A)
1 Planierraupe	L_{WA}	=	110 dB(A)
1 LKW	L_{WA}	=	107 dB(A)
gesamt	L_{WA}	=	114 dB(A)

Die Immissionspegel ergeben sich aus den angegebenen Schalleistungen bei gleichzeitigem Betrieb durch eine Ausbreitungsrechnung nach VDI 2714 E. Die tatsächlichen Meßwerte an Deponien liegen um bis zu 4 dB(A) höher, da es sich in der Praxis im Gegensatz zur Berechnung nicht um fabrikneue Aggregate handelt. Es ist daher sinnvoll, grundsätzlich höhere Emissionen anzunehmen, z.B. Schalleistungen von 117 - 118 dB(A) anzusetzen.

Für eine Beurteilung der Immissionspegel sind insbesondere die Anzahl der Anlieferfahrzeuge und die Betriebszeit der Raupen pro Tag zu berücksichtigen. Die folgenden Immissionspegel sind für Aufnahmeleistungen von 1000 t/d Bauschutt realistisch, was einer Anlieferung durch etwa 100 LKW entspricht. Abbildung 3.2 zeigt, daß in ca. 300 m Abstand vom Rand der Anlage bei freier Schallausbreitung der Tagesrichtwert für ein Allgemeines Wohngebiet eingehalten wird. Hinzu kommen durch den Anlieferverkehr Zusatzbelastungen von den Zufahrtsstraßen. Lärmarme LKW entsprechend der Straßenverkehrszulassungsordnung sind um etwa 80 % leiser als übliche Serien-LKW und sollten erforderlichenfalls verwendet werden. Weiterhin können nen bei Unebenheiten der Fahrbahn durch klappernde Aufbauten, insbesondere von leeren Containerfahrzeugen, hohe Spitzenwerte und ungünstige Schallcharakteristika auftreten.

Maßnahmen zur Lärmminderung

Für das Aufstellen von Schallimmissionsplänen werden einheitliche Schallkenngrößen, der A-bewertete Schalleistungspegel verwendet. Die psychische Bewertung von Geräuschen hängt aber auch vom zeitlichen Verlauf, der Frequenzzusammensetzung und der Dynamik der Geräusche ab. Auch die Herkunftsort des Schalles spielt eine Rolle, z.B. bei negativ bewerteten Anlagen wie Deponien.

Beispiele für Maßnahmen zur Lärmminderung:

– Durch primäre Maßnahmen (geräuscharme Raupen, Radlader etc. wären in der Planfeststellung festzuschreiben) können die Emissionen an Deponien um ca. 2 bis 5 dB(A) gesenkt werden. Die Emissionen der Raupen werden durch die Laufgeräusche der Kette bestimmt.

– Bei Deponien in Haldenform läßt sich durch Schutzwälle eine Abschirmung erreichen (vgl. Abb. 3.3). Ein Vorwallsystem kann ebenfalls vorgeschrieben werden. Allerdings muß zur Verteilung von Abdeckmaterial und zur Rekultivierung eine Raupe auch außerhalb des abschirmenden Walles arbeitet. Bei der Errichtung des ersten Vorwalles wird der höchste Pegel erzielt. Mit steigender Anfüllung hinter dem Wall nimmt der Schirmwert ab, nimmt aber die Entfernung zu Immissionsort zu.

– Eine vorgeschriebene Befestigung der Zufahrtwege senkt mögliche Spitzenpegel.

– Zusatzbelastungen durch den Anlieferverkehr können durch eine lärmschutzgerechte Lage der Zufahrtswege vermindert werden.

– Die Immission läßt sich durch die Begrenzung der Arbeitszeit/Anfahrtzeit steuern (Festlegung des morgendlichen Beginns und Ausschluß von Nachtarbeit).

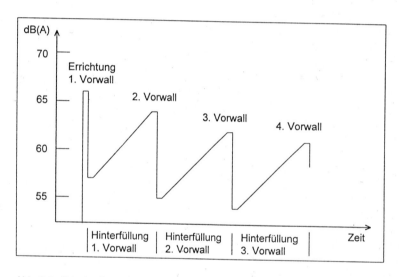

Abb. 3.3: Prinzip des zeitlichen Verlaufs des Schallpegels bei einer Haldendeponie mit 5 m hohem Vorwallsystem in etwa 100 m Abstand vom Rand der Deponie (nach TÜV Rheinland a.a.O.)

Ein gleichmäßiger Verlauf des Schallpegels läßt sich erzielen, wenn der Schutzwall stetig höher gezogen wird, so daß der Schutz eines gleich hohen Walles gegeben ist.

Vom TÜV Rheinland wird empfohlen, die Errichtung des ersten Vorwalles bzw. Immissionsschutzwalles und weitere vorbereitende Arbeiten wie Basisabdichtung, Dränarbeiten etc. als Bauarbeiten zu betrachten und hierauf die UVV Baulärm anzuwenden. Hierbei wird zwar eine Überschreitung der

Richtwerte der TA Lärm um bis zu 5 dB(A) toleriert, die mittlere Gesamtemission der Deponie aber deutlich gesenkt.

3.6 EMISSIONEN VON LUFTVERUNREINIGUNGEN

Bei der Abschätzung der Emissionen sind insbesondere Staub-Emissionen zu berücksichtigen, die durch LKW-Verkehr und durch Abwehung und Abkippen entstehen.

LKW-Verkehr

Zu berücksichtigen sind die durch Befahren des Deponiegeländes mit LKW aufgewirbelten Staubmassen (nicht gefährdende Stäube) auf unbefestigten Wegen. Es wird die Annahme zugrunde gelegt, daß die befestigten Straßen und Zufahrtswege ständig gereinigt werden und eine Reifenwaschanlage beim Verlassen des Deponiegeländes benutzt wird. Eine Staubentwicklung auf den Zufahrtsstraßen wird daher vernachlässigt.

Als Emissionsfaktor für unbefestigte Wege wird die pro Fahrzeug und zurückgelegter Fahrstrecke aufgewirbelte Staubmenge von 4 g/m Fahrzeug angenommen (TÜV Rheinland o. J.; vgl. AXETELL 1978, JOCKEL/HARTJE 1983).

Als relevante Emissionen außerhalb des Deponiegeländes treten Abgas- und Partikelbelastungen an Straßen und Wegen auf. Für eine Prognose wären zukünftige gesetzliche Anforderungen zur Emissionsbegrenzung an Nutzfahrzeugen zu berücksichtigen. Mit Rußfiltern kann die entsprechende Emission um bis zu 90 % gemindert werden. Ab 1995/96 gelten für LKW die Grenzwerte für NOx: 7 g/kWh und für Partikel: 0,15 g/kWh.

Abwehungen / Abkippen

Für das Abwehen kann ein Emissionsfaktor von 0,4 g/m^2*h angenommen werden (5 - 10 g/m^2*d).

Quantitative Angaben über die beim Deponiebetrieb freigesetzten Staubmengen weisen zwangsläufig einen großen Streubereich auf, da sie von zahlreichen Einzelfaktoren abhängig sind. Es ist daher von einer erheblichen Unsicherheit bei der Abschätzung der zu erwartenden Staubemissionen auszugehen.

Zur Errechnung einer möglichen Zusatzbelastung mit Hilfe von Rechenmodellen ist die Lage der einzelnen Verfüllabschnitte anzugeben.
Die Berechnungen für eine Bauschuttdeponie ergeben bei einem Aufkommen von 100 LKW pro Tag Immissionen durch Schwebstaubkonzentrationen und Staubniederschlag, die die Kurzzeitbelastungswerte der TA Luft für Schwebstaub und Staubniederschlag deutlich überschreiten können.

Beim Abkippen im Freien unter Windeinwirkung kann mit Emissionen von 70 - 400 g/LKW-Ladung gerechnet werden (AXETELL 1978).

Maßnahmen zur Begrenzung der Luftverunreinigungen

- innerhalb
  + Müll nicht im Freien und nur geschützt abkippen (Vorgabe eines "nicht staubenden Umschlages");
  + Müll darf nicht auf Wege gelangen (Aufwirbelung).

- außerhalb
  + Zufahrtwege sind befestigt auszuführen, regelmäßig zu kehren und zu befeuchten, Verwendung einer Reifenwaschanlage auf dem Deponiegelände;
  + nur geschlossene oder abgedeckte Transportgefäße verwenden.

3.7   SICHERHEITSTECHNIK

Ausfälle von Deponieeinrichtungen durch Alterung, Abnutzung etc. sind praktisch unvermeidbar, aber auch durch Wartungs- und Kontrollprogramme zu minimieren. Es kommt daher in der Phase der Behebung des Schadens darauf an, das Prinzip der Null-Emission bzw. der Minimierung von Emissionen zu gewährleisten.

Extremfälle (Störfälle und **Unfälle)** können in ihren Auswirkungen gering oder mit erheblichen Gefahren verbunden sein - sie kommen auf jeden Fall überraschend. Ein Brand auf dem Gelände im Zusammenhang mit Abfällen,

Beschädigungen der Überdachung im Zusammenhang mit starkem Wind und Regen, ein Flugzeugabsturz sind Fälle, die mit einer spätestens zur Planfeststellung vorliegenden gesonderten Untersuchung analysiert werden sollten. Eine solche Untersuchung ist erst dann möglich, wenn wesentliche Entscheidungen zur Deponiekonstruktion, zum Abfall und zum Betrieb gefallen sind.

DRÄNUNG

Wartung, Pflege und Verwendung dieser Einrichtungen gehören sowohl zum Betrieb als auch zum Kontrollbetrieb (vgl. auch TA Abfall - im Rahmen der Eigenkontrolle des Betreibers). Bau und Funktonstüchtigkeit werden in Kapitel 5.6 - "Halde" - behandelt. Die Gefahren, die für diese Anlagen vom Betrieb ausgehen, entsprechen denen aus dem Baubetrieb der Deponie (vgl. Kap. 2).

Wasser

Bei Hausmülldeponien können durch Ablagerungen von Mikroorganismen (Inkrustationen) Entwässerungssysteme funktionsuntüchtig werden und zu Sickerwassereinstauungen von mehreren Metern Höhe im Deponiekörper führen (vgl. RAMKE/BRUNE 1990). Auch bei anderen Deponietypen kommen diese Inkrustationen vor (vgl. RAMKE 1994). Wesentliche Gründe sind
– Zerfall des Materials infolge chemischer Zersetzung
– Eindringen von Feinanteilen aus dem Abfall
– Ausfallen und Verhärten von Sickerwasserinhaltsstoffen.

Für den Entwurf von Entwässerungssystemen müssen die einschlägigen Vorschriften beachtet werden:
– DIN 19667 (1991) - Dränung von Deponien
– TA Abfall und TA Siedlungsabfall
– GDA-Empfehlungen E 2-14 (1993) - Entwurfsgrundsätze zu Basis-Entwässerungssystemen für Siedlungsabfälle.

Für die Wartung und Kontrolle der Basissickerwasserdränung entspricht der Betriebszustand wesentlich bereits dem Kontrollbetrieb. Ein Sicherheitsproblem kann jedoch abweichend davon entstehen, daß innerhalb der Betriebszeit von etwa 20 Jahren bereits die Basisdränung oder Teile davon defekt und unwirksam werden (z. B. durch Verockerung, Setzungen, Beschädigungen) und die Oberflächenabdichtung noch nicht vollständig besteht. Starkregenereignisse verbunden mit starkem Wind könne erhebliche Schäden und Wassereinträge in den Deponiekörper verursachen.

Dieses spricht für die Verwendung einer Halle für den Einlagerungsbereich, in der auch die Oberflächenabdichtung hergestellt wird. Als zusätzliche Sicherheit könnte die Einbringung von Zwischenabdichtungsschichten zwischen den Einbauschichten erwogen werden.

Gas

Das Deponiegas bei Hausmülldeponien steigt wegen seiner gegenüber Luft geringeren Dichte im Deponiekörper nach oben. Wird der Deponiekörper völlig abgeschlossen, kann das Gas nicht entweichen, sammelt sich im Abfallkörper und es besteht die Gefahr von Explosionen. Das lagenweise Einbringen und Verdichten von Abfällen begünstigt den Vorgang der Gasentwicklung.

Hauptbestandteile der Gasfassung sind Gasbrunnen. Für eine flächendecken Erfassung wären Gasdränungen erforderlich bzw. eine aktive Gaserfassung durch Erzeugung von Unterdruck in den Gasbrunnen.

Überdachung

Die Verwendung einer Überdachung oder die Einhausung des Einlagerungsbereiches einer Deponie stößt bei Verfahrensträgern und Betreibern häufig noch auf Befremden. Das "Schmuddelimage" von Deponien verführt dazu, den Aufwand nicht als gerechtfertigt anzusehen. Eine Deponie ist jedoch ein lange Zeit arbeitender Industriebetrieb - und wo gibt es Industriebetriebe, die mit Emissionen von Stoffen, die auch gefährlich sein können, und mit ständigen Gerüchen unter freiem Himmel hantieren dürfen?

LANGHAGEN (1990, 337) schreibt, daß bereits nach einigen Jahren Betriebszeit die Sickerwasserbehandlungskosten die Investitionskosten für eine Überdachung überschreiten. Er gibt einen Überblick über vorhandene bzw. angebotene Überdachungsformen, so daß hier nicht näher darauf eingegangen wird. Wesentlich ist es, sich über die jeweiligen Zwecke einer Überdachung im Klaren zu sein. Dies hängt von dem Deponietyp, den einzulagernden Abfällen und der örtlichen Situation ab.

Die Überdachung soll
- Regenwassereintritt in den Einbaubereich vermeiden,
- den witterungsunabhängigen Einbau der Basis- und Oberflächenabdichtung ermöglichen,
- Emissionen aus dem Deponiebetrieb über den Luftweg vermeiden (vgl. AEW 1988b, S. 15).

Zusätzlich soll die Überdachung auch extremen Witterungsereignissen standhalten, da wegen der Langzeitbeständigkeit jeder Eintrag von Wasser in den Deponiekörper auf ein Minimum beschränkt werden muß. Eine an den Seiten offene Überdachung, z. B. in 20 - 30 m Höhe im Bereich höherer Windgeschwindigkeiten über dem umgebenden Gelände, erfüllt dies weniger als eine geschlossene Halle.

Ebenfalls nicht erfüllt wird die Forderung nach Emissionsfreiheit über den Luftweg durch eine seitlich offene Halle. Dabei geht es nicht nur um die Zumutbarkeit von Gerüchen, sondern auch um andere wesentliche stoffbezogene Gründe für eine vollständige Halle. Die o. g. Emissionswerte, die beim Abkippen und Abwehen entstehen können, sind insbesondere auch deshalb zu berücksichtigen, weil auch Abfallinhaltsstoffe enthalten sein können.

Es ist bekannt, daß Windgeschwindigkeiten am Gipfel von Halden größer sind als die Geschwindigkeit in gleicher Höhe ohne Halde (bis zu 25 %, nach Messungen des TÜV-Rheinland an der Bauschuttdeponie Piepersberg in Solingen-Gräfrath). Diese Geschwindigkeit kann sich durch Düseneffekt zwischen Halde und Überdachung verstärken und so die Emissionen vergrößern. In einer relativ dicht besiedelten Landschaft hat aber auch eine vielleicht 20 Jahre während Geruchsbelästigung ihr Gewicht.

Bei der Verwendung einer geschlossenen Halle kommt es dann grundsätzlich nicht mehr zu Emissionen wie im Falle eines offenen Einbaus oder einer seitlich offenen Halle. Maßgeblich für den Betrieb sind Arbeitsplatzbestimmungen, MAK-Werte u. a. für die in der Halle beschäftigten Mitarbeiter der Deponie. Emissionen finden dann nur noch statt, wenn es Abweichungen vom o. g. Normalfall gibt. Hierfür müssen gestufte Pläne und Handlungsanweisungen zur Behebung der jeweiligen Situation vorliegen.

Versuchsfeld

In Anbetracht der Unwägbarkeiten bzgl. des Verhaltens der Deponieteile, der Abfallinhaltsstoffe und der sicherheitstechnischen Einrichtungen wird empfohlen, parallel zum Deponiebetrieb ein Versuchsfeld unter wissenschaftlicher Begleitung zu unterhalten. Das Versuchsfeld müßte so angelegt sein, daß in bestimmten Zeitabschnitten Teile des Feldes eröffnet werden können, ohne die übrigen Teile zu beeinflussen.

Ziel solcher begleitender Versuche wäre es,
- grundsätzliche Aufschlüsse über Verhalten von Abfällen, Kunststoffdichtungsbahnen, Dränungen, mineralischen Dichtungsschichten und Untergrund über lange Zeiträume zu erhalten,
- Anhaltspunkte für Funktionsstörungen zu erhalten, wie sie sich in der Deponie einstellen können (Frühwarnsystem).

Die TA Abfall sieht zur Überprüfung der Herstellbarkeit von mineralischen Dichtungsschichten ein Versuchsfeld vor.

3.8 ZUSAMMENFASSUNG UND STEUERUNGSMÖGLICHKEITEN

Die sachgerechte Durchführung des Deponiebetriebes ist eine wesentliche Voraussetzung für eine lange Funktionstüchtigkeit der Deponie. Der Deponiebetrieb teilt sich in die Phasen Betrieb und Kontrollbetrieb. Letzterer beginnt mit dem Schluß der Einlagerungen und ist nicht zu befristen.

Probleme für die Funktionstüchtigkeit können in den Teilbereichen Betriebliche Organisation, Eingangsbereich, Transport, Einbaubereich und Sicherheitstechnik entstehen. Hierzu gibt es relativ viele Steuerungsmöglichkeiten, von der vollen Anwendung der TAen Abfall und Siedlungsabfall und anderer rechtlicher Bestimmungen über Erfassung und Zuordnung von Abfallströmen (s. Kap. 5) bis zu Einzelregelungen im Planfeststellungsbeschluß.

Insbesondere sollte
- eine allseitig geschlossene Halle für den Einbaubereich verwendet werden,
- ein begleitendes Versuchsfeld betrieben werden und
- die Möglichkeit der Kontrolle durch Anwohner und betroffene Gemeinden geregelt werden,
- eine Notfallplanung mit konkreten Handlungsanweisungen und -abläufen erarbeitet und zum Bestandteil der Deponieanweisungen gemacht werden.

4 ABFALLTRANSPORTE

Die in diesem Systemteil gesondert zu betrachtenden Transportvorgänge beziehen sich auf den Transport von Abfall, da dieser Transport in besonderer Weise für diese Deponieplanung spezifisch ist. Alle sonstigen Transportvorgänge für den Baubetrieb, den Deponiebetrieb usw. erhöhen zwar das örtliche und regionale Verkehrsaufkommen, sind jedoch in ihrem hier interessierenden Gefahrenpotential nicht spezifisch, insbesondere für eine Sonderabfalldeponie oder sonstige Industrieabfälle.

Entsprechend den vorherrschenden Bedingungen in der BRD kann angenommen werden, daß das Straßenverkehrswegenetz bis in die unmittelbare Nähe der Deponie ausgebaut ist und lediglich Erschließungsstraßen für die Deponie zusätzlich erstellt bzw. ausgebaut werden müssen.

Diese Voraussetzung ist beim Schienenverkehr nicht die Regel. Vielmehr muß angenommen werden, daß Deponiestandorte grundsätzlich nicht (mehr) über das Schienennetz zu erreichen sind. Bei einer standortbezogenen Analyse wird also weitgehend ein zusätzlicher Aufwand durch Erschließung für die Bahn zu berücksichtigen sein.

Darüber hinaus wird angenommen, daß Transportbewegungen in den Bauphasen der Deponie, d. h. für den An- und Abtransport von Erdreich, mineralischem Dichtungsmaterial, Baustoffen usw. mit LKW durchgeführt werden. Je nach Deponietyp stehen entweder die Abfallanlieferungen im Vordergrund (z.B. bei zentralen Deponien für Hausmüll bis zu 800 Anlieferungen, d.h. 1600 Vorbeifahrten) oder es werden die baubetrieblichen Transporte überwiegen (z.B. bei Sonderabfalldeponien möglich), die ohnehin über das Straßennetz durchgeführt werden (müssen), d. h. eine Erschließung für Schiene und Straße wäre erforderlich.

Sonderabfallmengen pro Tag sind für einen Gleisbetrieb zu diesem alleinigen Zweck nicht sehr groß, und wenn nicht damit zu rechnen ist, daß die Abfallstoffe von wenigen Ursprungsorten angeliefert werden, müßten diese für einen Bahntransport erst örtlich - über die Straße - gesammelt werden - mithin eine Optimierungsaufgabe, wenn nicht andere Gründe vorliegen.

Um die Relevanz des Schienentransportes zu würdigen, müßten also auch die übrigen Wege des Abfalls, von der Sammlung in den Entstehungsorten über die Abfallbehandlung, genauer betrachtet werden. Im weiteren Verfahren sollten aber Analysen zu diesem Aspekt erfolgen, da bekanntermaßen die Bahn aus Umweltschutz- und Sicherheitsgründen dem Straßenverkehr vorzuziehen ist.

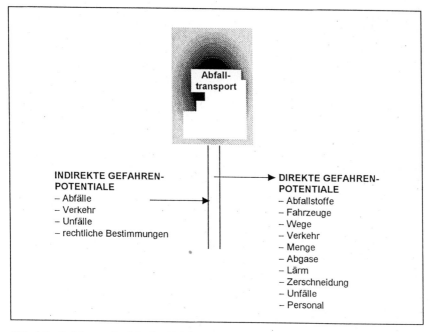

Abb. 4.1: Gefahrenpotentiale der Abfalltransporte auf der Straße

Bei einer Gefahrenbetrachtung ist es sinnvoll, für Sonderababfall die Transportvorgänge über die Straße vorrangig zu betrachten, da von ihnen die größeren Gefahren für die Umwelt ausgehen. Darüber hinaus gibt es bisher nur wenige Beispiele für Anlieferungen von Sonderabfällen über die Schiene, z.B. die Untertagedeponie Herfa-Neurode bei der etwa ein Viertel der Anlieferungen - vorwiegend aus dem Ausland - über die Schiene abgewickelt werden und die Sonderabfallverbrennungsanlage Biebesheim, bei der etwa ein Zehntel der Abfälle - vorwiegend aus der chemischen Industrie - über Schienen angeliefert werden.

Ganz anders stellen sich die Verhältnisse bei Siedlungsabfällen dar, wo bereits bei der **Standortsuche** für zentrale Anlagen, z.B. auch Verbrennungsanlagen, die Transportfrage, ggf. in Kombination von verschiedenen Verkehrsträgern, eine wesentliche Rolle spielen kann und hier auch nennenswerte verkehrsspezifische Umweltbelastungen vermieden werden können (PETERSOHN 1995). In neuerer Zeit wurden hierzu einige Untersuchungen durchgeführt, z.B. DPU 1993 u. 1995, ifeu 1994, IGS 1993. Auch die Bahn bemüht sich zunehmend, diesen Bereich zu erschließen (DBAG 1994a,b,c); vgl. auch KESSLER 1992 und KNAUER 1994). Die Industrialisierung der Abfallwirtschaft führt zunehmend dazu, auch mit entsprechenden Kategorien zu planen (vgl. KIRCHHOFF 1994).

4.1 PROBLEMBEREICHE

Gefahrenpotentiale liegen überwiegend in folgenden Elementen des Transportes über die Straße (s. Abb. 4.1):
- **Herkunft der Abfälle / Abfallmenge**
  + Verteilung der Abfälle im Entsorgungsgebiet
  + Anzahl der Transportbewegungen
  + Transportentfernungen
- **Art und Zustand der Abfälle**
  + direktes Potential durch mögliche Schadwirkungen,
  + indirektes Potential durch rechtliche Regelungen als Handlungs- und Verhaltensregelung
- **Fahrzeuge**
  offen / geschlossen, Art und Zustand, Besatzung
- **Wege**
  Zustand der Straßen, Wetterbedingungen
- **Verkehr**
  Verkehrsverhältnisse, Verkehrsdichte, Unfallschwerpunkte;
  + direkt: Transporte als aktive Teilnehmer am Verkehr;
  + indirekt: Transporte als Betroffene von Verkehrssituationen
- **Abgase und Lärm** (s. auch Kap. 2.1 "Bautransporte")
- **Erschließung / Zerschneidung**
- **Unfälle**
  + direkt als Unfallverursacher,
  + indirekt als Unfallopfer
- **Rechtliche Bestimmungen** als Verhaltenssteuerung
  Regelungen können falsch, unvollständig, mißverständlich etc. sein und dadurch indirekt Gefahrenpotentiale bilden.

ANZAHL DER TRANSPORTE

Die Anzahl der Transport ist jedoch auch von der abfallwirtschaftlichen Struktur des Entsorgungsgebietes abhängig. Je mehr kleine Abfallquellen existieren, desto größer kann auch das Transportaufkommen werden. Dieses sind jedoch der Deponie vorgelagerte Bereiche. Deponieverkehr ist lediglich der das Deponiegelände erreichende und verlassende Verkehr. Dieser kann für die Planung grob abgeschätzt werden (Tab. 4.1).

Tab.4.1: Abschätzung des Transportaufkommens durch Baustellenverkehr und Abfalltransporte

---

Annahmen:

- Fläche der Halde: entsprechend dem Deponiemodell (ggf. Zuschlag für die Böschungsflächen)
- quartäre Deckschicht bis zur geologischen Barriere
- Zeitdauer des Bau- und Deponiebetriebes
- Arbeitstage für die Zeitdauer des Betriebes
- Arbeits-/Betriebszeit pro Tag: z.B. 8 Stunden
- Dicke Oberflächenabdeckung (Abdichtung u. Rekultivierungsschicht)
- LKW-Ladekapazität (durchschnittlich: sollte nicht zu groß angenommen werden, um eine Vielzahl von Kleintransporten von Abfällen und sonstiges deponiebezogenen Verkehrsaufkommen zu berücksichtigen).

Berechnungen:

- Volumen der quartären Deckschicht
- Volumen der mineralische Auffüllung (voller Ersatz der Deckschicht bis über den höchsten Grundwasserspiegel)
- Volumen der Oberflächenabdeckung
- Abfallmenge

Σ Transportvolumina in m^3 für die Bau- und Betriebszeit der Deponie.

Dieses Gesamtvolumen wird auf ein durchschnittliches Transportvolumen pro Tag umgerechnet. Vorteilhaft ist es, Spannweiten des täglichen Verkehrsaufkommens zu ermitteln, indem unterschiedliche Ladekapazitäten (min. u. max.) angesetzt werden. Maßgeblich für die Beurteilung der daraus resultierenden Belastung für Betroffene sind

- Einzelfahrten (Vorbeifahrten) / Tag
- Einzelfahrten/Arbeitsstunde.

Nicht enthalten sind alle anderen mit dem Baubetrieb verbundenen Transporte von Personen und weiteren Baumaterialen.

ABFÄLLE

Über Art und Zustand der zu transportierenden Abfälle wird für Sonderabfälle im Planfeststellungsverfahren unter Berücksichtigung einschlägiger rechtlicher Vorschriften (z. B. Gefahrstoffverordnung) entschieden.

Es können zum Planungszeitpunkt keine gesonderten Kriterien für das Zulassen von Abfallstoffen angegeben werden, die sich über das Ablagerungsproblem (vgl. Kap. 5) hinaus für den Transport ergeben, da aus deponietechnischen Gründen stark wasserhaltige Abfälle ohnehin nicht abgelagert werden.

FAHRZEUGE

Es wird empfohlen, für den Abfalltransport nur geschlossene Behälter zu verwenden, um bei einem Unfall die Schadensmöglichkeiten gering zu halten. Aber auch im Normalfall ist es sinnvoll so zu handeln, um Emissionen zu vermeiden.

Das **Fahrpersonal** sollte mit großer Sorgfalt ausgewählt und über die Problemstoffe, die es transportiert, unterrichtet werden. Die Fahrer sollten aufgrund von Unfallplänen theoretisch eingewiesen werden und praktisch zielgerichtet handeln können.
Der Einsatz des Fahrpersonals ist von erheblicher Bedeutung, wie Untersuchungen zeigen. Sind Gefahrguttransporte in einen Unfall verwickelt, sind sehr häufig die Gefahrgutfahrer verantwortlich (RETHMANN 1989, S. 81/82):

- 38,5 % der Unfälle - nicht angepaßte Geschwindigkeit / unangemessener Sicherheitsabstand
- 42 % der Unfälle - sonstige Fahrfehler (Überholen, Wenden, Rückwärtsfahren, Vorfahrt)
- 7,1 % der Unfälle - Alkohol / Übermüdung
- 12,4 % der Unfälle - technische Mängel / Sicherung der Ladung.

WEGE

Für den **Abfalltransport über die Straße** ist für den Ausbau der Begegnungsfall LKW/LKW maßgeblich (vgl. FORSCHUNGSGESELLSCHAFT FÜR STRASSEN- UND VERKEHRSWESEN 1985). Dazu gehört auch eine entsprechende Sicherung und Befestigung der Seitenstreifen. Der empfohlene Ausbaustandard für die Zufahrt von Deponien umfaßt in Anlehnung an die EAE '85 eine 2-spurige Zufahrt sowie eine Fahrbahnbreite von 6,50 plus 2 x 1,50 Bankett incl. Entwässerung und Leiteinrichtung (HÖSEL/SCHENKEL/SCHNURER, Bd. 3, Kz. 4690).

Bei einem Ganzjahresbetrieb muß dafür gesorgt werden, daß die Transporte immer sicher ans Ziel kommen; ansonsten wird empfohlen, zu bestimmten Zeiten (z. B. bei sehr schlechten Straßen- und Witterungsverhältnissen) Einschränkungen für die Abfalltransporte vorzunehmen.
Wesentlich ist die Wahl der Anfahrtstrecken. Diese sollten im Planfeststellungsverfahren verbindlich festgelegt und besonders gesichert werden.
Kriterien für die Wegeauswahl sind nach dem Minimierungsgebot:

- Vorrang für überörtliche und überregionale Straßen
- (Möglichst) keine Ortsdurchfahrten bzw. Vorbeifahrten an anderen sensiblen Bereichen
- (Möglichst) keine Durchfahrung von Wasserschutzgebieten. Bei Überquerung von Gewässern müssen die Brücken zusätzlich gesichert werden, damit ein LKW nicht in den Gewässerbereich stürzen kann.

VERKEHR

Je höher die Verkehrsdichte, desto größer die Gefahr, daß der Transport in einen Verkehrsunfall verwickelt wird.
Empfohlen wird zur Wegewahl die Umfahrung und Minimierung der Gefahrenpunkte unter Beachtung der o. g. Kriterien.

Da bei Standortplanungen die Entwicklung des Verkehrs über lange Zeiträume nicht vorhergesagt werden kann, müssen Vereinbarungen getroffen werden, die eine kurzfristige Anpassung an Veränderungen ermöglichen.

ABGASE UND LÄRM, ZERSCHNEIDUNG

Hier gelten die Ausführungen, die zu den Bautransporten gemacht wurden.

UNFÄLLE

Zu den Gefahren, die sich durch LKW-Unfälle allgemein ergeben, sind hier keine Ausführungen erforderlich. Spezifisch für Transporte mit ganz unterschiedlichen Stoffen ist das zusätzliche Gefahrenpotential aus diesen Stoffen selbst. Wesentliche sich daraus ergebende Kriterien für den Transport wurden schon genannt.

Es wird jedoch darauf hingewiesen, daß Unfälle ungeplante Ereignisse sind, denen nur dann einigermaßen begegnet werden kann, wenn es Vorbereitungen für solche Situationen gibt. Wie diese Situationen aussehen können, sollte im Rahmen der im Abschnitt über den Deponiebetrieb geforderten Gefahrenstudie erarbeitet werden. Entsprechende Handlungsanweisungen können danach für die Praxis erarbeitet werden.

4.3 ZUSAMMENFASSUNG UND STEUERUNGSMÖGLICHKEITEN

Zu den einzelnen Problembereichen, die sich durch den Transport von Sonderabfällen ergeben können, gibt es relativ viele technische und rechtliche Steuerungsmöglichkeiten.

Es wird empfohlen,
- geschlossene Fahrzeuge zu verwenden,
- geschultes Personal einzusetzen,
- bestimmte Fahrtrouten festzulegen,
- wo Gefahrenpunkte nicht umfahren werden können, Sicherungsmaßnahmen vorzunehmen,
- Verhaltensregeln bei Unfällen zu erarbeiten und das Personal entsprechend anzuleiten.

"Die Frage nach der unterschiedlichen Umweltrelevanz einzelner Abfallinhaltsstoffe ist vergleichbar mit
der Frage nach der Anzahl der Ster-
ne." (HAHN 1985)

5 ABFALL

"Diese Technische Anleitung enthält Anforderungen an die ... Entsorgung von besonders überwachungsbedürftigen Abfällen nach dem Stand der Technik ..., die erforderlich sind, damit das Wohl der Allgemeinheit nicht beeinträchtigt wird" (TA Abfall, Zi. 1). "Die Ablagerung soll so erfolgen, daß die Entsorgungsprobleme von heute nicht auf zukünftige Generationen verlagert werden" (TA Siedlungsabfall, Zi. 1.1).

Das Hauptziel einer Deponie ist es also offensichtlich, Abfälle so zu lagern, daß das Langzeitverhalten der gesamten Deponie beschreibbar bzw. prognostizierbar ist und die Emissionen (in dem genannten Sinne) beherrschbar sind (vgl. BILITEWSKI u. a. 1987, S. 880). Es gibt jedoch bei den vorliegenden Voraussetzungen Unsicherheit bezüglich der Erreichbarkeit dieses Zieles. Dazu wäre die Kenntnis und Beurteilbarkeit von Abfalleigenschaften aus mehreren Gründen wünschenswert, denn bei genauer Betrachtung ergibt sich, daß der Kernpunkt des gesamten Standortsuch- und Konstruktionsprozesses für die Deponie die Bedeutung der einzulagernden Abfälle und deren Inhaltsstoffe ist.

Davon abhängig ist
– der Transport, d. h. die Sorgfalt, die auf die Routenwahl, die Auswahl der Fahrzeuge und des Personals gelegt werden muß,
– die Beurteilung des Gefährdungspotentials bei Unfällen,
– die Auswahl der Baumaterialien und die Sorgfalt der Herstellung,
– die Durchführung des Deponiebetriebes,
– die kurzfristige und langfristige Gefährdung des Deponiepersonals und der Anwohner,
– das (zeitliche) Verhalten von Abfallarten und -inhaltsstoffen (z. B. Auslaugverhalten) im Hinblick auf eine mögliche Umweltgefährdung,
– die Veränderung des Abfallkörpers (z. B. durch chemische Reaktionen und/oder durch Setzungen)
etc..

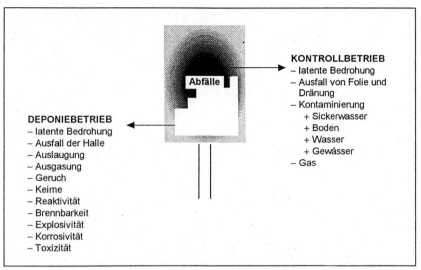

DEPONIEBETRIEB
– latente Bedrohung
– Ausfall der Halle
– Auslaugung
– Ausgasung
– Geruch
– Keime
– Reaktivität
– Brennbarkeit
– Explosivität
– Korrosivität
– Toxizität

Abfälle

KONTROLLBETRIEB
– latente Bedrohung
– Ausfall von Folie und
  Dränung
– Kontaminierung
  + Sickerwasser
  + Boden
  + Wasser
  + Gewässer
– Gas

Abb. 5.1: Gefahrenpotentiale von Abfällen

Die Frage ist, ob die dafür erforderlichen Informationen
– nach Abfallrecht vorgeschrieben sind,
– ggf. nacherhoben werden können,
– aus grundsätzlichen Erwägungen nicht zur Verfügung stehen können und
welche Konsequenzen sich aus den Informationen für die Ablagerung von Abfällen für eine dauerhafte Ablagerung ergeben.

Welche Informationen über Abfalleigenschaften wesentlich zur Beurteilung der langfristigen Umweltrelevanz sind, läßt sich aus den Kriterien ableiten, mit denen Umweltchemikalien generell beurteilt werden können (vgl. KREUSCH 1984):

– **Lebensdauer,**
– **Toxizität,**
– **Anreicherung.**

Abfall- und Reststoffüberwachungsvorordnung (BUNDESRAT 1989b), Abfallartenkatalog, Entsorgungsnachweis und TA Abfall/Siedlungsabfall machen keine ausreichenden Angaben zur Toxizität, Lebensdauer und zu Anreicherungsmöglichkeiten. Aussagen über die Umweltverträglichkeit und die gesundheitlichen Gefahren von Deponien auch nach den neueren Bedingungen sind daher nach wie vor kaum zu bekommen. Einen Überblick über Gefahrenpotentiale gibt Abbildung 5.1.

Um näheren Aufschluß über das Gefahrenpotential der Abfälle zu erhalten, interessiert zunächst die Zusammensetzung der jeweiligen Abfälle. Zu dies wird häufig als erheblicher - unnötiger - Aufwand angesehen. Zu bedenken ist dabei aber, mit welchem Aufwand in der Produktion für stoffliche Reinheit gesorgt werden muß, um ein definiertes Verhalten der Produkte zu erzeugen. Mit der Beendigung der Nutzung verschwinden die Stoffe nicht aus dem Wirkungsbereich der Gesellschaft und der Biosphäre, so daß eine weitere Handhabung nicht ungewöhnlich sein sollte.

Die Eigenschaften (Kap. 5.2) der im Abfall enthaltenen Stoffe sind das Potential für das Verhalten des Abfalls als Stoffgemisch. Im Vordergrund stehen dabei die Eigenschaften, die Schadenspotentiale für Menschen und Naturhaushalt in Erscheinung treten könnten. Dazu gehören

- Auslaugung (→ Sickerwasser),
- Ausgasung,
- Geruchsentwicklung,
- Besatz mit Keimen,
- Brennbarkeit,
- Reaktivität,
- Explosivität,
- Korrosivität und
- Toxizität.

Das Zusammenwirken dieser Stoffeigenschaften und -potentiale ergibt das (lang-)zeitliche Verhalten von Abfällen (Kap. 5.3).

Während Hausmüll bzw. Siedlungsabfälle eine Restgröße aus einer Vielzahl von Stoffen und Produkten ist, deren Trennung in der angelieferten Form kaum möglich und zumutbar ist, so daß eine Sortierung sinnvollerweise vorher erfolgen sollte, stammen Sonderabfälle zum großen Teil aus industriellen und gewerblichen Prozessen, in denen ihre stoffliche Eigenschaften eine große Rolle spielte. Sie sind also insgesamt, so könnte vermutet werden, zunächst weniger vermischt bzw. könnte es sein. Die völlige Vermischung findet häufig erst nach der Nutzung bzw. bei der Ablagerung statt. Sie gelten aber als gefährlicher als die im Umlauf befindlichen Produkte. Es lohnt sich daher, einen gesonderten Blick auf Erfahrungen mit diesen Abfällen als abgelagerte Stoffe zu werfen (Kap. 5.4) und die Möglichkeit der Nicht-Vermischung zu erwägen (Kap. 5.5)

5.1 ZUSAMMENSETZUNG VON ABFÄLLEN

SONDERABFALL

Sonderabfälle unterliegen als besonders überwachungsbedürftige Abfälle gesetzlichen Vorschriften. Sie stehen aber auch für einen weiten Kreis von Problemabfällen, die auch auf Hausmülldeponien gefunden werden. Daran muß vor allem bei Sanierungsmaßnahmen gedacht werden. **Die baulichen Vorschriften oder gleichwertige Konstruktionen nach TA-Si können natürlich nur dort angewendet werden, wo auch der Abfall nach TA-Si zusammengesetzt ist.** Insofern ist auch mancher Siedlungsabfall 'besonderer Abfall' (vgl. UBA F.u.E.-Vorhaben 10303267).

Zur Deklaration der Zusammensetzung von Sonderabfällen und der daraus ableitbaren Umweltrelevanz existieren sehr weit gestreute Auffassungen.
Eine verbreitete Meinung dürfte durch die Aussage charakterisierbar sein, "manche Sonderabfälle (sind) durch ihre Herkunftsbezogenheit ausreichend definiert" (z. B. "verbrauchte Produktionshilfs- und Reinigungsmittel"), während "in allen anderen Fällen, insbesondere bei produktionsspezifischen Rückständen, eine zusätzliche Identifikation nach Inhaltsstoffen unbedingt erforderlich (ist)" (ERBACH 1987).

Grundlage einer Gefahrenbetrachtung wären aber genauere Informationen über die Abfälle und deren Langzeitsicherheit. Angelieferter Müll müßte danach grundsätzlich individuell beurteilt werden. So können z. B. die unter der Schlüsselnummer 314.. zusammengefaßten Aktivkohleabfälle mit der ganzen Palette der organischen Chemie belastet sein (DPU 1986, S. 335).

HAHN (1987) vertritt die Auffassung: "Abfälle sollten nach ihrer Herkunft und ihrem Produktionsweg gekennzeichnet werden. Inhaltsstoffe sollten angegeben werden, soweit sie bekannt sind." Dies ist insofern keine weitgehende Forderung, weil die Erzeuger der Abfälle ihre Inhaltsstoffe weitgehend kennen sollten.
Er spricht sich konkret für die Angabe einiger physikalisch-chemischen Daten (Wassergehalt, Brennwert, Kohlenstoffgehalt, Metallgehalt) sowie für Warnhinweise aus Gründen des Arbeitsschutzes aus. Demgegenüber lehnt er Angaben ökotoxikologischer Art ab, weil hier eine prinzipielle Grenze von Wissenschaft erreicht sei und jede Einzelangabe nur den (falschen) Eindruck erwecke, daß umfassende Kenntnisse vorlägen. (Unfreiwillig) unterstützend für diese Einschätzung sind Übersichten über den Stand der Ökotoxikologie (vgl.

ALSEN/WASSERMANN 1986, DFG 1983, MÜLLER/LOHS 1987, WAS-
SERMANN/ALSEN-HINRICHS/SIMONIS 1990, u. a.).

Gleichzeitig weist HAHN darauf hin, daß die umfassende stoffliche Charakterisierung an Grenzen stößt. "Gesamtanalysen über die organischen Einzelstoffe eines Substanzgemisches, insbesondere einer Abfallmatrix, sind grundsätzlich unmöglich. (...) Die Frage, was eine Probe insgesamt enthält, ist
praktisch nicht zu beantworten" (HAHN 1987).

Diese Ansicht läßt sich mit Zahlen unterstützen. Insgesamt sind etwa 9 Millionen Einzelstoffe in der Literatur bekannt. Die tatsächliche Anzahl soll noch
weit darüber liegen. Im "Chemical Abstract Service" (CAS) sind etwa 7,3
Millionen Stoffe aufgeführt. 60.000 - 100.000 Stoffe sollen derzeit auf dem
Markt sein. Davon werden 3000 - 3500 Stoffe in industriellem Maßstab mit
mehr als 10 t und 1050 Stoffe mit mehr als 1000 t jährlich erzeugt oder im-
portiert (vgl. BRÜGMANN 1993, S. 28; MORIARTY 1988, S. 2; RETH-
MANN 1989, S. 38 u. a.). **Ein Vergleich mit den zugelassenen Ablage-
rungswerten in den Technischen Anleitungen (Tab. 5.1) zeigt, daß der
Lastfall der Deponie nur in Ausschnitten beschrieben wird.**
Mit anderen Worten: "Die Deklarierung eines Stoffgemisches als Abfall impliziert, daß es sich um ein nicht bzw. kaum beschreibbares Gemisch unterschiedlicher Stoffe handelt und daß dieses Stoffgemisch keine Qualitäts-
merkmale - im Sinne von Rein- bzw. Produktionsstoffen - aufweist"
(KNOCH 1987).

Daten zur stofflichen Zusammensetzung und Umweltrelevanz von Abfällen
können daher - sowohl aus Gründen der Praktikabilität als auch aufgrund er-
kenntnistheoretischer Überlegungen - niemals vollständig sein (HAHN 1987):

"Folgende prinzipiell unsichere Situation läßt sich verallgemeinernd beschreiben:
- Die Zusammensetzung von Abfällen ist im Hinblick auf die umweltrelevanten
  Stoffanteile in der Regel unbekannt. Das wird immer so bleiben!
- Selbst wenn die stoffliche Zusammensetzung bekannt wäre, könnte sich die-
  se bei der gleichen Produktion durch geringfügige Änderungen der Pro-
  duktparameter (Rohstoff, Druck, Temperatur, Gefäß usw.) unkontrollierbar
  verändern.
- Selbst wenn alle Einzelstoffe von Abluft, Abfall oder Abwasser aufgelistet
  werden könnten, wären in der Regel keine Wirkungsanalysen bzw. -daten
  verfügbar.
- Selbst wenn alle Wirkungsdaten vorliegen würden, wären Synergismen und
  Antagonismen dieser Stoffe unbekannt.

- Selbst wenn Synergismen und Antagonismen bekannt wären, wären die Wirkungen der Stoffwechselprodukte, deren Synergismen und Antagonismen unbekannt.

- Selbst wenn alles das bekannt wäre, gibt es eine praktisch unbegrenzte Vielfalt verschiedener Biotope, die durch noch so umfangreiche Wirkungsanalysen in ihrem Lang- und Kurzzeitverhalten prinzipiell niemals abbildbar sein werden. Es ist nicht einmal die natürliche Veränderung der Biotope vollständig beschreibbar."

Diese pessimistische Auffassung ist dann richtig, wenn alle Informationen, die über Stoffe und Stoffgemische bei ihren Nutzern vorhanden sind, auf knappe Herkunftsbezeichnungen reduziert werden und so getan wird, als müßten alle Informationen neu erkundet werden. Dann sind in der Tat die Möglichkeiten in Anbetracht der Probleme der Analytik und der Toxikologie relativ begrenzt. O. Wassermann vergleicht diese Arbeit mit der Lektüre eines dicken Buches in einer fremden Sprache und in einer fremden Schrift, dessen Seitenzahl täglich wächst. Der Informationsverlust an der Schnittstelle zwischen Stofferzeugern/-nutzern und der Übernahme als Abfall ist das nächstliegende Problem. Von einer geordneten und transparenten Stoffwirtschaft kann noch keine Rede sein. Der Begriff "Stoffstrommanagement" ist insofern ein Modewort ohne Substanz.

Ob die herrschende Strategie, Stoffhandhabungen der Gesellschaft von ihrem Ende her zu beeinflussen, erfolgreich sein wird, bleibt abzuwarten.

HAUSMÜLL / SIEDLUNGSABFALL

Prinzipiell noch weniger als bei Sonderabfällen lassen sich bei Haus- und Siedlungsabfällen die Bestandteile bestimmen. Allerdings wird angenommen, daß in diesen Abfällen Schadstoffe nicht in der Konzentration und Menge vorkommen können, wie das bei Sonderabfällen der Fall sein kann. In den Hausmülldeponien wurde und wird der Rest nicht weiter sortierter oder sortierbarer Stoffe untergebracht, die in der Gesellschaft kursieren. Ein großer Teil ist allerdings nur im Spurenbereich vertreten und Stoffe, nach denen nicht gesucht wird, werden im Allgemeinen auch nicht gefunden. So wirken Angaben über die Zusammensetzung von Hausmüll in der Regel so unspektakulär wie der Alltag, aus dem er kommt.

Auf rund 550 (West: ~ 285, Ost: ~ 265) derzeit im Betrieb befindlichen Hausmülldeponien werden neben Hausmüll auch hausmüllähnliche Gewerbeabfälle, Sperrmüll, Straßenkehrricht usw. abgelagert.

Die Fraktionierung des Haus- und Gewerbemülls ergibt die in Abbildung 5.2 angegebene Verteilung. Diese Zahlen berücksichtigen allerdings nicht die Neuen Bundesländer und auch nicht den Stand der derzeitigen Getrenntsammlung von Abfällen. Die Zusammensetzung beschreibt aber den Status der im Betrieb befindlichen Hausmülldeponien und ist daher maßgebend für Sanierungsfälle.

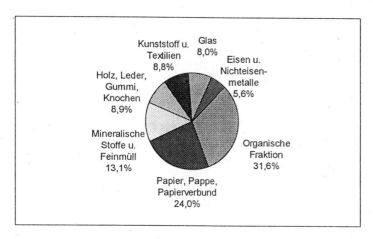

Abb. 5.2: Verteilung der Bestandteile des Müll von Hausmülldeponien (nach Angaben in KRUSE 1994, 2; Quelle: KNOCH u.a. 1986)

Die stoffliche Zusammensetzung dieser Fraktionen enthält Tabelle 5.1. Bezüglich der Bedeutung für Mensch und Naturhaushalt sind solche Angaben jedoch von geringer Bedeutung, da die Problemstoffe oft keiner großen Konzentration bedürfen, um ihre Wirkungen zu entfalten.

Tab. 5.1: Stoffliche Zusammensetzung von Hausmüll in Gew.% (NEUBERT 1989)

Wasser	35	S	0,2
C	20	Zn	0,2
O_2	13,6	Pb	0,063
Glas/Minerale	11,2	Cu	0,024
Fe	2,8	F	0,012
H_2	2,4	Cd	0,001
Cl	0,5	Hg	0,0004

Deutlich wird allerdings ein wesentliches Problem von Hausmülldeponien. Die Deponierung kommunaler Abfälle führt zu einer Konzentration organischer Stoffe, die vielfältigen chemisch-physikalischen und biochemischen Prozessen unterworfen sind, die - zumindest in der Intensität - in der Natur nicht oder nicht so häufig vorkommen würden. Die Stoffwechselprodukte können die Deponie auf dem Gas- und Wasserpfad verlassen und unterscheiden sich von ihren Immissionsbereiche derart, daß sie über eine gewisse Zeit hinweg aufgefangen und behandelt werden müssen, bis ihre Konzentrationen soweit gesunken sind, daß sie für den Naturhaushalt nicht mehr von großer Bedeutung sind. Neuere Deponien sollen daher nur noch vorbehandelten volumenreduzierten und reaktionsarmen Abfall enthalten. Ob damit ein dauerhafter Ausschluß von Emissionen erzielt werden kann, ist nicht bewiesen.

Wie bereits angedeutet, führt eine Mengenstatistik noch nicht zu einer Aussage über die potentiellen Gefahren, die von Stoffen und Stoffgruppen ausgehen können, die nur als Spurenstoffe im gesamten Abfall enthalten sind. Auch für sie gilt die Maßgabe über Langlebigkeit, Anreicherungsfähigkeit und Toxizität. Diese Begriffe werden häufig noch nach krebserregender, fruchtschädigender und erbgutverändernder Wirkung spezifiziert. Sie können als Einzelstoffe ermittelt werden, wenngleich einzelne organischen Stoffen häufig zu Gruppen mit einer Vielzahl ähnlicher Stoffe gehören (vgl. z.B. Dioxine und Furane).

Halogenierte Kohlenwasserstoffe, werden häufig unter der Sammelbezeichnung AOX genannt. Laboruntersuchungen haben ergeben, daß insbesondere chlorgebleichtes Papier das AOX-Potential eines Abfallkörpers erhöht, während Klärschlamm dieses Potential herabsetzt (KRUSE 1994, 168). Nach UBA (Daten z. Umwelt 1989) enthält Hausmüll etwa 15 % Papier. Die meisten halogenierten Kohlenwasserstoffe sind persistent und reichern sich im Fettgewebe von Menschen und Tieren an. Als weitere gefährliche Stoffe, die in Hausmülldeponien vorkommen, seien Chlorphenole und -benzole, Pflanzenschutzmittel (PSM), insbesondere Chlorkohlenwasserstoffe (CKW) genannt, die hemmend auf saure Phase der Stoffwechselprozesse in der Deponie wirken können und so zu deren Verlängerung beitragen können (vgl. PECHER 1989, POLLER 1990 u. KRUSE 1994).

5.2 EIGENSCHAFTEN VON ABFALLINHALTSSTOFFEN

Nach dem Multibarrierenkonzept soll der Abfall selbst die Eigenschaft einer Barriere aufweisen. Dies würde jedoch eine mehr oder weniger inerte Beschaffenheit bedeuten. Aufgrund der Vielzahl der Stoffe ist der Begriff "inert" aber kaum beschreibbar. Wenn es trotzdem gelänge, den Abfall so vorzubereiten, bedürfte eine Deponie für solche Stoffe keiner der jetzt als Stand der Technik geforderten aufwendigen Abdichtungssysteme (vgl. WIEDEMANN 1988a, S. 964). Werden diese Abdichtungen aber für erforderlich gehalten, ist auch der Zweck einer Abdichtungen beachtenswert. Insofern ist eine nähere Beschäftigung mit den Abfallinhaltsstoffen von wesentlicher Bedeutung.

Es lassen sich zur Bestimmung der Abfalleigenschaften zwei Untergliederungen vornehmen:

– **Physikalisch-chemische Eigenschaften** des Abfalls können zur Gefährdung von Menschen und Sachen führen, z. B. durch leichte Entflammbarkeit, Explosivität, Reaktivität u. a..
– **Toxische Inhaltsstoffe** können über lange Zeit giftige oder schädliche Wirkungen entfalten, was aber aufgrund der Vielzahl von Stoffen und deren synergistischen Effekten nicht leicht zu beurteilen ist.

"Ob das Gefährdungspotential eines bestimmten Abfalls durch eine Inhaltsanalyse tatsächlich vollständig oder zumindest 'ausreichend' erfaßt werden kann, entscheidet sich an der Frage, auf welche Stoffe analysiert werden kann" (SCHEBEK 1987, S. 16).

Die physikalischen und chemischen Parameter, die auf die Lösung und damit Mobilisierung von Stoffen Einfluß haben, bewirken zudem im Deponiekörper und unter teilweise unbekannten Bedingungen für unterschiedliche Stoffe ebenso unterschiedliche Effekte. So erfährt man über die Eigenschaften von Abfallinhaltsstoffen direkt relativ wenig und ist vielmehr darauf angewiesen, ihr Verhalten zu beobachten. Das dafür vorhandene Repertoire ist zwar relativ grob, läßt aber doch Schlüsse auf erforderliches Handeln zu. Zu den wesentlichen Verhaltensweisen gehören das
– Auslaugen und das
– Entgasen.

Die Kenntnisse über Brennbarkeit und Explosivität sind für Extremfälle von Bedeutung, während die Korrosivität für das Langzeitverhalten von Bedeutung sein kann.

Über Reaktionsmöglichkeiten in Deponien gibt es noch viele Unklarheiten, so daß man sich bzgl. der Aussagen über Toxizität wiederum auf das beschränken muß, was über die Deponieemissionen erfahren wird. Schließlich muß auch der vom Abfall ausgehende Geruch sowie die Belastung der Abluft mit Keimen als Abfalleigenschaft angesprochen werden.

AUSLAUGUNG

Um Aussagen über das Auslaugverhalten von Sonderabfall machen zu können, ist die Kenntnis der Inhaltsstoffe sowie der Prozeßbedingungen im Innern der Deponie (Temperatur, Druck, Dichte, pH-Wert usw.) erforderlich. Da diese Verhältnisse weitgehend unbekannt sind, muß man sich mit der Beschreibung des entsprechenden Gesamtverhaltens vergleichbarer Deponien befassen. Allerdings können Standardtests nur einen kleinen Ausschnitt des möglichen Verhaltens erkennen lassen, denn es läßt sich beispielsweise kaum eine repräsentative Zusammensetzung von Sickerwasser aus Deponien nennen, es sei denn mit großer Bandbreite (s. Tab. 5.3) und bei Hausmülldeponien zusätzlich noch unterschieden nach verschiedenen Phasen (Tab. 5.4; vgl. Kap. 5.3).

Das in der BRD übliche Verfahren zur Bestimmung der Auslaugbarkeit (DIN 38414 - 5) liefert keine Werte, die unter Deponiebedingungen auftreten. In der Praxis zeigten sich im Sickerwasser zum Teil deutlich (bis zu 200-fach) höhere Schadstoffkonzentrationen als bei den Eluatuntersuchungen (ÖKO-INSTITUT 1992, S. 18).

Alle pH-Werte sind möglich und eine räumliche Verlagerung unterschiedlicher Sickerwässer durch schadhafte Dränungen ist nicht auszuschließen.
Bei verfestigten Abfällen kann es zudem zu allmählicher Oberflächenerosion durch Oberflächenvergrößerung und Ablösung und damit Verringerung der Langzeitbeständigkeit kommen (vgl. SCHEBEK a. a. O., S. 58-68). APPEL (1987, S. 373) hält Prognosen über das Auslaugverhalten konditionierter Abfälle über lange Zeiträume in der Regel nicht für möglich.

Die TA Abfall /Siedlungsabfall geben in ihren Anhang D und B Eluatkriterien für die Zuordnung von Abfällen für die oberirdische Ablagerung vor. Das wird als 'Stand der Technik' und damit als 'fortschrittliches Verfahren' in der Deponierung von Sonderabfall bezeichnet (s. Tab. 5.2).
Diese Beurteilung relativiert sich, wenn man z.B. die Werte der TA Abfall mit Sickerwasserdaten vorhandener Sonderabfalldeponien vergleicht (s. Tab. 5.3). Der Unterschied ist insgesamt relativ gering und kaum zu beurteilen, da über

die Umwelt- und gesundheitliche Relevanz dieser Standards praktisch keine Informationen vorliegen. Solche Fragezeichen können - in abgeschwächter Form - auch bei der TA Siedlungsabfall gesetzt werden.

Tab. 5.2: Zuordnungskriterien für Deponien (nach TA-A u. TA-Si)

Parameter	Zuordnungswert		
	Sonderabfalldeponie	Deponieklasse II	Deponieklasse I
Organischer Anteil			
– als Glühverlust[1]	≤ 10 Gew.%	≤ 5 Masse-%	≤ 3 Masse-%
– als TOC	-	≤ 3 Masse-%	≤ 1 Masse-%
Extrahierbare lipophile Stoffe	≤ 4 Gew.%	≤ 0,8 Masse-%	≤ 0,4 Masse-%
pH-Wert	4 - 13	5,5 - 13	5,5 - 13
Leitfähigkeit	≤ 100 000 µS/cm	≤ 50 000	≤ 10 000
TOC	≤ 200 mg/l	≤ 100	≤ 20
Phenole	≤ 100 mg/l	≤ 50	≤ 0,2
Arsen	≤ 1 mg/l	≤ 0,5	≤ 0,2
Blei	≤ 2 mg/l	≤ 1	≤ 0,2
Cadmium	≤ 0,5 mg/l	≤ 0,1	≤ 0,05
Chrom-VI	≤ 0,5 mg/l	≤ 0,1	≤ 0,05
Kupfer	≤ 10 mg/l	≤ 5	≤ 1
Nickel	≤ 2 mg/l	≤ 1	≤ 0,2
Quecksilber	≤ 0,1 mg/l	≤ 0,02	≤ 0,005
Zink	≤ 10 mg/l	≤ 5	≤ 2
Fluorid	≤ 50 mg/l	≤ 25	≤ 5
Ammonium	≤ 1 000 mg/l	≤ 200	≤ 4
Chlorid	≤ 10 000 mg/l		
Cyanide, l. freis.bar	≤ 1 mg/l	≤ 0,5	≤ 0,1
Sulfat	≤ 5 000 mg/l		
Nitrit	≤ 30 mg/l		
AOX	≤ 3 mg/l	≤ 1,5	≤ 0,3
wasserlösl. Anteil	≤ 10 Gew.%	≤ 6 Masse-%	≤ 3 Masse-%

1) Nach TA Siedlungsabfall können beide Nachweise gleichwertig angewandt werden.
Die Anforderungen gelten nicht für verunreinigten Bodenaushub, der auf einer Monodeponie abgelagert wird.
Die TA Abfall enthält nur den Glühverlust.

Tab. 5.3: Sickerwasserdaten aus Sonderabfalldeponien (nach SRU 1991, 480) Hausmüll-deponien (Methanphase bzw. biochemisch unabhängig) in Niedersachsen (nach: KRUSE/KASPER 1993 aus HERTIG 1994, 105 unter Verwendung von Angaben von KRUSE 1994 und EHRIG 1990).

		Sonderabfall-deponien		Hausmüll-deponien	
		Bereich	Mittelwert	Bereich	Mittelwert
pH		5,9 - 11,6	7,7	7 - 8,3	7,6
CSB	mg O₂/l	50 - 35000	5746	460 - 8300	2500
BSB₅	mg O₂/l	41 - 15000	2754	20 - 700	230
Leitfähigkeit	µS/cm	2110 - 183000	28217	2000 - 50000	13000
Chlorid	mg/l	36 - 126300	13257	315 - 12400	2150
Sulfat	mg/l	18 - 14968	2458	25 - 2500	240
Ammonium	mg/l	<5 - 6036	921	17 - 1650	740
Nitrit	mg/l	<0,02 - 131	7,3		
Nitrat	mg/l	<0,1 - 14775	606		
Gesamt-N	mg/l	1 - 3892	461		
Gesamt-P	mg/l	0,03 - 52	7,9	0,3 - 54	6,8
Fluorid	mg/l	<0,1 - 50	13,3		
Gesamtcyanid	mg/l	0,007 - 15	1,3		
leicht freis. Cyanid	mg/l	0,0008 - 1	0,2		
Arsen	µg/l	<2 - 240	51	5,3 - 110	25,5
Blei	µg/l	4,3 - 650	155	8 - 400	160
Cadmium	µg/l	<0,2 - 2000	144	0,7 - 525	37,5
Kupfer	µg/l	1,3 - 8000	517	5 - 560	90
Nickel	µg/l	14,2 - 30000	2096	10 - 1000	190
Quecksilber	µg/l	0,17 - 50	5,5	0,002 - 25	1,5
Zink	µg/l	20 - 27242	2936	900 - 3500	
Gesamt-Chrom	mg/l	<0,009 - 300	18,1	0,002 - 0,52	0,155
Eisen	mg/l	0,38 - 2700	144	4 - 125	25
Phenolindex	mg/l	<0,01 - 350	26		
Kohlenwasserstoffe	mg/l	<0,1 - 424	30	16	
AOX	µg/l	44 - 292000	32000	195 - 3500	1725
Dichlormethan	µg/l	150 - 36500	8531		
Trichlormethan	µg/l	1 - 710	267		
Tetrachlormethan	µg/l	0,6 - 30	-		
1,2-Dichlorethan	µg/l	<4 - 290	-		
1,1,1-Trichlorethan	µg/l	<0,4 - 1000	-		
1,1,2-Trichlorethan	µg/l	<0,4 - 1000	-		
1,1,1,2-Tetrachlorethan	µg/l	<0,01 - 775	-		
Trichlorethylen	µg/l	<0,01 - 775	-		
Perchlorethylen	µg/l	1 - 7430	-		
DOC	mg/l			150 - 1600	660
org. Säuren	mg/l			5 - 1100	120
Calcium	mg/l			50 - 1100	200
Magnesium	mg/l			25 - 300	150
Mangan	mg/l			0,3 - 12	2
Bor	mg/l			0,1 - 65	10,6
Natrium	mg/l			1 - 6800	1150
Kalium	mg/l			170 - 1750	880

Tab. 5.4: Biochemisch abhängige Sickerwasserinhaltsstoffe während der Sauren Phase
von HMD (nach KRUSE 1994, 44)

Parameter		Bereich	Mittelwert
pH		6,2 - 7,8	7,4
CSB	mg/l	950 - 40000	9500
BSB$_5$	mg/l	600 - 27000	6300
DOC	mg/l	350 - 12000	2600
org. Säuren	mg/l	1400 - 6900	4200
AOX	µg/l	260 - 6200	2400
SO$_4$	mg/l	35 - 925	200
Ca	mg/l	80 - 2300	650
Mg	mg/l	30 - 600	285
Fe	mg/l	3 - 500	135
Mn	mg/l	1 - 32	11
Zn	mg/l	0,05 - 16	2,2

AUSGASUNG

Die Konzentration biologisch-organischer Stoffe in Hausmülldeponien (sie
bestehen zu mehr als 50 Gew.% aus Kohlenstoffen) führt zwangsläufig zu
mikrobiellen Stoffwechselprozessen. Der in der organische Festsubstanz gebundene Kohlenstoff wird unter anaeroben Bedingungen, die sich in einer
Deponie entwickeln, in die gasförmigen Produkte Methan und Kohlendioxid
umgewandelt. Daneben werden noch eine Reihe von Spurenstoffe mit dem
Gas ausgetragen. Welches Gas jeweils vorherrscht, hängt von der zeitlichen
Phase ab, in der sich eine Deponie befindet (s. Kap. 5.3). In den ersten 25 Jahren beträgt die Abbaurate bis zu 20 Gew.% (WIEMER/WIDDER 1990, 485).

Tabelle 5.5 enthält einen Überblick über Bestandteil des Deponiegases. Ein
Teil der Spurengase kann bei entsprechenden Konzentrationen gesundheits-
schädliche Wirkungen haben. Methan hat mit bis zu 19 % den zweitgrößten
Anteil am Treibhauseffekt (nach CO_2 mit etwa 50 %). Nach Schätzungen von
RETTENBERGER (1992) entweichen in der BRD jährlich 2,5 Mrd. Nm^3
Methan in die Atmosphäre.

Das Deponiegas großer Deponien wird nicht vollständig erfaßt. Wesentliche
Gasverluste treten vor allem während der Schüttzeit über die offenen Be-
triebsabschnitte auf. Für das Gaspotential werden verschiedene Angaben gemacht. Im Mittel sind nach EHRIG (1986) 180 bis 240 m^3/t TS (Extremwerte
60 - 413 m^3/t TS) zu erwarten.

Tab. 5.5: Komponenten im Deponiegas (LAGA 1983, WIEMER/WIDDER 1990, 488, RETTENBERGER 1994, 64 u. 212)

Komponente	chem. Formel	Bereich	
Methan	CH_4	0 - 80 Vol.%	
Kohlendioxid	CO_2	0 - 80 Vol.%	
Kohlenmonoxid	CO	0 - 3 Vol.%	
Wasserstoff	H_2	0 - 3 Vol.%	
Sauerstoff	O_2	0 - 21 Vol.%	
Stickstoff	N_2	0 - 78 Vol.%	
Ammoniak	NH_3	0 - 100 Vol.ppm	
Ethen	C_2H_4	0 - 65 Vol.ppm	
Ethan	C_2H_6	0 - 30 Vol.ppm	
Acetaldehyd	CH_2CHO	0 - 150 Vol.ppm	B
Aceton	C_2H_6CO	0 - 100 Vol.ppm	
KW'e ohne Aromaten	$C_2 - C_{11}$	0 - 50 Vol.ppm	
Schwefelwasserstoff	H_2S	0 - 100 Vol.ppm	
Ethylmercaptan	C_2H_5SH	0 - 120 Vol.ppm	
Benzol	C_6H_6	0 - 15 Vol.ppm	A1
Toluol	$C_6H_5CH_3$	bis 1720 mg/m^3	(MAK 380)
Xylol	$C_6H_5(CH_3)_2$	bis 410 mg/m^3	(MAK 440)
Ethylbenzol	$C_6H_5C_2H_5$	0 - 10 Vol.ppm	
Vinylchlorid	C_2H_3Cl	bis 270 mg/m^3	A1
Trichlorethen (Tri)	C_2HCl_3	bis 1450 mg/m^3	B (MAK 270)
Tetrachlorethen (Per)	C_2Cl_3	bis 180 mg/m^3	B (MAK 345)
Dichlormethan	CH_2Cl_2	bis 2918 mg/m^3	(MAK 360)
Trichlormethan		bis 13 mg/m^3	(MAK 50)
Tetrachlormethan		bis 230 mg/m^3	(MAK 65)
Halog. KW'e	-	0 - 100 Vol.ppm	
Wasserdampf	H_2O	i.d.R. gesättigt	

Einstufung nach Abschnitt III der MAK-Liste:
A1 krebsauslösend bei Menschen
B begründeter Verdacht auf krebsauslösendes Potential

Verschiedene Untersuchungen über Luftemissionen (seit z. B. BALFOUR 1984 u. 1985) belegen die Bedeutung auch des Luftpfades für die Schadstoffemission für die Phase 'Deponiebetrieb', denn auch Schwermetalle können in die Luft übergehen. Diese Ausgasungen bzw. Verdunstungsprozesse werden bisher kaum erfaßt.

GERUCH

Zu den Geruchswirkungen von Abfällen tragen zahlreiche Stoffe und Substanzen bei, z.B.
- Fettsäuren
- Ammoniak

- Amine
- schwefelhaltige Substanzen
- Ester.

Besonders in der sauren Phase können erhebliche Mengen von Geruchsstoffen frei werden. Weitere Geruchsquelle ist neben dem Deponiegas auch das Sickerwasser.

Auch Sonderabfälle sind nicht immer geruchsneutral. Je nach Anlieferung können erhebliche Chemiegerüche wahrgenommen werden.

KEIME

Es gibt derzeit keine Grenz- oder Richtwerte über den Gehalt an Keimen in der Luft und es wird angenommen, daß von Hausmülldeponien keine seuchenhygienischen Gefahren ausgehen. Keimbelastungen sind aber nicht unbedenklich, wie Berichte aus Kompostierungsanlagen zu erkennen geben. Untersuchungen zu diesem Problem lassen bisher noch keine abschließende Beurteilung zu. Messungen an der Deponie Ramsklinge (BRITZIUS 1982) ergaben zwar in Lee der Deponie etwas höhere Keimzahlen, doch lagen diese Werte noch im Streubereich der Messungen.

Da die Luft kein eigener Lebensraum für Keime ist, geht eine mögliche Keimbelastung einher mit der Staubbelastung, an die sich Keime anlagern können.

BRENNBARKEIT

Das Entstehen von Bränden gehört bei Hausmülldeponien zum durchaus normalen Verhalten, da das eingelagerte Material weitgehend brennbar ist. PLEß (1992) hat die Entstehung von Bränden beschrieben (vgl. auch RETTENBERGER 1994, 222; BÖTTCHER u.a. 1973).

Inhaltsstoffe von Sonderabfalldeponien sollten nicht brandgefährdend, viele Abfallarten noch nicht einmal brennbar sein. Dennoch ist im Extremfall ein Deponiebrand denkbar. Soweit nicht die Abfälle selbst brennbar sind (z. B. kommen Batteriebrände vor, die schwer löschbar sind; Aussage von Beschäftigten einer SAD), kann es auch durch Fremdeinwirkung zum Brand im Einbaubereich der Deponie kommen, beispielsweise durch - unbeachtetes - Auslaufen und Entzünden von Benzin und Öl bei einem Deponiefahrzeug bis hin zu Großbränden in Deponienähe (z. B. auf der Autobahn) und Flugzeugabsturz mit auslaufendem Treibstoff. Quantifizierungen können nur in einer gesonderten Untersuchung vorgenommen werden. Die Wahrscheinlichkeit eines solchen Falles liegt wahrscheinlich nicht über der Größenordnung ähnlicher Fälle in der Industrie.

Wie sehr ein Stoff an der Entstehung bzw. Ausbreitung eines Brandes beteiligt ist, hängt von der Entzündbarkeit, der Brennbarkeit, der Flammenausbreitung und der Wärmeabgabe ab. Diese Informationen liegen bei vielfältigen Stoffgemischen nicht vor. Auch Lagerungsmaterialien (wie z. B. Kunststoffbehälter) und Deponie-Baumaterialien (HDPE-Folie) reagieren auf Brände und Brandfolgen.

Je nach Reaktivität und Toxizität der eingelagerten Abfälle können diese Fälle zu hier nicht abschätzbaren Gefahren für die Umgebung der Deponie führen.

REAKTIVITÄT

Die Prozesse in einer heutigen Hausmülldeponie lassen sich grob unterscheiden in
− biochemische und
− geochemische
Prozesse.

Das besondere Merkmal heutiger Hausmülldeponien ist ihr hoher Anteil an bio-organischem Material, so daß über große Zeiträume hinweg die biochemischen Vorgänge im Mittelpunkt des Interesses stehen, obwohl gerade bei gefährlichen Stoffen geochemische Vorgänge eine wesentlichen Rolle spielen können.

Die Mineralisierung organischen Materials ist ein natürlicher Vorgang, der in einer Deponie nur in einer besonders konzentrierten Form abläuft, wie er in der Natur - außer bei Extremereignissen - kaum vorkommen dürfte. Der Abbau des organischen Material kann auf aerobem und anaeroben Wege erfolgen, auch Kombinationen sind möglich. Über diese Prozesse ist relativ viel bekannt. Abbildung 5.3 zeigt qualitativ die Prozeßabfolge für den anaeroben Abbau.

Die Mobilität gefährlicher organischer Stoffe wird vor allem durch Sorptionsprozesse und Mobilität der Schwermetalle durch Lösen, Fällen, Adsorption an reaktiven Oberflächen und durch Komplexbildung bestimmt (vgl. FÖRSTNER 1989).

Die Schwermetalle kommen am Beginn der Deponierung zunächst in fester gebundener Form vor. Die Mobilisierung beginnt relativ schnell aufgrund, des chemischen Milieus in der Deponie. Auslösend können sein,
- das Absinken des ph-Wertes
- Veränderung des Redox-Potentials hin zum oxidierenden Milieu
- biologische Aktivitäten
- ansteigende Salzgehalte
- die Anwesenheit von Komplexbildnern, natürlich vorkommenden wie Huminsäuren oder EDTA aus Waschmitteln, Seifen etc.

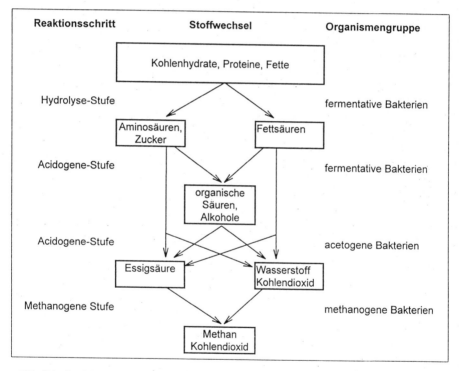

Abb. 5.3: Reaktionsschritte des anaeroben Abbaus (KRUSE 1994, 7)

Der Entsorgungsnachweis zu den jeweiligen Sonderabfällen soll Angaben zum Brennverhalten sowie zur Reaktion mit Wasser und anderen Stoffen enthalten. Das Verhalten von Sonderabfällen bei Unfällen (Brennen von Fahrzeugtreibstoffen bei der Deponierung, Batteriebrände etc.) sowie im Zusam-

menhang mit anderen Stoffen unter Deponiebedingungen ist bisher noch nicht
systematisch erforscht worden.

Die Überlegungen von GÖTTNER (1985, vgl. Abb. 5.2) beziehen sich nicht
auf Deponien neuen Typs nach TA Abfall. Allerdings deutet der Vergleich
von Eluatkriterien nach TA Abfall und gemessenen Sickerwasserzusammen-
setzungen an, daß die Unterschiede nicht sehr groß sein dürften.
Vorbeugend kann die Trennung von Abfällen das Spektrum möglicher Reaktionen zwischen Abfallinhaltsstoffen verkleinern (vgl. Kap. 5.5).

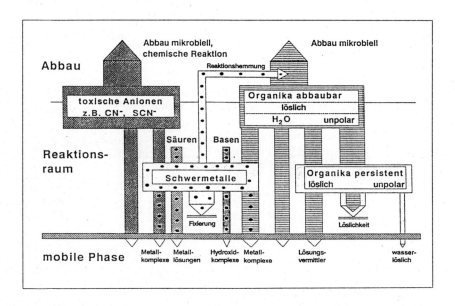

Abb. 5.4: Mögliche Reaktionsabläufe in einer Sonderabfalldeponie (GÖTTNER 1985)

Explosivität

Zu unterscheiden ist zwischen Stoffen, die explosive Gase bzw. Dämpfe und
Stäube entwickeln und Explosivstoffen. Auch wenn letztere von der Einlagerung ausgeschlossen werden, so muß die Wahrscheinlichkeit der ersten bedacht werden, weil gerade bei Stoffgemischen eine eindeutige Vorhersage
kaum gemacht werden kann. Angaben zur Zusammensetzung der Abfälle sind
also auf jeden Fall erforderlich.

Gas von Hausmülldeponien ist aufgrund seines hohen Methangehaltes brennbar und kann unter bestimmten Bedingungen mit der Luft ein explosives Gemisch bilden.

KORROSIVITÄT

Relevant z. B. für die Beurteilung der Langzeitgefährlichkeit der Deponiesikkerwässer ist die Korrosivität der eingelagerten Materialien, wenn beispielsweise Metallbehälter zur Separierung von Problemstoffen verwendet werden. Von Korrosion betroffen werden auch Kunststoffdichtungsbahnen, Dränrohre usw.

TOXIZITÄT

Im Rahmen des Chemikaliengesetzes wird zur Gefährlichkeit von Chemikalien ausgeführt: "Das Gefährlichkeitsmerkmal umweltgefährlich ist gegeben, wenn Stoffe oder Zubereitungen selbst, deren Verunreinigungen oder ihre Zersetzungsprodukte infolge der in den Verkehr gebrachten Menge, der Verwendungen, der geringen Abbaubarkeit, der Akkumulationsfähigkeit oder der Mobilität in der Umwelt auftreten, insbesondere sich anreichern können und aufgrund der Prüfnachweise oder anderer wissenschaftlicher Erkenntnisse schädliche Wirkungen auf den Menschen oder auf Tiere, Pflanzen, Mikroorganismen, die natürliche Beschaffenheit von Wasser, Boden oder Luft und auf die Beziehungen unter ihnen sowie auf den Naturhaushalt haben können, die erhebliche Gefahren oder erhebliche Nachteile für die Allgemeinheit herbeiführen."

In der Praxis sind diese Anforderungen jedoch noch nicht vollständig erfüllt:

"... können nur für eine vergleichsweise geringe Zahl von neuen Umweltchemikalien die anstehenden Fragen wirklich umfassend genug bearbeitet werden. Dies liegt nicht zuletzt an dem Nachholbedarf für Untersuchungen an technisch bedeutsamen Produkten, die teilweise schon jahrzehntelang im Gebrauch sind; weitere objektive Ursachen sind u. a.
- die schwierige analytische Erfaßbarkeit in den meist sehr geringen Konzentrationen bei gleichzeitiger Anwesenheit einer Vielzahl anderer, den Nachweis und die Bestimmung störender Produkte,
- die schwierige Erkennbarkeit der biologischen Wirkung, ihre Differenzierung im Einzelfall sowie ihre Auswirkung auf große Populationen,

- die ungenügende Kenntnis über die Ausbreitungsvorgänge in der Biosphäre und die dabei ablaufenden Stoffwandlungsprozesse,
- das Fehlen von verläßlichen Langzeitbeobachtungen an exponierten Personen und an Ökosystemen sowie die Schwierigkeit der Abgrenzung zu anderen Einwirkungsfaktoren,
- das erst am Anfang stehende biochemische Wissen über Repair-Prozesse bzw. die Beeinflußbarkeit der Repair-Kapazität des menschlichen Organismus.

Aber auch subjektive Ursachen sind für die unzureichenden Kenntnisse über das Gefährdungspotential der Umweltchemikalien mitverantwortlich. Es sind dies vor allem

- die teilweise bis heute andauernde prinzipielle Unterschätzung der Schadstoffbelastung der Umwelt sowie damit verknüpfte Ignorierung von Gefährdungen künftiger Generationen,
- die ungenügende Mittelbereitstellung zur Modernisierung der technischen Ausstattung für die analytische Erfassung und Kontrolle von Umweltchemikalien,
- ungenügend durchdachte Forschungs- und Entwicklungsstrategien auf Grund falscher Tendenzeinschätzungen und damit selbstverschuldeter Nachlauf technisch längst vollzogener Veränderungen in der Wirtschaft und Gesellschaft,
- Diskrepanzen zwischen ökologischen Zielvorstellungen und ökonomischen Grenzen der Realisierbarkeit in einer Welt, die gegenwärtig jährlich 600 Milliarden Dollar für die Rüstung aufwendet,
- journalistische Überzeichnungen sowohl hinsichtlich nicht bewiesener Gefahren als auch bei der Überbewertung begrenzter Umweltschutzmaßnahmen oder das Verschweigen von Sachverhalten, die die Bürger täglich vor Augen haben"
(MÜLLER/LOHS 1987, S. 143-145).

Damit ist dieser grundlegend kontroverse Bereich umrissen. Die "Bewertung" gesundheitlicher Gefahren ist auch davon abhängig, in welcher Rolle der jeweilige Akteur in einem Verfahren in Erscheinung tritt. Das alleinige Heranziehen allgemeiner Grenz- und Richtwerte trägt selten der Komplexbelastung Umwelt Rechnung, zumal dann nicht, wenn den Betroffenen bei Auseinandersetzungen vor Augen geführt wird, daß amtliche Grenzwerte ungeeignet sind und sich Sachverständige mit großen Reputationen widersprechen.

Insofern genügt es auch nicht, toxische Wirkungen nur substanzspezifisch und dosisabhängig zu bewerten, weil damit der jeweilige Kontext, in dem diese Bewertung greifen soll, systematisch ausgeblendet wird. Dieser Kontext besteht z.B. aus der schon vorhandenen Belastung und dessen Beurteilung sowie aus der zusätzlichen Belastung und der Beurteilung der Quelle. Aus der Altlastenproblematik ist bekannt, daß Menschen bereits daran erkrankten, daß sie Belastungen vermuten (s. dazu auch Kap. 9).

Die meisten Umweltbelastungen sind nicht kausal mit pathologischen Erscheinungen und Befindlichkeitsstörungen in Beziehung zu bringen und auch die sehr weitgehende WHO-Definition über Gesundheit wird nur in Ausnahmefällen zu praktischen Konsequenzen führen.

Für die Untersuchung toxischer Wirkungen ist man vor allem auf experimentelle Untersuchungen an Versuchstieren oder Zellkulturen angewiesen. Hinzu kommen Beobachtungen am Menschen selbst, z.B. im Rahmen von epidemiologischen Untersuchungen.

Ergebnisse aus Tierversuchen führen z.B. zu Werten für Stoffe, bei deren Dosis gerade noch keine Wirkung nachgewiesen wird, der sog. No-Observed-Effect-Level (NOEL). Die Ergebnisse gelten natürlich streng nur für die Versuchsanordnung, geben aber zumindest Hinweise auf mögliche reale Konstellationen. Als MAK werden meist die im Tierversuch ermittelten Wirkungsschwellen eingesetzt (DFG 1992).
Zu berücksichtigen ist natürlich die unterschiedliche Empfindlichkeit der jeweiligen Akzeptoren, so daß in der Regel mit Sicherheitsfaktoren gearbeitet wird. Bekannt ist aber auch, daß für bestimmte Belastungen überhaupt keine Grenzwerte angegeben werden können, z.B. für krebserregende Stoffe. Dies sollte jedoch nicht zu dem Schluß verwendet werde, daß überall dort wo Grenzwerte angegeben werden, diesen Grenzen auch tatsächlich existieren.

Grenzwerte für Gase existieren derzeit nur für anorganische Gase. Entsprechende Werte für organische Einzelstoffe in der Atemluft liegen außer den Leitlinien der WHO nicht vor. Zur Orientierung können MAK-Werte verwendet werden. Man geht davon aus, daß bei Stoffkonzentrationen, die mehr als um den Faktor 100 unterhalb des MAK-Wertes liegen, keine gesundheitlichen Beeinträchtigungen zu erwarten sind (vgl. STERZL-ECKERT/DEML 1994). Eine weitere Eingrenzung für die Beurteilung von Vielstoff-Problemen ist die Verwendung von Leitparametern, z.B. von krebserregenden Stoffen wie Benzol, Vinylchlorid und andere CKW.

Für die Anwendung muß an dieser Stelle auf die umfangreichen Grenz-, Richt-, Schwellen-, Orientierungs- und sonstige werte verwiesen werden, die man zur hilfsweisen Beurteilung konkreter Fälle oder für die Planung heranziehen kann - mit aller gebotenen Sensibilität für die Komplexität der jeweiligen Situation.

5.3 ZEITLICHES VERHALTEN VON ABFÄLLEN

"Deponien sind unzweifelhaft potentielle Schadstoffquellen ... Durch die Deponietechnik kann nur beeinflußt werden, wie schnell Schadstoffe aus den abgelagerten Abfällen freigesetzt werden und ... wie schnell sich die freigesetzten Schadstoffe vom Deponiestandort wieder in der Umwelt verteilen" (STIEF 1989a, S. 380).

Um das Langzeitverhalten der Deponie abschätzen zu können, müßten also Art, Menge, chemische Form der Inhaltsstoffe der Abfälle, ihr Verhalten im Brandfall, das Explosionsrisiko, das Verhalten bei Kontakt mit Wasser oder Wasserinhaltsstoffen oder anderen Abfällen bekannt sein. Solche Informationen sind jedoch gegenwärtig - wie gezeigt - nicht für alle zur Deponierung zugelassenen Stoffe verfügbar. Im Rahmen der Abfallgesetzgebung ist nicht festgelegt, wie Abfälle für den Umweltbereich zu klassifizieren sind, welche Informationen vorhanden sein müssen oder wonach ihre Gefährlichkeit zu beurteilen ist. Dennoch wird erwartet, daß sich auf der Basis des verfügbaren Wissens ein Sicherheitskonzept für eine dauerhafte Ablagerung von Sonderabfällen aufstellen läßt.

Der Zeitraum, in dem Abfallinhaltsstoffe für die Biosphäre gefährlich sein können, ist die maximale Lebensdauer der enthaltenen Schadstoffe. Unter den Bedingungen einer Deponie muß mit besonders schwer zu kalkulierbaren Abbauraten gerechnet werden, wenngleich Abschätzungen über Größenordnungen möglich sind. Diese genügen allerdings häufig schon für die Planung von sehr großen Zeiträumen.

Mit der maximalen Gasproduktion bei Hausmülldeponien muß nach Betriebsende gerechnet werden. Danach ist ein schnelles Abklingen der Produktionsraten festzustellen. Modellversuche ergeben einen in Abb. 5.5 dargestellten Verlauf.

Aus der Literatur liegen keine Meßdaten zur langfristigen Entwicklung der Sickerwasserqualität bei Hausmülldeponien vor. Dies ist insofern nicht überraschend, als es Standarddeponien, in denen Sickerwasser geordnet aufgefangen werden kann, in der Praxis bisher nur in geringer Anzahl gibt und erst in

den letzten Jahren ein Verständnis dafür entwickelt wird, daß über Deponien
mehr erfahren werden muß.

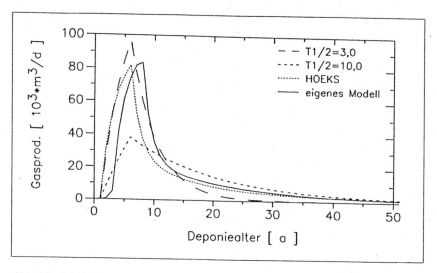

Abb. 5.5 : Entwicklung der Gasproduktion für einen fiktiven Deponieabschnitt nach verschiedenen Modellansätzen (KRUSE 1994, 188).

Im Vordergrund des Interesses steht die organische Belastung, insbesondere
Schadstoffe, des Sickerwassers, die lange Zeit gegenüber abwassertechni-
schen Parametern und Schwermetallen vernachlässigt wurden. Messungen an
Deponien ergaben, daß nach Erreichen der Methanphase ein relativ gleich-
mäßiges Konzentrationsniveau erreicht wird. Der langfristige Verlauf ist nicht
ohne weiteres abzuschätzen, da aus Laborversuchen bekannt ist, daß etwa
98 % des organischen Kohlenstoffes durch die Gasbildung ausgetragen werden und nur etwa 1 % während der kurzen Säuregärungsphase und etwa
gleichviel während der gesamten Methanphase (vgl. EHRIG 1990, 581). Me-
ßungenauigkeiten von wenigen Prozent führen zu Emissionszeiten hoher organischer Sickerwasserbelastungen (als CSB bzw. TOC), die schnell um einige Jahrhunderte schwanken können.
Für Planungen von Entwässerungsanlagen sind die Phasen der Hausmülldeponien von Interesse (Tab. 5.6).

Die zeitliche Abschätzung ist bei Inhaltsstoffen, die nicht gasförmig entweichen nach Ausführungen von EHRIG (1990) einfacher, wenn auch Unwäg-

barkeiten darüber bestehen, wie sich die Mobilisierbarkeit von Stoffen im Zeitverlauf entwickelt. Sie kann damit gerechnet werden, daß die Stickstoffbelastungen von Sickerwasser noch Jahrhunderte nach Betriebsende einer Deponie behandelt werden müssen.

Tab. 5.6: Phasen der biologischen Prozesse in Hausmülldeponien (nach KRUSE 1994, 21 u. 47; verändert)

Aerobe Phase	Unmittelbar nach ihrer Ablagerung werden die organischen Stoffe auf aerobem Wege abgebaut, bis der Sauerstoff verbraucht ist und aufgrund der darüberliegenden Schichten oder der Oberflächenabdichtung die Zufuhr ausbleibt. Im gleichen Maße, wie der Sauerstoff verzehrt wird, steigt der Kohlendioxid-Gehalt an.
Saure Phase	Es werden organische Säuren, Kohlendioxid und Wasserstoff produziert. Der noch im Deponiekörper vorhandene Luftstickstoff wird allmählich verdrängt. Für Deponien mit "gängiger Betriebstechnik der 80er Jahre" (Dünnschichteinbau und teilweise Sickerwasserkreislaufführung) ergeben sich Zeiträume für Saure Phase: ~ 4 Jahre Übergangsphase: ~ 2 Jahre. Zu einer deutlichen Verlängerung dieser Zeitspannen führen hohe Schüttgeschwindigkeiten (> 5 m/a), Kippkantenbetrieb und/oder Zwischenabdeckungen. Verkürzungen der Sauren Phase auf etwa 2 - 3 Jahre können durch Ausbildung der untersten Abfallschicht als Rotteschicht erreicht werden. Die Vorrotte der Abfälle kann die Saure Phase auf etwa 1,5 Jahre und die Übergangsphase auf etwa 0,5 Jahre verkürzen.
Instabile Methanphase	In einem gleitenden Übergang entwickelt sich eine Population von Methanbakterien, die die Endprodukte aus der Versäuerung zu Methan umsetzen. Die Konzentration dieses Gases steigt an, während sich der Wasserstoffgehalt vermindert.
Stabile Methanphase	Wenn sich der anaerobe Abbau weitestgehend durchgesetzt hat, stellt sich ein stabiles Verhältnis der Methan- und Kohlendioxid-Anteile mit etwa 60:40 Vol.% ein.

Bei Stoffen, die im Sickerwasser nur relativ geringen Konzentrationen auftreten, können teilweise noch längere Zeiten angenommen werden. Tab. 5.7 zeigt solche Abschätzungen. Selbst wenn angenommen wird, daß maximal bis zu 10 % der Metallverbindungen mobilisierbar sind, müssen doch sehr lange Emissionszeiten vermutet werden. Das gilt auch für Halogenverbindungen, die bereits heute einen wesentlichen Punkt bei der Sickerwasserbehandlung darstellen (EHRIG 1990, 582).

Tab. 5.7: Potential und Austragsraten von Metallen und Halogenverbindungen im Hausmüll (mobilisierbarer Anteil des Potentials = ?) (EHRIG 1990, 589)

Parameter	Potential mg/t trockener Müll	Austrag[1] mg/t trockener Müll u. Jahr
Ni	15000	2,7
Cr	5000 - 100000	4,0
Cu	238000	1,1
Pb	399000	1,2
Zn	521000	8,0
Cd	3480	0,08
Hg	640	0,13[4]
Halogene	1200000[3] (473)[3]	26,8

1 Müllsäule etwa 20 m; Sickerwasser: 20 % vom Niederschlag
3 Gesamthalogenaustrag durch Deponiegas pro t trockener Müll
4 nur Austrag über die flüssige Phase

Als weiterer Parameter zur Abschätzung des Nachsorgezeitraumes kommt die Höhe der Deponie hinzu; darin natürlich auch Annahmen über die betriebstechnischen Einbauweisen. Für Sickerwasserqualitätsstandards entsprechend dem 51. Anhang der Rahmen-AbwVwV und dem Arbeitsblatt W-151 des DVWK ergeben sich für unterschiedliche Deponiehöhen unterschiedliche Nachsorgezeiträume, die in Tab. 5.8 enthalten sind.

Tab. 5.8: Nachsorgezeiträume in Jahren für verschiedene Deponiehöhen und den Sickerwasserqualitätsstandards nach dem 51. Anhang der Rahmen-AbwVwV und dem Arbeitsblatt W-151 des DVWK (nach KRUSE 1994, 206)

Parameter	Deponiehöhe	
	20 m	40 m
Cl	140	185
CSB	185	240
TKN	440	550
AOX	340	520

Von BELEVI u.a. (1987) und BACCINI u.a. (1987) werden genannt für:

C_{org}: 400 - 4000 Jahre,
N: 20 - 100 Jahre
P: 200 - 2000 Jahre
Metalle: < 10 Jahre.

"Das Schadstoffpotential von Sonderabfalldeponien wird im Laufe der Zeit nicht geringer, weil im Idealfall keine physikalischen, chemischen und biologischen Reaktionen ablaufen, die zu einer Verringerung des Schadstoffpotentials beitragen könnten" (STIEF 1987). Bei sehr geringer Abbaubarkeit einiger der in Abfällen enthaltenen Stoffe oder bei Nicht-Abbaubarkeit (z. B. bei Schwermetallen) geht es folglich um große Zeiträume von zehntausenden Jahre oder um die "Unendlichkeit" (vgl. APPEL 1987). Diese Situation bedenkend, wurde aus Vorsorge-Überlegungen heraus das Multibarrierenkonzept entwickelt (s. Kap. 6). Ein Nachweis, daß die verschiedenen Barrieren für unterschiedliche Abfallinhaltsstoffe auch geeignet sind, wird derzeit jedoch nicht erbracht.

Das für ein Endlager wesentliche Langzeitverhalten des Abfalls läßt sich mit den Teilprozessen

– **Alterung,**
– **Verwitterung und**
– **Auslaugung**

beschreiben. Sie finden aber auch bei anderen Materialien statt. Diese Prozesse sind stark von der Durchfeuchtung abhängig, d. h. je nach verfügbarer Wassermenge laufen diese Prozesse langsamer oder schneller ab.

Dies kann zu der Auffassung führen, daß in der Zeit, in der der Betreiber für die Deponie haftet bzw. die Basisabdichtung und Dränung noch funktionsfähig sind, ein Kontakt zwischen Wasser und Abfallstoffen nicht völlig unterbunden werden sollte, um das Gefährdungspotential der Deponie herabzusetzen (die "kontrollierte Auslaugung"). Leider zeigen Erfahrungen aus der Praxis, daß die dazu erforderliche zuverlässige Verwendbarkeit der Basisentwässerung schon nach relativ kurzer Zeit (10 bis 20 Jahre) oft nicht mehr gewährleistet ist (vgl. WIEDEMANN 1988a, S. 968).

Alterung führt zur Verfestigung und Mineralbildung von Stoffen. Organische Substanzen werden umgewandelt.

Verwitterung entwickelt sich chemisch, biologisch, physikalisch von der Oberfläche her (aerob) und ist abhängig von der Zusammensetzung des Materials und vom Klima.

Auslaugung betrifft alle löslichen, nicht absorbierten Stoffe und ist direkt proportional zur Wasserdurchlässigkeit des Müllkörpers.

Die klimatische Entwicklung ist insofern von Bedeutung, als Alterung und Verwitterung gegenläufig wirken. Alterung führt eher zur Verfestigung und Unlösbarkeit, Verwitterung eher zur Lockerung und starken Löslichkeit von Stoffen und Stoffgruppen. Mit zunehmender Verwitterung wird die Durchlässigkeit gefördert, mit zunehmender Alterung gesenkt. Durch Verdichtung der Abfallstoffe kann das Maß der austretenden Schadstoffe verringert, aber die Dauer der Auslaugung verlängert werden (vgl. MÜNK u. a. 1989, S. 352-353).

Allein schon diese drei zeitlichen Variablen des Deponieverhaltens, die vor einer großen Anzahl von Bedingungen auftreten und nicht gleichgerichtet verlaufen, machen eine Vorhersage des Deponieverhaltens sehr schwierig, so daß letztlich über die in der Folge der o. g. Teilprozesse möglicherweise auftretende Gasbildung und das Setzungsverhalten des Abfallkörpers z. Z. noch relativ wenig ausgesagt werden kann.

Das Setzungsverhalten ist rückgekoppelt mit dem Auslaugen der Stoffe. Bei der Setzung wird eine bestimmte Menge Wasser aus dem Stoffzusammenhang herausgepreßt. Der relative Anteil des Wassers am Abfallvolumen steigt und die Auslaugung der Stoffe wird gefördert.

Dabei sollte berücksichtigt werden, daß substantielle Verbesserungen der Qualität der Abfälle durch schadstoffzerstörende Vorbehandlung erreicht werden können, z. B. durch thermische Verfahren (vgl. EIDGENÖSSISCHE KOMMISSION FÜR ABFALLWIRTSCHAFT 1986; ÖKO-INSTITUT 1992). Die dabei entstehenden Stoffe können aber thermodynamisch instabil sein; sie kommen in der Natur nicht oder nicht unter diesen Bedingungen vor, so daß Aussagen zum Langzeitverhalten nicht möglich sind, meint APPEL (1989a).

"Im Gegensatz zu radioaktiven Stoffen, die einem durch Halbwertzeit exakt beschreibbaren Zerfall unterliegen, durch den sie allmählich an Gefährlichkeit verlieren, ist eine Prognose über die 'Lebensdauer' von Schadstoffen in herkömmlichen Sonderabfalldeponien kaum möglich." ... "Dabei handelt es sich ... um Vielstoffdeponien, deren Abfallkatalog allenfalls unter chemischen Gesichtspunkten, aber ohne Berücksichtigung des zeitlichen Aspektes aufgestellt wird. Gerade unter den toxischen Stoffen in Abfällen gibt es solche mit 'unendlicher' bzw. unbekannter, jedoch langer Lebensdauer" (APPEL 1989a, S. 186).

Ein weiterer noch nicht geklärter Bereich ist die Beeinflussung der mineralischen Dichtungen durch Abfallstoffe (s. hierzu auch Kap. 6, "Halde").

5.4   ERFAHRUNGEN MIT SONDERABFÄLLEN

Erfahrungen mit gesundheitlichen Auswirkungen gefährlicher Sonderabfälle zur Beurteilung der kurzfristigen Umweltrelevanz liegen nur in geringem Umfang vor, obwohl grundsätzlich von toxischen Eigenschaften vieler eingelagerter Abfallinhaltsstoffe ausgegangen werden kann (KRUSE/MAREKE 1991).

Eine Pilotstudie aus dem Jahre 1976 (SCHÄCKE u. a. 1976) über das Personal von Sondermüllanlagen weist auf die Möglichkeit einer vermehrten Belastung von staubexponierten Probanden durch Chrom- und Fluorverbindungen und bei anderen Personen durch Lösemittel hin. Es wird die Notwendigkeit der Deklaration der Abfallinhaltsstoffe und der arbeitsmedizinischen Überwachung der Beschäftigten betont.

Wirkungen der Sondermüllablagerung auf Anwohner sind kausal bisher nicht nachgewiesen worden. Eine Reihenuntersuchung der Anwohner der Haus- und Sondermülldeponie in Aichach-Gallenbach (Bayern) ergab, daß eine akute Gefährdung der untersuchten Menschen durch Komponenten im Deponiegas auszuschließen sei und auch eine mittelfristige Beeinträchtigung der Leber nicht wahrscheinlich sei, wenngleich eine Belastung mit anderen Stoffen aus der Deponie natürlich nicht ausgeschlossen werden kann (EINBRODT/EIKMANN u. a. 1986).

Vom Bremer Institut für Präventionsforschung und Sozialmedizin (BIPS) festgestellte "signifikant erhöhte Werte" von Leukämie- und Lymphdrüsenkrebs im Umkreis der niedersächsischen Sonderabfalldeponie Münchehagen lassen nach Auffassung des BIPS jedoch noch nicht auf einen kausalen Zusammenhang zwischen der 1983 geschlossenen Deponie und der erhöhten Krebsrate schließen.

Der Gutachter führt aus: "Als Hauptergebnis der Studie ist also festzuhalten, daß im Landkreis Minden-Lübbecke sowohl die Neuerkrankungshäufigkeit für Leukämie als auch für maligne Lymphome und multiple Myelome kombiniert in Abhängigkeit von der Entfernung zur Sondermüll-Deponie abnimmt. Die der Sondermüll-Deponie nächstgelegene Gemeinde Petershagen weist für Leukämien Neuerkrankungsraten auf, die signifikant über denen des

Gesamtkreises liegen. Bei Verwendung der Neuerkrankungsraten des Krebs-
registers des Saarlandes für das Jahr 1987 weisen die Gemeinden Petershagen
und Minden für Leukämien erhöhte Neuerkrankungsraten auf.

Diese Befunde erlauben nicht den Schluß, daß die Erhöhung der Neuerkrankungsraten auch tatsächlich auf Emissionen der Sondermüll-Deponie zurück-
gehen. Sowohl für Leukämien, als auch für maligne Lymphome sind eine
Vielzahl von Risikofaktoren in der epidemiologischen Literatur beschrieben
worden. Eine wissenschaftlich vertretbare Quantifizierung des Einflusses dieser bereits bekannten Risikofaktoren und möglicher Emissionen der Sondermüll-Deponie auf das Neuerkrankungsrisiko ist nur im Rahmen einer epidemiologischen retrospektiven Fall-Kontroll-Studie möglich. In einer solchen
Studie müßten bei Patienten mit Leukämien bzw. malignen Lymphomen
retrospektiv potentielle Risikofaktoren, darunter auch die Nähe zur Müll-Deponie, erfaßt werden. Der Vergleich dieser Expositionsdaten mit solchen, die
mit identischen Methoden von einer Gruppe von Vergleichspersonen gewonnen wurden, würden eine quantitative Abschätzung im Sinne eines relativen
Risikos erlauben.

Bis dahin ist lediglich der Schluß erlaubt, daß der Verdacht eines niedergelas-
senen Arztes, in der Nähe der Sondermüll-Deponie sei die Leukämie-
Häufigkeit erhöht, im Rahmen der durchgeführten Inzidenzstudie bestätigt
werden konnte." (GREISER/LOTZ/BRAND 1990, S. 42-43).

Die Deponie Hamburg-Georgswerder kann als ein Beispiel dafür herangezo-
gen werden, daß aus einer auf Dauer nicht ausreichend kontrollierten Deponie
eine Altlast werden kann. Dieses Prinzip wird auch durch eine verbesserte
Technologie nicht grundsätzlich in Frage gestellt. Aus den Erfahrungen mit
dieser Deponie geht hervor, daß mehr Kenntnisse über folgende Bereiche
vorliegen sollten (STADT HAMBURG, 1986 S. 1):
- Toxizität,
- Konzentration der Schadstoffe,
- Mobilität der Schadstoffe, d. h. auf welchen Kontaminationspfaden welche
  Schadstoffmengen in den Körper gelangen können.

Als Kontaminationspfade müssen berücksichtigt werden (STADT HAM-
BURG 1986, S. 42):
- Aufnahmepfad über die Atemluft,
- Hautresorption,
- oraler Aufnahmepfad.

Die hierfür notwendigen Informationen sind in erster Linie physikalisch-chemische Daten von Einzelstoffen und Stoffgemischen (wie z. B. Dampf-druck, Löslichkeit, Adsorption an Stäube) sowie toxikologische Daten (Resorption in den Atemweg, über die Haut und den Magen, Anreicherungs-fähigkeit), die nur im Einzelfall vorliegen (aber dennoch angegeben werden sollten).

"Eine Toleranzgrenze für Umweltchemikalien ist gegenwärtig noch nicht be-schreibbar, weil insbesondere der Kenntnisstand von Ökosystemen die erfor-derliche Parametrisierung nicht gestattet. ...Uns sind zwar partiell Verflech-tungen bekannt; von einer ausreichenden Kenntnis komplexer ökologischer Zusammenhänge sind wir jedoch noch weit entfernt" (DFG 1983).

So erfolgte bisher die Ermittlung von Daten zur Ökotoxikologie von Stoffen nur für wenige Stoffe, z. B. für Pestizide.

Um diesem Mangel zu begegnen, könnten hilfsweise die wachsenden Erfah-rungen mit Altlasten herangezogen werden (vgl. FRANZIUS u. a. 1991 und darin insbesondere EIKMANN/LAHL u. a., MERGEN u. a.). Die geschilder-ten Fälle können lediglich einen Anhalt in toxikologischer Hinsicht für den Fall bieten, daß eine Deponie sich selbst überlassen und vergessen wird.

5.5 TRENNUNG VON SONDERABFÄLLEN BEI DER ABLAGERUNG

Ob Sonderabfälle bei der dauerhaften Ablagerung vermischt werden oder nicht, sollte anhand von Kriterien entschieden werden. Solche Kriterien für die Trennung müssen sehr verschiedene Aspekte einbeziehen. Dazu gehören z. B.
- die Standfestigkeit des Deponiekörpers,
- die Reaktionsfähigkeit und das Auslaugverhalten,
- die abzuschätzende langfristige Umweltverträglichkeit (RÜCKEL 1987).

Die Reaktivität eines Stoffes wird definiert als die Fülle von möglichen che-mischen Reaktionen. Als gefährliche chemische Reaktionen sind zu nennen (vgl. SCHEBEK 1987, S. 12):
- Wärmeentwicklung
- Feuer
- Explosion
- Bildung toxischer Gase
- Bildung brennbarer Gase
- Verflüchtigung toxischer und entflammbarer Substanzen

- Bildung von Stoffen von größerer Toxizität als die Ausgangssubstanzen
- Bildung von stoß- und reibungsempfindlichen Substanzen
- Druckbildung in geschlossenen Gefäßen
- Überführung von toxischen Substanzen in lösliche Form
- Verteilung von toxischen Stäuben, Dämpfen und Partikeln in die Umgebung
- Heftige Polymerisation.

Durch die nach TA Abfall für viele Abfallarten erforderliche Vorbehandlung soll die Reaktionsfähigkeit des Abfallgemisches in der Summe herabgesetzt werden. Dadurch können die von GÖTTNER (1985, s. Abb. 5.4) aufgeführten chemischen Reaktionen zumindest theoretisch eingeschränkt werden, sofern moderne Techniken sowohl bei der Vorbehandlung als auch bei der Lagerung von Abfällen realisiert werden.

Das Vorhandensein von Wissenslücken prinzipieller Art bei der Beurteilung der Umweltverträglichkeit von Abfallinhaltsstoffen wurde bereits erwähnt. Insofern stellt sich die Frage, ob es geeignete, notwendigerweise gröbere Kriterien zur Entscheidung über getrennt abzulagernde Abfallarten gibt.

Sehr großen Spielraum lassen die Vorstellungen, wonach eine Vermischung "zulässig erscheint

- bei erlaubten Maßnahmen innerhalb des Positivkatalogs der jeweiligen Anlage,
- wenn keine Reaktionen zwischen den einzelnen Stoffen auftreten,
- wenn die Folgen (z. B. Verfestigung) gewollt sind,
- wenn es sich um eine Entscheidung von Fall zu Fall handelt" (GEFFARTH 1987).

Eine andere Auffassung vertritt HAHN: "Abfallvermischung ist nur dann sinnvoll, wenn eine gemeinsame Behandlung vorgesehen ist und eine Homogenisierung von der Behandlung her gefordert wird. Abfallvermischung als Behandlung ist abzulehnen, weil kein venünftiges Behandlungsziel erkennbar ist" (HAHN 1987). Die Ablagerung in einer Deponie ist eine gemeinsame Behandlung. Insofern dürfte auch HAHN im vorliegenden Fall für eine Vermischung sein.

Sehr grundsätzlich äußert sich BARKOWSKI (1987): "Eine artspezifisch vollständige getrennte Lagerung von unvermischten Sonderabfällen erscheint uns generell als unverzichtbar. Als wichtigste Gründe für dieses 'Trennungs- und Konzentrationsprinzip' (geringstmögliche Zahl von stofflichen Einzelkomponenten bei größtmöglicher Konzentration in einem Abfall) seien genannt:

- Mit fallender Komponentenzahl sinkt die Wahrscheinlichkeit von Reaktionsmöglichkeiten der Abfälle miteinander und mit zudringenden Reaktanden: die
  Abfälle sind berechenbar; ihr Langzeitverhalten ist eher zu prognostizieren.
- Aufgrund der exakteren Abschätzbarkeit von chemischem Verhalten und
  physiologischer Wirkung von Monoabfällen kann eintretenden Störfällen wir-
  kungsvoller begegnet werden.
- Die notwendige Emissionskontrolle im Umfeld der Ablagerung kann spezifiziert auf die Art des Deponiegutes abgestimmt und damit effektiviert werden.
- Eine eventuell später mögliche Behandlung oder Entgiftung der Sonderabfälle erscheint technisch einfacher und erfolgversprechender.
- Die wirtschaftliche Rückgewinnung von Rohstoffen aus dem Deponiegut ist
  um so wahrscheinlicher je konzentrierter die Einzelkomponenten im Abfall
  vorliegen, je weniger dieser vermischt und verdünnt ist."

Diese Auffassung geht offenbar von einer möglichen Charakterisierung von
Abfällen aus, die nach HAHN jedoch nur eingeschränkt besteht (s. o.) Von
daher sollte eine Lösung angestrebt werden, die
- hohe Sicherheit gegenüber chemischen Reaktionen und hinsichtlich des
  Auslaugverhaltens bietet,
- technisch sinnvolle Unterscheidbarkeitskriterien liefert,
- auf Deponietyp und -standort zugeschnitten ist.

Derartige "Kriterien für die Trennung und Zusammenführung von Ab-
fallstoffen" (MÜLLER u. a. 1990) könnten sein:
- Trennung von Organik und Anorganik
- Trennung unverträglicher Gefährdungspotentiale
- Trennung von Abfällen mit gut beschreibbarem Verhalten von Abfällen mit
  wechselnder Zusammensetzung
- Zusammenführung von Abfällen mit gleichem Wertstoffcharakter und Rück-
  holpotential
- Zusammenführung von Abfällen mit gleicher Vorbehandlung
- Zusammenführung von Abfällen mit gleicher Einbautechnik und Beschickung.

Wie derartige Konzepte in die Praxis umgesetzt werden, zeigt Tabelle 5.9 am
Beispiel der Verbunddeponie Bielefeld-Herford (Deponieklasse 4 - NRW).
Zur Frage der Vermischung von Abfällen enthält die TA Abfall u. a. folgende
Ausführung (Kap. 4.2, Abs. 2):
"Abfälle dürfen grundsätzlich nicht vermischt werden, auch wenn sie densel-
ben Abfallschlüssel aufweisen, es sei denn, dies erfolgt in Verbindung mit
dem Entsorgungs-/Verwertungsnachweis entsprechend der Abfall- und Rest
stoffüberwachungs-Verordnung und im Auftrag und nach Maßgabe des Betreibers der vorgesehenen Abfallentsorgungsanlage oder des Vertreters."

Tab. 5.3: Art der Abfallvorbehandlung (aus: MÜLLER u. a. 1990)

Ablage-rungs-bereich	Abfallart	Art der Abfallvorbehandlung	Abfall-charak-teristik
1	2 kontaminierter Boden	bei Bedarf vorgeschaltete Sortierung	Schüttgut
	3 kontaminierter Bauschutt	Bauschuttaufbereitung mit vorgeschalteter Sortierung	Schüttgut
	5 Asche- und Gießereiabfälle	Neutralisation der sauer reagierenden Sande	Schüttgut
	6 Straßenkehricht	bei Bedarf Entwässerung soweit, daß die maximale Proctordichte erreicht wird; Umfang jahreszeitlich abhängig	Schüttgut
	7 Abfälle aus Kanal-, Gewässerreinigung, Straßenunterhaltung	Entwässerung soweit, daß die maximale Proctordichte erreicht wird	Schüttgut
	8 Glasabfälle, Flugasche, Strahlsand, Sandfangrückstände, Kernsande	Aschen sind zu konditionieren, staubbare Abfälle sind zu befeuchten, Sandfangrückstände sind soweit zu entwässern, daß eine maximale Proctordichte erreicht wird	Schüttgut
	10 nicht brennbare Gewerbeabfälle (Asbest, Mineralfaser etc.)	Konditionierung der staubbaren Abfälle (z. B. Asbest) soweit, daß eine Gefährdung der Umwelt ausgeschlossen wird, max. Korngröße wie Bauschutt	Schüttgut
	4 Verbrennungsrück-stände aus der MVA (50 % vom Anteil Schlacken)	Schlackenaufbereitungsanlage	Schüttgut
2	4 Verbrennungsrück-stände aus der MVA (nur Anteil Filterstäube)	Verfestigung zu Würfeln 1 m × 1 m × 0,5 m bzw. 0,5 m × 0,5 m × 0,25 m mit einem speziell entwickelten Zement; Rezeptur ist den gegeben Anforderungen anzupassen	Würfel
3	9 Galvanik und Hydroxidschlämme	Verfestigung zu Würfeln 1 m × 1 m × 0,5 m bzw. 0,5 m × 0,5 m × 0,25 m	Würfel
4	13 Klärschlamm	Trocknung auf 60 % TS, so daß eine maximale Proctordichte erreichbar ist	Schüttgut
5	14 Kalkschlamm mit produktionsspezifischen Beimengungen	Verfestigung auf die spezifische Abfallzusammensetzung ausgerichtet	Würfel
	15 Gipsschlamm mit produktionsspezifischen Beimengungen	Verfestigung auf die spezifische Abfallzusammensetzung ausgerichtet	Würfel
	16 Sonstige Schlämme aus Fällungs- und Löseprozessen	Verfestigung auf die spezifische Abfallzusammensetzung ausgerichtet	Würfel

5.6   ZUSAMMENFASSUNG UND STEUERUNGSMÖGLICHKEITEN

Durch die Verbesserung der Planungsgrundlagen (TA Abfall, TA Siedlungs-abfall, Landesrichtlinien wie MURL-Rahmenkonzept) und die intensiven Weiterentwicklungen in der Deponietechnik haben sich in Bezug auf das Ge-fahrenpotential der einzulagernden Abfälle in den letzten Jahren Verbesse-rungen ergeben.
Trotzdem bleibt eine Reihe von Fragen offen, da für den Entsorgungsnach-weis immer noch mehr Wert auf die Herkunft der Abfälle als auf die Ab-falleigenschaften Lebensdauer, Toxizität und Anreicherung gelegt wird und die Möglichkeit einer vollständigen Beschreibung von Abfällen als gering einzustufen ist.

Es sollten
– alle verfügbaren Angaben über Herkunft und Zusammensetzung einer Abfallart auch genannt werden (**Vermeidung von Informationsver-lusten**),
– grundsätzlich unvermeidbare Lücken relevanter Informationen über Ab-falleigenschaften zu konsequenten Umsetzungen des Vorsorgeprinzips führen,
– eine **standortspezifische Begrenzung der abzulagernden Abfallarten** vorgenommen. Die Anwendung des Prinzips der Einheitsdeponien ver-hindert örtliche und regionale Lösungen.

Es wird daher empfohlen, im Laufe des Planungs- und Konstruktionsverfah-rens möglichst früh die Frage der Zulassung von Abfällen aufzugreifen, denn hier sind die Entscheidungsmöglichkeiten der Verfahrensträger am vielfäl-tigsten und am wirkungsvollsten für die unterschiedlichen betrieblichen Pha-sen der Deponie mit ihren sehr verschiedenen Anforderungen an die Ab-fallstoffe.

Für Siedlungsabfälle ist eine weitergehende Trennung als sie derzeit betrieben wird nur dadurch möglich, daß das Prinzip der Einheitsdeponie zugunsten de-zentraler Lösungen mit relativ guter Kenntnis über die Abfälle aufgegeben würde. Analogien hierzu liefern die Entwicklungen in der Abwasser- und Re-genwasserbehandlung sowie in der Energieversorgung.

Zu jeder Konstruktion im ingenieurwissenschaftlichen Sinne gehört eine An-nahme über die zu erwartenden bzw. in Rechnung gestellten Belastungen - zuzüglich eines Zuschlages für zeitweise auftretende begrenzte Überbelastungen (Lastannahmen + Sicherheitsfaktoren). Im vorliegenden Fall ist der Abfall (neben der Standsicherheit) die Belastung der Deponiekonstruktion.

Im Bereich der Deponiekonstruktion - mit besonderer Berücksichtigung der Langzeitsicherheit - sind die entsprechenden Entscheidungsvariablen weitgehend bekannt (und hängen zum Teil von den eingelagerten Abfällen ab). Aber auch beim Abfall - unter Berücksichtigung der regional zu entsorgenden Abfallströme - gibt.

6   HALDE

Ziel einer Deponie ist die dauerhafte Entfernung der Abfälle aus der Biosphäre. Auch wenn es in der Technischen Anleitungen Abfall und Siedlungsabfall nicht ausdrücklich aufgeführt ist, wird vorausgesetzt, daß das auch möglich ist, wenn die Abfälle nach einer gewissen Zeit sich selbst überlassen werden. Die Forderung "Endlager" gibt die Bauweise einer Halde vor, deren strukturellen und funktionelle Merkmale auf dieses Ziel zugeschnitten sind:

- Wahl eines besonders dichten natürlichen Untergrundes als entscheidende Standortbedingung;
- Einbau eines künstlichen Basisabdichtungs- und Dränsystems, das praktisch nicht reparabel ist, ohne die Halde wieder zu öffnen (ob relining-Verfahren o.ä. für Deponieentwässerungen über sehr lange Zeiträume durchführbar sind, ist derzeit noch nicht gesichert;
- Einbau besonders definierter Abfälle, die zusätzlich nach bestimmten Regeln und Merkmalen (z. B. pH-Wert, Redoxverhalten) getrennt gelagert werden und deren Lage kartiert wird. Im Prinzip aber ist die Rückholbarkeit der Abfälle nicht eigentliches Merkmal der Anlage.
- Einbau eines künstlichen Oberflächenabdichtungs- und Dränsystems, welches zwar für spätere Reparaturen erreichbar ist, aber eigentlich nicht mehr repariert werden soll, weil eine darüber liegende
- Rekultivierungsschicht mit anschließender Bepflanzung auch länger haltender Gehölze vorgesehen ist, die nicht regelmäßig wieder eröffnet werden soll.

Mit anderen Deponiemodellen wird demgegenüber eine andere Vorstellung verbunden. Diskutiert wird über Bauwerke mit begehbarer und reparierbarer Sohle, mit Kassettenbetrieb für die strenge Trennung und Rückholbarkeit von Abfällen usw.

In den Erläuterungen zur TA Abfall (Entwurf Nov. 1989, 3) wurde ausgeführt:

"Der lange Zeit diskutierte Ansatz, über kontrollierbare und reparierbare, von unten begehbare Bauwerke eine Lösung zu erreichen, wird in der TA Abfall nicht verfolgt. Solche Bauwerke sind keine Deponien, auch keine 'Hochsicherheitsdeponien', sondern Zwischenlager. Es muß bezweifelt werden, ob solche in dann immer größer werdender Zahl entstehenden Zwischenlager ständig gewartet und so lange und oft genug repariert werden können, bis bessere Verwertungs- oder Behandlungsverfahren hoffentlich rechtzeitig entwickelt werden und auch großtechnisch einsatzbereit sind."

Dieser nachvollziehbare Grundsatz ist inzwischen von der Abfallgesetzgebung überholt worden. Stoffe, die heute noch als Abfall erkannt werden, sind im Sinne des Kreislaufwirtschaftsgesetzes morgen möglicherweise Wertstoffe und werden natürlich befördert und gelagert - ohne daß abfallrechtliche Bestimmungen Geltung haben. Die Auflösung abfallwirtschaftlicher Strukturen führt dann per saldo nicht zu mehr umweltbezogener Sicherheit, sondern führt zu Lücken, die durch ein umfassendes Stoffstrommanagement geschlossen werden müßten, für das es derzeit keine Ansätze gibt. Darüber hinaus besteht auch bei Deponien das Erfordernis zeitlich unbegrenzter Wartung und Reparatur.

In diesem Kapitel geht es darum, die Deponie als Bauwerk im Hinblick auf mögliche Gefahrenpotentiale hin zu untersuchen.

Dem Aufbau der Halde folgend, ist zunächst der anstehende **Untergrund** - die 'Geologische Barriere' - zu betrachten, dessen ausreichende Mächtigkeit, geringe Durchlässigkeit und seine möglichen Veränderungen durch Einwirkungen von Abfallinhaltsstoffen.

Die **Fläche**, die die Halde in Anspruch nimmt, entfällt für andere Nutzungen und für die Grundwasserneubildung. Gleichzeitig verändert sich die Abfluß-charakteristik der betroffenen Oberflächengewässer und es besteht die latente Gefahr der Kontamination von anliegenden Flächen.
Die flächenbezogenen Aspekte werden in Kapitel 8 "Auswirkungen", behandelt. Ebenfalls dem Kapitel 8 zugeordnet wird der Bereich der Auswirkungen der **Halde** als neues Landschaftselement mit den kleinklimatischen und informatorischen Aspekten.

Auf dem natürlichen Untergrund wird die **Basisabdichtung** erstellt. Gefahren können von Einbaufehlern, dem Versagen von Folien und Dränung und von anderen Einwirkungen ausgehen.

Der **Abfallkörper** wächst mit dem zeitlichen Fortschreiten des Einbaus der Abfälle in eine Doppelrolle aus Belastung und einem tragenden Bestandteil des Bauwerkes. Insofern nimmt der Abfallkörper an wesentlichen Verhaltensmerkmalen wie Setzungen und Standsicherheit ebenso teil, wie die anderen baulichen Bestandteile der Halde, ist aber wegen seiner Ungleichförmigkeit und Veränderlichkeit in seinem Verhalten als Baukörper schwieriger abzuschätzen.

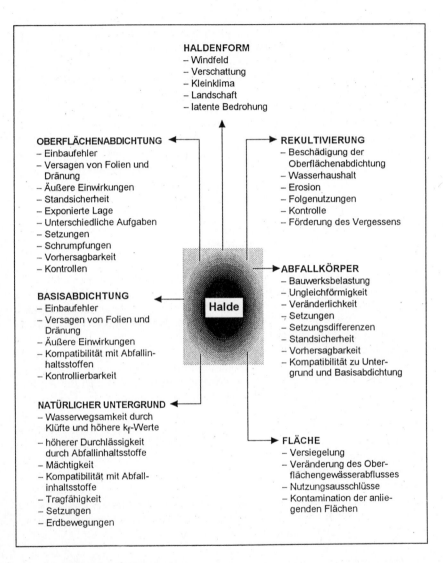

HALDENFORM
- Windfeld
- Verschattung
- Kleinklima
- Landschaft
- latente Bedrohung

OBERFLÄCHENABDICHTUNG
- Einbaufehler
- Versagen von Folien und
  Dränung
- Äußere Einwirkungen
- Standsicherheit
- Exponierte Lage
- Unterschiedliche Aufgaben
- Setzungen
- Schrumpfungen
- Vorhersagbarkeit
- Kontrollen

BASISABDICHTUNG
- Einbaufehler
- Versagen von Folien und
  Dränung
- Äußere Einwirkungen
- Kompatibilität mit Abfallin-
  haltsstoffen
- Kontrollierbarkeit

NATÜRLICHER UNTERGRUND
- Wasserwegsamkeit durch
  Klüfte und höhere k_f-Werte
- höherer Durchlässigkeit
  durch Abfallinhaltsstoffe
- Mächtigkeit
- Kompatibilität mit Abfall-
  inhaltsstoffe
- Tragfähigkeit
- Setzungen
- Erdbewegungen

REKULTIVIERUNG
- Beschädigung der
  Oberflächenabdichtung
- Wasserhaushalt
- Erosion
- Folgenutzungen
- Kontrolle
- Förderung des Vergessens

ABFALLKÖRPER
- Bauwerksbelastung
- Ungleichförmigkeit
- Veränderlichkeit
- Setzungen
- Setzungsdifferenzen
- Standsicherheit
- Vorhersagbarkeit
- Kompatibilität zu Unter-
  grund und Basisabdichtung

FLÄCHE
- Versiegelung
- Veränderung des Ober-
  flächengewässerabflusses
- Nutzungsausschlüsse
- Kontamination der anlie-
  genden Flächen

Halde

Abb. 6.1: Gefahrenpotentiale der Halde

Die **Oberflächenabdichtung** hat zwar innerhalb des Deponiekonzeptes andere
Aufgaben, ist aber ähnlich konstruiert wie die Basisabdichtung. Sie ist durch
die exponierte Lage und die verschiedenen Rollen der Dichtung erheblich gefährdeter als die Basisabdichtung.

Die **Rekultivierung** dient einerseits dem Schutz der Halde und ist andererseits ein Element zu deren landschaftlicher Wiedereingliederung. Je besser letzteres gelingt, desto schneller verliert die Halde ihren ungewöhnlichen und ggf. bedrohlichen Charakter. Gleichzeitig können damit aber auch konstruktive Eigenschaften wie Schutz der Oberflächenabdichtung, Wasserhaushalt u. a. in Vergessenheit geraten.
In Abbildung 6.1 sind Gefahrenpotentiale der Halde und ihrer Komponenten zusammengestellt. Im nachfolgenden Text werden wesentliche Punkte ausführlicher behandelt.

6.1 NATÜRLICHER UNTERGRUND / GEOLOGISCHE BARRIERE

Sowohl die TA Abfall als auch - mehr noch - das MURL-Rahmenkonzept für den Sonderabfallbereich und die TA Siedlungsabfall weisen dem natürlichen Deponieuntergrund eine bedeutende Rolle zu. Das Standortsuchverfahren wird in seinem sachlichen Bereich weitgehend von dieser lokalen Qualität bestimmt. Gleichzeitig jedoch sind die Vorgaben bzgl. des Untergrundes außerordentlich knapp und beschränken sich im wesentlichen auf Angaben zur

- **Mächtigkeit** der gesuchten geologischen Formation,
- **Durchlässigkeit** des Gebirges für reines Wasser.

Adsorptionsvermögen und **flächige Verbreitung** der Formation als weitere Anforderungen werden bereits nicht mehr präzisiert.

Vergebens sucht man nach genaueren Festlegungen zur Rolle des Untergrundes in dem Deponiekonzept, und es fehlen Hinweise darüber, wie in der Praxis zu verfahren ist, wenn ein idealer Standort - der eine Ausnahme darstellt - mit der durch die Richtlinien beschriebenen Ausstattung nicht vorliegt - was die Regel ist.

Zu fragen ist weiterhin, warum die Standorte lediglich mit Kriterien der **Geologie** und der **Hydrogeologie** und nicht auch der **Geochemie** beschrieben werden sollen, obwohl der Lastfall "stoffliche Emissionen in den Untergrund einer Abfalldeponie" dies geradezu fordert.

Bezüglich der Rolle des Tons als Dichtungsmaterial für eine Sonderabfalldeponie als natürlicher Untergrund und in künstlich eingebrachten Dichtungsschichten führt das NIEDERSÄCHSISCHE LANDESAMT (1986) aus:

"Der Untergrund der Standorte muß gegenüber einer möglichen Schadstoffausbreitung eine wirksame Barriere bilden. Diese hat die Aufgabe, den
Schadstoffaustrag aus dem Deponiekörper in die Umgebung zu unterbinden
oder zu verringern und dabei die Schadstoffverlagerung so weit wie möglich
zu verzögern, um Umwandlungs- und Abbauprozesse zu ermöglichen bzw.
die Austragskonzentrationen zu vermindern. ... Die Eignung des Untergrundes als Barriere für bestimmte Schadstoffe hängt entscheidend von der petro-
grafisch-mineralogischen und geochemischen Zusammensetzung der Gesteine
und der allgemeinen hydrogeologischen Situation des Standortes ab (S. 3)."

Und an anderer Stelle:
"Bei der Standortauswahl für eine oberflächennahe Sonderabfalldeponie und
für deren konstruktive Gestaltung ist insbesondere die Schutzwirkung des
Untergrundes gegen die Migration von Schadstoffen zur Biosphäre von Bedeutung. Die Migrationsrate wird dabei neben der Grundwasserbewegung
ganz wesentlich von der Wechselwirkung zwischen dem Barrieregestein und
den jeweiligen Schadstoffen bestimmt. Eine Eignungsbewertung kann deshalb nicht losgelöst von der Art der abzulagernden Stoffe und deren Gefährdungspotential erfolgen. Dies gilt im strengen Sinne auch für konditionierte
Abfälle, da sich eine vollkommene Inertisierung nicht erreichen läßt" (S.
112).
Daher "sollten alle Stoffgruppen ferngehalten werden, die für toxische Stoffe
mobilitätserhöhend wirken können, da diese dann auch in der Regel weder einer Fällung und nur zum Teil einer Adsorption unterliegen, bzw. bereits ge-
fällt und sorbierte Stoffe wieder gelöst werden können" (S. 117).

So werden von DRESCHER (1987, S. 236-237) folgende Anforderungen an
den Deponieuntergrund gestellt:
–   ausreichende Tragfähigkeit,
–   abschätzbares Verformungsverhalten,
–   ausreichende Undurchlässigkeit,
–   hohes Schadstoffrückhaltevermögen,
–   hohe Schadstoffabbaumöglichkeit,
–   Resistenz gegenüber Schadstoffen,
und ergänzend dazu DÖRHÖFER (1988, nach GRIMMEL/PALUSKA 1989):
–   große Mächtigkeit,
–   große Homogenität.

Der Ton als Material soll sich

- weitgehend inert gegenüber Chemikalien,
- gering durchlässig für Lösungen (Wasser, Schadstoffe),
- sehr quellfähig (Fähigkeit zum Verschließen kleiner Klüfte),
- sehr sorptionsfähig für Schadstoffe (Adsoption, Fällung)

verhalten (NIEDERSÄCHSISCHES LANDESAMT 1986, S. 31), um den Gefährdungen aus

- Wasserlöslichkeit,
- Sorptionsverhalten,
- Abbauverhalten,
- Bioakkumulation,
- toxischen Wirkungen

zu begegnen (NIEDERSÄCHSISCHES LANDESAMT 1986, S. 53).

Eine Schwierigkeit für die Beurteilung konkreter Standorte besteht darin, daß die Anforderungen an das Material nur statistischen generalisierenden Charakter haben, also die Inhomogenitäten des jeweiligen Standortes nicht berücksichtigen.

"Problematisch sind in vielen Fällen stratigraphische Diskontinuitäten, die als geringmächtige Einlagerungen auftreten können (Sand- und Kalksteinbänke, Geodenlagen), ebenso die schwer erkundbaren Störungen. Derartige Elemente können jedoch einen erheblichen Einfluß auf das Transportgeschehen mit dem Grundwasser ausüben. Bei den hydrogeologischen Eignungsuntersuchungen für die Einrichtung neuer Sonderabfalldeponien in Niedersachsen (NIEDERSÄCHSISCHES LANDESAMT 1986) hat sich innerhalb der untersuchten Tonsteinvorkommen der Unterkreide eine verblüffend große Bandbreite der Gebirgsdurchlässigkeiten ergeben, die sich über mehrere Zehnerpotenzen erstrecken ... So kann in einer ansonsten sehr homogenen Schichtfolge eine einzige Geodenlage oder Störung für nahezu den gesamten Grundwasserfluß in dieser Schicht verantwortlich sein" (DÖRHÖFER 1988, zit. nach GRIMMEL/PALUSKA 1989).

Demzufolge lassen Mächtigkeiten von 3 Metern, wie in der TA Abfall vorgesehen, keinen Sicherheitsspielraum für den Fall von lithologischen und strukturellen Inhomogenitäten (vgl. DÖRHÖFER a. a. O., S. 40 und MILDE u. a. 1990, S. 126).

Der komplexe Charakter des natürlichen Untergrundes wird durch die Vielzahl von Parametern deutlich, die zu seiner Beschreibung herangezogen werden können. Für die Bereiche Geologie und Hydrogeologie sollten nach Auffassung des ARBEITSKREISES DEPONIEN DER GEOLOGISCHEN LANDESÄMTER (in: THOMÉ-KOZMIENSKY 1987a) folgende Grunddaten zusammengestellt werden:

Geologie
1. Stratigraphische Einheit
2. Lithologische Ausbildung an der Deponiebasis (Gestein, Mächtigkeit)
3. dsgl. Deponieflanken
4. Klüftung
5. Störungen
6. Verkarstung
7. Bergbauliche Hohlräume

Hydrogeologie
1. Gebirgsdurchlässigkeit
2. Feldversuche (Pumpversuche zur Ermittlung des k-Wertes, WD-Tests zur Wasserdurchlässigkeit, Versickerungsversuche)
3. Grundwasserspiegel- und -druckgefälle
4. Grundwasser-Fließgeschwindigkeit und -richtung.
5. Vorflutnähe
6. Druckverhältnisse im Grundwasserkörper
7. Flurabstand außerhalb der Deponie
8. Lage der Grundwasseroberfläche und -druckfläche zur Deponiebasis
9. Vertikaler Abstand zum nächsten Grundwasserleiter
10. Horizontaler Abstand zum nächsten Grundwasserleiter
11. Gesamtlösungsinhalt des Grundwassers (in mg/l)
12. Anthropogene Vorbelastung des Grundwassers
13. Setzungsberechnungen.

Das NIEDERSÄCHSISCHE LANDESAMT (1986) hat zur Gesteinsbewertung 18 Einzelkriterien zusammengestellt (Tab. 6.1) und kommt in einer zusammenfassenden Eignungsbewertung für die Errichtung von Deponien zu der Auffassung, daß in der Kombination von Schichtmächtigkeit, Durchlässigkeit und Schadstoffrückhaltevermögen eine Lösung zu suchen sei (Tab. 6.2).

Die vorangestellten Überlegungen und Untersuchungen zeigen, daß sich auch für die Bereiche Geologie, Hydrogeologie und Geochemie die Auffassung vom "Zusammenwachsen von Deponie und Standort" (vgl. VOIGT 1992a) herausbildet. "Sieht man Primärstoff und Metaboliteninhalt der Deponie, die Gesamteinwirkung der Barriere und den ausschließenden Grundwasserleiter als Wechselwirkungskomplex an, so sind Konditionierungen des Deponieinhaltes denkbar, die auf die Folgebarrieren so abgestimmt sind, daß Qualitätsziele im Grundwasserbereich dauerhaft eingehalten werden können" (MILDE u. a. 1990, S. 127). Ein daraus abzuleitender Grundsatz dazu könnte lauten: **Umgebungsgerechte Auswahl und Konditionierung von Abfällen** (vgl. dazu auch EKA 1986 u. BACCINI 1989). Die Anpassung der geochemischen

Eignung des Abfalls an die geochemischen Verhältnisse des Standortes fordert auch APPEL (1989a).

Tab. 6.1: Einzelkriterien zur Gesteinsbewertung (NIEDERSÄCHSISCHES LANDESAMT 1986)

Bewertung: Einzelkriterien	ungünstig	günstig	besonders günstig
Mächtigkeit der Tonsteinfolge	5 - 50 m	50 - 100 m	> 100 m
Trennflächengefüge	ausgeprägt	gering	minimal
Störungen	hydraulisch wirksam	nicht hydraulisch wirksam	keine
Petrographische Ausbildung	Tonstein im Wechsel mit durchlässigen Schichten	Tonstein, Geodenlagen	Ton und Tonstein
diagenetische Verfestigung	sehr hoch	mittel	gering
Minerale, Hauptkomponente	Quarz, Kaolinit	Quarz, Kaolinit, Muskowit-Illit	Quarz, Smektit
Feinkornanteil < 2μm (Gew.-%)	< 20	20 - 50	> 50
Quellfähigkeit	gering	mittel	groß
Plastizität nach DIN 18 196	leicht plastisch	mittel plastisch	ausgeprägt plastisch
spez. Oberfläche (m^2/g) (Gassorption)	> 15	> 20	> 40
pH-Wert des Gesteins	< 7	7	>7, < 9
Carbonatgehalt (Gew.-%)	< 3	> 3	< 6
organische Substanz (Gew.-%)	< 1	> 1	> 3
Adsorption	gering	mittel	groß
Pufferkapazität	gering	mittel	groß
Fällung von Schwermetallen	gering	mittel	groß
Gesteinsdurchlässigkeitsbeiwert (m/s)	< 10^{-8}	< 10^{-9}	< 10^{-10}
Gebirgsdurchlässigkeitsbeiwert k_f (m/s)	< 10^{-6}	< 10^{-7}	< 10^{-8}

Gleichzeitig wird aber auch vor der Überbewertung der Wirksamkeit des geologischen Untergrundes für die Reduzierung von Schadstoffen gewarnt. Die geowissenschaftlichen Grunddaten zur Beurteilung der langzeitlichen Sicherheit seien vielfach in Anbetracht der Problematik der Abfallstoffe noch völlig unzureichend und die Retentionswirkungen von Gestein gegenüber Stoffen sowohl einzelstofflich als auch phasenspezifisch und gesteinsdifferenziert sehr komplex und nur ungenügend erforscht (MILDE u. a. 1990, S. 126).

Tab. 6.2: Eignungsbewertung für Tongestein (NIEDERSÄCHSISCHES LANDESAMT 1986)

	bedingt geeignet	(bedingt) geeignet	geeignet
Mächtigkeit des vorhandenen homogenen plastischen Tongesteins in m	< 10	10 - 20	>20
spezifischer Grundwasserabfluß in m^3/m^2 s	$> 5 \times 10^{-11}$	$< 5 \times 10^{-11}$	$< 5 \times 10^{-12}$
Schadstoffrückhaltevermögen	gering	mittel	groß

Für die Beurteilung der Bodeneigenschaften ist nicht nur die Korngrößenverteilung und die mineralische Zusammensetzung entscheidend, sondern auch, inwieweit die einzelnen Bodenpartikel mit dem kontaminierten Wasser in Kontakt treten können (NIEDERSÄCHSISCHES LANDESAMT 1986, S. 33/34).

Drei Tonmineraltypen sind vorherrschend:
1. Zweischichtminerale (nicht aufweitbar, nicht quellfähig, z. B. Kaolinit)
2. Dreischichtminerale (randlich aufweitbar, gering quellfähig, z. B. Illit)
3. Dreischichtminerale (aufweitbar, quellfähig bis stark quellfähig, z. B. Smektit).

Zu charakteristischen Eigenschaften verschiedener Tonminerale siehe die Tabellen 6.3 und 6.3 (vgl. auch STOLPE/VOIGT (Hg.) 1996).

Stofftransportmechanismen sind vor allem
– **Konvektion**: Stofftransport mit der Wasserbewegung (laminares Fließen im Ton);
– **Diffusion**: Verlagerung von Stoffen infolge eines Konzentrationsgradienten. Dieser Transportvorgang ist von der Wasserbewegung unabhängig
(vgl. u. a. CZURDA/WAGNER 1988a; DEGEN/HASENPATT 1988; FINSTERWALDER 1989 u. 1992; NIEDERSÄCHSISCHES LANDESAMT 1986).

Bei der Schadstoffausbreitung sind folgende Reaktionen zu unterscheiden (NIEDERSÄCHSISCHES LANDESAMT 1986, S. 30):
– Wechselwirkung der Wasserinhaltsstoffe mit der Gesteinsmatrix (Adsorption, Desorption, Ionenaustausch)
– Fällungs- und Lösungsvorgänge.
– Abbau von Inhaltsstoffen innerhalb des Wasserkörpers bzw. Produktion (physikal., chem. u. biol. Umwandlung, biol. Abbau).

Tab. 6.3: Charakteristische Eigenschaften ausgewählter Tonminerale
(SCHEFFER/SCHACHTSCHABEL 1992).

Tonmineral	spezifische Oberfläche (m^2/g)	Kationenaustausch-vermögen (mval/100g)
Smectite (z.B. Montmorillonit)	600 - 800	80 - 200
Vermiculite	600 - 800	100 - 200
Mixed-Layer-Minerale	200 - 600	40 - 100
Illit	50 - 200	20 - 50
Kaolinit	1 - 40	3 - 25

Tab. 6.4: Tonmineraluntersuchungen verschiedener Gesteine am Beispiel eines Deponiestandortes in NRW (STOLPE/VOIGT 1996).

	Bandbreite quellfähiger Tonminerale mit hohem Adsorptionsvermögen	Bandbreite sonstiger adsorptionsfähiger Tonminerale	Bandbreite Tonminerale gesamt (Gesamtprobe)
Lößlehm	8 - 13 %	11 - 14 (17) %	19 - 24 (30) %
Verwitterungszone	18 bis 24 %	47 - 56 %	(52) 65 - 79 %
Tonstein (Lias)	9 - 16 %	54 - 64 %	67 - 78 %

Daher ist es erforderlich, die materialspezifischen Daten des Gesteins einschließlich seiner natürlichen Stoffbelastung zu ermitteln. Dabei ist insbesondere auf Eigenschaften des Gesteins zu achten, die die Schadstoffausbreitung steuern bzw. beeinflussen:
- Durchlässigkeit (für Wasser, chem. Lösungen),
- Gefügeausbildung (räumliche Teilchenanordnung),
- mechanische Filterwirkung,
- Fällungsvermögen für Schwermetalle,
- Adsorptions-/Desorptionsverhalten von Schadstoffen,
- Abbauverhalten von Organika an der Gesteinsmatrix (katalytische Reaktionen) (S. 30/31, vgl. auch KOHLER 1987).

Die Adsorption von verschiedenen organischen Substanzen, ist hauptsächlich vom Kohlenstoffgehalt des Bodens abhängig (S. 43). Tritt eine Schadstofflösung mit dem Ton in Kontakt, so stellt sich ... ein Gleichgewicht zwischen gelöster und adsorbierter Stoffmenge ein ... Je höher die Lösungskonzentration, desto größer die adsorbierte Menge (im einfachsten Fall linear) (S. 42).

Die Adsorption der Organika an Boden ist im allgemeinen nicht sehr fest - im hohen Maße reversibel. Sind alle Adsorptionsplätze besetzt, fließt das Gemisch weiter, so daß es durch die Adsorption nur zu einer Verzögerung des Stofftransportes kommt (S. 49). Das Vorhandensein von Lösungsvermittlern und Komplexbildnern potenziert die Gefährdung, die von Sonderabfalldeponien und entsprechenden Stoffen in Altdeponien ausgeht (S. 42).

Das NIEDERSÄCHSISCHE LANDESAMT hat smektitischen Ton und Kaolinit mehr als ein Jahr dem Angriff verschiedener hochkonzentrierter Chemikalien ausgesetzt, z. B. Natronlauge (Base), Salzsäure (Säure), Oxalsäure (Reduktionsmittel), Wasserstoffperoxid mit Salzsäure (Oxidationsmittel) (S. 36). Die Ergebnisse zeigen, daß selbst bei dem ungünstigsten Fall zwar eine Gefügeveränderung durch Herauslösen der Bindemittel, nicht aber ein "Auflösen" des Gesteins zu erwarten ist.

Versuche mit Kaolinit und smektitischen Tonen mit Methanol und Hexan, aber ohne halogenisierte Kohlenwasserstoffe, ergaben Struktur- und Festigkeitsveränderungen, Zerfallsbildungen, Quellung. Diese Erscheinungen werden bei Ausschluß von Luft als stabilisierend gewertet, während sich beim Hinzutreten von Luft ein spontaner Zerfall ergibt (S. 37).

Zu den Versuchen insgesamt stellt das NIEDERSÄCHISCHE LANDESAMT fest:
"Gegenüber anorganischen und organischen chemischen Lösungen verhalten sich die untersuchten Tongesteine weitgehend stabil. Eine signifikante Durchlässigkeitserhöhung konnte selbst nach längerer Einwirkzeit nicht festgestellt werden. Allerdings können Kohlenwasserstoffverbindungen aufgrund ihres Verdrängungsvermögens bei fehlendem Wasserangebot zu Rißbildungen in der Gesteinsmatrix und damit zu erhöhten Durchlässigkeiten für diese Stoffe führen. Bei Wasserzutritt treten aber starke Quellungen auf, womit dieser Vorgang reversibel ist" (S. 117).

Das Landesamt hält trotzdem Mächtigkeiten von Tongestein < 20 m für nur bedingt geeignet für Sonderabfalldeponien (s. o.). Die Eluatkriterien der TA Abfall waren zum Untersuchungszeitpunkt noch nicht bekannt. Es konnte also, was die Stoffauswahl und die Konzentrationen betrifft, nicht auf sie eingegangen werden.

Die o. g. Auffassung des Niedersächsischen Landesamtes hängt u. a. auch mit der möglichen Inhomogenität des Untergrundes zusammen, die schwer erkundbar ist und einen erheblichen Einfluß auf das Transportgeschehen mit dem Grundwasser ausüben kann (s. o.).

Nach experimentellen Untersuchungen von REUTER (1988) betrugen die Durchlässigkeitserhöhungen bei starken Säuren (pH < 3) das 5 bis 43-fache der Durchlässigkeit gegenüber Wasser. Bei schwachen Säuren stiegen die Werte maximal um das 10-fache (nach GRIMMEL/PALUSKA 1989, S. 40).

Bei Versuchen mit konzentrierten organischen Flüssigkeiten sind k-Wertvergrößerungen über 4 Zehnerpotenzen gemessen worden (AUGUST 1986, S. 106; s. auch FERNANDEZ/QUIGLEY 1985), und es ergaben sich auch mit anorganischer Lauge und Ton (Kaolinit) erhebliche Unterschiede (MESECK/REUTER 1987, S. 501). Zusätzlich kam es zu einer Schwächung der Gitterstruktur der Tonmineralien und zum Herausspülen von deren Hauptbausteinen durch Säuren und Laugen (SIMONS/REUTER 1985; vgl. auch WIEMER 1987, S. 410).

Es scheint also so zu sein, daß unter extremen Bedingungen Tone und speziell quellfähige Tone im Kontakt mit Sickerwässern ihre tonmineralogischen und bodenmechanischen Eigenschaften verändern und die für eine Barrierefunktion notwendigen und gewünschten Verhaltenweisen verlieren können. Nach DEGEN/HASENPATT (1988, S. 138) sollte Ton als Barriere nicht ohne Kenntnis seiner bodenmechanischen Parameter und deren mögliche Veränderung eingesetzt werden.

Allerdings gibt es auch Widersprüchlichkeiten, wenn z. B. MÜNK u. a. (1989, S. 354) berichten, daß in Versuchen festgestellt wurde, daß mit Chemikalien angereichertes Wasser sowohl zu einer Verringerung als auch zu einer Vergrößerung der Durchlässigkeit von natürlichen Dichtungen führen kann. Die Autoren ziehen daraus den Schluß, daß sich die k_f-Werte durch Einwirkungen von konzentrierten organischen und anorganischen Stoffen durchaus um Zehnerpotenzen verschlechtern können.

Untersuchungen zum Verhalten mineralischer Tonbasisdichtungen der Zentraldeponie Geldern-Pont (Hausmüll und hausmüllähnlicher Gewerbeabfall) geben einen gewissen Eindruck über die Potentiale, aber auch über die Probleme dieses Materials:
"Nach 8-jährigem Deponiebetrieb ist die ca. 0,5 m mächtige Tonbasisabdichtung ... in ihrer geochemischen Zusammensetzung bereits deutlich verändert worden. Dies drückt sich in der mineralogischen Zusammensetzung u. a. durch die Abnahme der quellfähigen Tonminerale innerhalb der oberen Dichtungshälfte aus. Der Ton konnte die organischen Sickerwasserkomponenten nur unvollständig sorbieren, wodurch es im gesamten Dichtungsprofil zu einer deutlichen Anreicherung organischer Substanz gekommen ist. ... Au-

ßer durch Diffusion und Migration ist der Transport organischer Substanz in Form metallorganischer Komplexe erfolgt. Dabei sind neben Eisen die meisten Schwermetalle innerhalb der Dichtung nach unten verlagert worden. ... Die Ergebnisse belegen, daß sich die charakteristischen biochemischen und organisch- bzw. anorganisch-chemischen Prozesse einer Mülldeponie, inklusive einer anaeroben Bakterientätigkeit, auch innerhalb der Tonbasisdichtung ... weiter abgespielt haben. Dabei bleibt weiter ungeklärt, inwieweit die anorganischen Tonkomponenten solche biochemischen Prozesse beeinflussen" (BRACKE u. a. 1991, S. 419-420).

Zum Beweis der langfristigen Leistungsfähigkeit tonmineralischer Dichtungsstoffe führt ZUBILLER (1992, S. 106) das Beispiel einer Frankfurter Altdeponie an, die 50 Jahre bis 1974 in Betrieb war. Bei einem Durchlässigkeitsbeiwert von $k_f = 10^{-9}$ m/s des Deponieuntergrundes wurden direkt unter der Deponiesohle die üblichen hohen Chloridwerte und eine große Anzahl an Schwermetallionen (Cd, Pb u. a.) gefunden. Dagegen wurden in einer grundwasserführenden Schicht 6 m unter dem Ton nur 2 mg/l Cl und keine Schwermetalle angetroffen. Die Eindringtiefe von Schwermetallen in die Tonschicht betrug nur wenige Zentimeter.

Von widersprüchlichen Erfahrungen berichtet ZEIGER (1993). Vorliegende Untersuchungen zeigten sowohl Verdichtung als auch Rißbildung, Ablösung und Anlagerung, Materialverfestigung und abnehmende Plastizität (S. 32-33). Seine eigenen Untersuchungen mit Deponiesickerwasser der Sonderabfalldeponien Schwabach und Raindorf, die mit mineralischen Materialproben des geplanten SAD-Standortes Eft-Hellendorf konfrontiert wurden, zeigten hingegen keine nachteiligen Effekte. Statt dessen beobachtete er eine Verringerung des k_f-Wertes durch Ausfüllung und Anlagerung innerhalb des Gefüges sowie Verkrustungen an der Oberseite. Ausroll- und Fließgrenze erhöhten sich, die Plastizität nahm zu. Organische Inhaltsstoffe wurden retardiert, die Salzfracht durchwanderte die Schichten.

Es liegen keine Untersuchungen darüber vor, wie sich die Eluatkriterien der TA Abfall und der TA Siedlungsabfall (s. Tab. 5.1) auf natürlichen Untergrund und mineralische Dichtungen auswirken. Dies wäre insofern von Bedeutung, weil in den o. g. Untersuchungen z. T. mit anderen Bedingungen gearbeitet wurde. Allerdings wurde in Kapitel 5 auch gezeigt, daß sich die Eluatkriterien der TA Abfall nicht sehr erheblich von der Zusammensetzung der Sickerwässer aus vorhandenen Sonderabfalldeponien unterscheiden.

Vor dem Hintergrund der vorangestellten Ausführungen ist die Kritik an der Festlegungen der TA Abfall allerdings ziemlich eindeutig:
"Da man von einer generellen Aufbereitung der abzulagernden Abfälle ... noch weit entfernt ist und das, was beispielsweise von der TA Abfall als Mindestaufwand für die geologische Barriere gefordert wird, unzureichend ist (DÖRHÖFER 1991, S. 293) und bestenfalls als erweiterte technische Barriere bezeichnet werden kann, bestehen erheblich Zweifel, ob das bereits heute Mögliche getan wird, um Altlasten von morgen auszuschließen" (AUGUST/TATZKY 1992, S. 283). Die adsorptiven Oberflächen werden schnell belegt sein und damit den Austrag von Sickerwasser nur unwesentlich behindern. Entscheidend sei daher die Schaffung großer Puffervolumina durch große Schichtmächtigkeit. Diese sei wichtiger als die Durchlässigkeit, die erst unterhalb von 10^{-8} m/s zu einer spürbaren Infiltrationshemmung führe (DÖRHÖFER 1991, S. 274).

Soll das Schadstoffrückhaltepotential nicht nur qualitativ, sondern auch quantitativ bewertet werden, sind realitätsnahe mathematisch-numerische Simulationsmodelle für den Stofftransport heranzuziehen. Hierzu sind in der Regel umfangreiche Labor- und Geländeuntersuchungen zur Ermittlung der Eingangsparameter erforderlich.

Die Empfehlung E 6-2 des Arbeitskreises "Geotechnik der Deponien und Altlasten" der Deutschen Gesellschaft für Erd- und Grundbau e.V. /2/ enthält den heutigen Stand bezüglich des Transportmodells für wassergelöste Stoffe. In diesem Zusammenhang wird auf die Arbeiten von SCHNEI-DER/GÖTTNER 1991, SCHNEIDER/TIETZE 1987, MANN 1993 hingewiesen.

DÖRHÖFER 1995 ist der Meinung, daß der bei der Standortsuche für neue Deponien verfolgte Ansatz in der Umkehrung auch auf die Altlastenverdachtskörper anzuwenden ist. Demnach können zur Beurteilung der Barriereeigenschaft einer Altlastenverdachtsfläche die gleichen Kriterien herangezogen werden, die auch für die Beurteilung der Standorteignung innerhalb der Standortsuche zugrundegelegt werden. Die Beurteilung der geologischen Barriereeignung von Einzelflächen ist in der sogenannten Orientierungsuntersuchung, die dem entsprechenden Erkundungsschritt in der Altlastenbearbeitung entsprechen, vorzunehmen. Als Kriterium für das Schadstoffrückhaltevermögen gelten insbesondere der Gehalt an Tonmineralen und organischer Substanz. Das Schadstoffausbreitungsverhalten eines Altlastenverdachtskörpers kann mit Hilfe numerischer Modelle simuliert und prognostiziert werden (vgl. STOLPE/VOIGT 1996).

6.2   BASISABDICHTUNG

WIEMER (1987, S. 406) hat Anforderungen an eine Deponiebasisabdichtung zusammengestellt:
a) vollkommene bzw. weitgehende Dichtigkeit
b) dauerhafte Beständigkeit
c) Beständigkeit gegenüber Einwirkungen von Sickerwasserinhaltsstoffen und Temperaturen bis 70°
d) Beständigkeit gegen Deponieauflast
e) Beständigkeit gegen Setzungen des Untergrundes infolge Auflast
f) einfache technische Verlegbarkeit
g) gute Kontrollierbarkeit der Dichte in der Bauphase
h) Kontrollierbarkeit der Dichte in der Betriebsphase
i) Reparierbarkeit im Schadensfall
j) Erneuerbarkeit beim Auftreten allgemeiner Materialermüdung
k) Wirtschaftlichkeit.

Die Anforderungen h-j sind dabei nur noch in ihrer historischen Bedeutung zu lesen, da die Forderungen nach Kontrollierbarkeit und Reparierbarkeit der Basisabdichtung nicht mehr offizielle Strategie sind.

Künstliche Abdichtungsschichten bestehen in der Regel aus Kombinationen von mineralischen Dichtungsschichten und Kunststoffdichtungsbahnen (KDB).

Zur grundsätzlichen Eignung von Ton wurden im vorangegangenen Abschnitt Aussagen gemacht. Von Bedeutung ist, daß natürlich anstehende Tonschichten nicht völlig homogen sind, d. h. mit höher durchlässigen Einsprengseln durchsetzt sein können, die auch von Untergrunderkundungen nicht erfaßt werden.
Demgegenüber liegt der Vorteil von kontrolliert und lagenweise (20 - 25 cm) eingebrachten mineralischen Dichtungen, die auch noch verbessert werden können, auf der Hand (z. B. durch Wasserglasvergütung, vgl. BELOUSCHEK u.a. 1992, oder durch mineralische Ergänzungen zur Porenraumreduzierung, vgl. JESSBERGER 1989).

Die Vorgabe von Abdichtungsabmessungen beinhaltet nach Auffassung von FINSTERWALDER (1989, S. 113-114 und 1992) automatisch eine verschlüsselte Aussage über Emissionswerte. Deshalb sollten besser gleich solche Werte vorgegeben werden.

Nur bei genauer Kenntnis der mineralogischen Zusammensetzung der Abdichtungsmaterialien lassen sich die Einbaubedingungen so optimieren, daß es zu einer Porenraumverringerung und somit zu einer Verbesserung der Dichtungswirkung kommt. Die Porenraumversiegelung sei optimal bei anorganischer Sickerwasserbelastung und sehr quellfähigem Material (KOHLER 1989, S. 124). Das einzusetzende Dichtungsmaterial müsse eine definierte Zusammensetzung hinsichtliche der mineralischen Komponenten Kaolinit, Illit, Montmorillonit und Quarz haben. Die gezielte Kombination dieser Minerale gewährleiste eine hohe chemische Resistenz, die entsprechende Dichtigkeit (k_f-Werte bei 5×10^{-10} m/s), die entsprechende Scherfestigkeit und ein gutes Einbauverhalten (UmweltMagazin 1992, S. 62).

Während eine geringe Durchlässigkeit den konvektiven Transport einschränkt, kann eine Vergrößerung der Abdichtungsmächtigkeit und eine möglichst große Verdichtung der Barriere die Diffusion der Schadstoffe in Richtung Untergrund und Grundwasser verzögern. Das Vorhandensein quellfähiger Tonminerale führt zur Adsorption vieler anorganischer Chemikalien, während zur Adsorption organischer Schadstoffe organophilierte Tone besonders geeignet sind (ZEIGER 1993). ZEIGER erwartet keine Verschlechterung der Abdichtungseigenschaften einer derart zugeschnittenen Barriere beim Kontakt mit Sickerwasser. Dementsprechend wünschen sich MELCHIOR u. a. (1992) eine Bemessung der mineralischen Basisabdichtung an verschiedenen Schadstoffen im Sickerwasser durch den Einbau unterschiedlicher Materialien mit verschiedenem Rückhaltevermögen.

MÜLLER/STOCKMEYER schlagen vor, mit tonmineralogischen Untersuchungen, Adsorptionsversuchen und Diffusionsversuchen alle Parameter für beliebige Schadstoffe (Schwermetalle, Anionen und organische Verbindungen) zu bestimmen und damit die mineralische Abdichtungsschicht zu beurteilen. Daraus könnten Schlüsse für die Verbesserung der Abdichtung gezogen und eine maximale Wirkung erreicht werden (hierzu auch FINSTERWALDER/MANN 1990), womit auch eine Risikobeurteilung auf eine materielle Basis gestellt würden.

Wie man sich solche Abdichtungssysteme vorzustellen hat, zeigen die Abbildungen 6.2 und 6.3. CZURDA (1992) bemängelt, daß das von der TA Abfall geforderte hohe Rückhaltevermögen mineralischer Abdichtungsschichten und der geologischen Barriere nicht definiert wird. Um diese Lücke zu schließen, schlagen verschiedene Ton-Spezialisten vor, die 150 cm dicke von der TA Abfall mindestens geforderte mineralische Basisabdichtung wenigstens entsprechend den beiden Grundfunktionen 'dicht' und 'retardierend' zweilagig variierend zu gestalten (vgl. auch KOHLER 1990a, WEISS 1988). Das Konzept von WAGNER (1991) und CZURDA (1990), welches die Abbildungen zeigen, sieht für anorganische Sickerwasser-Inhaltsstoffe vor: eine doppelte mineralische Basisabdichtung aus zwei getrennten Dichtungsschichten, von denen eine die Sorptionsaufgabe (die bentonitvergüteten Schichten) übernimmt und die andere eine langzeitlich geringere Durchlässigkeit gewährleistet (die kaolinitvergütete Schicht)(WAGNER 1991, s. Abb. 6.2). Analog gilt für organische Inhaltsstoffe die Abbildung 6.3 nach CZURDA (1990).

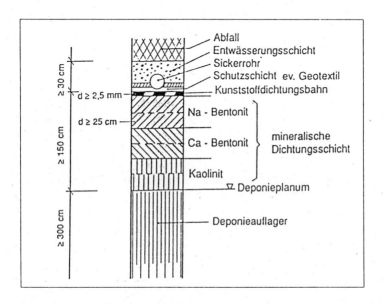

Abb. 6.2: Schema eines Deponiebasisabdichtungssystems gegen anorganische Sickerwasserinhaltsstoffe (CZURDA 1992)

Nur mineralische Abdichtungen erfüllen die Anforderungen an Abdichtungsschichten, die sich auf die Langzeitbeständigkeit beziehen. Den Deponie-Kunststoffdichtungsbahnen wird eine Haltbarkeit von 30 bis 100 Jahren zugeschrieben (vgl. HILLEBRECHT in THOMÉ 1987a, S. 460; JESSBERGER 1989, S. 33; JESSBERGER+PARTNER 1988; STIEF 1987, S. 464; BILITEWSKI 1987, S. 895; HAFERKAMP u. a. 1989, S. 324). Es ist zu beobachten, daß im Laufe der Entwicklung der Fachdiskussion zu diesem Punkt Zahlenangaben nach unten korrigiert wurden. Die TA Abfall-Arbeitsgruppe schätzt die Standsicherheit von Folien auf 30 - 50 Jahre aufgrund von Garan-

tiezusagen, Materialprüfungen sowie Ergebnissen der Untersuchungen an der
Deponie Geldern-Pont (ZUBILLER 1992, S. 104).

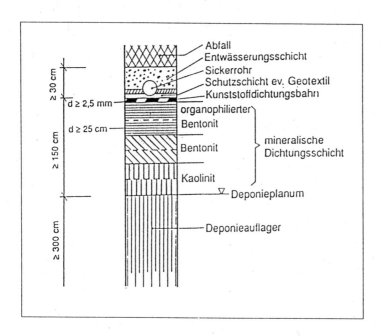

Abb. 6.3: Schema eines Deponiebasisabdichtungssystems gegen organische Sickerwasserinhaltsstoffe (CZURDA 1992)

Langzeiterfahrungen unter Praxisbedingungen liegen noch nicht vor, da erst
seit relativ wenigen Jahren mit diesem Material gearbeitet wird (vgl. AU-
GUST 1986, S. 107).

Dabei besitzen Kunststoffdichtungsbahnen - von dem Langzeitaspekt abgesehen - durchaus den Deponiezwecken entsprechende gute Eigenschaften, die
sich allerdings nur auf HDPE-Folien beziehen (hochdichte Polyethylene). Sie
haben sich inzwischen durchgesetzt, seit die Bundesanstalt für Materialprü-
fung 1984 nachgewiesen hat, daß nur sie längerfristig gegen Kohlenwasserstoffe beständig sind und minimale Permeationsraten aufweisen (vgl.
MESECK/REUTER 1987, S. 492). Falls die Folien schadensfrei eingebaut
und auch im Laufe der Zeit nicht mechanisch in ihrer Funktion beeinträchtigt

werden, sind für einen Schadstofftransport durch Kunststoffdichtungsbahnen allein Permeationsvorgänge verantwortlich (bei k = 0).

Die Höhe der Schadstofffracht ist abhängig davon,
- inwieweit der Schadstoff im Kunststoff löslich ist (Absorption),
- inwieweit die Möglichkeit der Wanderung von höherer zu niedrigerer Konzentration besteht (Diffusion),
- wie gut der Schadstoff in das angrenzende Medium (mineralische Dichtung) übergehen kann
(AUGUST 1986, S. 108).

Durch das mit Abfallinhaltsstoffen belastete Sickerwasser kann sich die Folie selbst ebenfalls verändern:
- Änderung des Füllstoffgehaltes durch Änderung der Bindungskräfte an der Kunststoffmatrix;
- Auswaschung von Additiven (z. B. Weichmachern);
- Änderung des Kristallisationsgrades;
- Änderung des Quellverhaltens
(WIEMER 1990b, S. 257).

Nach vorliegenden Untersuchungen versprechen HDPE-Folien gegenüber chlorierten Kohlenwasserstoffen eine gute bis völlig dichte Sperre. Die Folien werden zudem nicht von Mikroorganismen angegriffen (MÜNK u. a. 1989, S. 356). Eine absolute Dichtigkeit wird gegen alle in eine Deponie eingebrachten Stoffe kaum erreichbar sein (vgl. STIEF 1989a, S. 9).

Bei anderen Stoffen wurden von der Bundesanstalt für Materialforschung und -prüfung, Berlin (BAM 1984), Permeationsraten (Diffusion) bis zu 150 g/m²× d (bei Trichlorethylen), je nach Konzentration, gemessen (KNÜPFER/- SIMONS 1985, S. 101).

Günstige Aussagen zum Permeationsverhalten von Verbunddichtungen (einer Folge von unpolaren, polymeren (PEHD, mittl. Dichte) und polaren mineralischen Dichtungsschichten) machen AUGUST/TATZKY (1992, S. 273). Versuche zur Permeation von Schwermetallen (Zn^{2+}, Ni^{2+}, Mn^{2+}, Cu^{2+}, Hg^{2+} und Pb^{2+}), als Nitrate mit Salpetersäure auf pH 1-2 angesäuert durch eine 2,3 mm dicke PEHD-Dichtungsbahn, zeigten bei der Nachweisgrenze von etwa 0,05 mg/l nach über vier Jahren Versuchsdauer keinen Durchgang dieser Stoffe, so daß diese Verbunddichtung praktisch undurchlässig gegen alle Schadstoffe aus der Anorganik, darüber hinaus auch gegen Bakterien, Viren und Mikroorganismen aller Art angesehen werden kann. Ähnlich günstig sind die Ergebnisse von AUGUST/ TATZKY auch für organische Schadstoffe (KW/CKW).

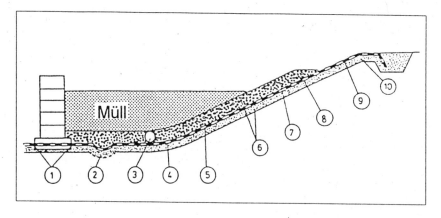

Abb. 6.4: Potentielle Schwachstellen von Kunststoffdichtungsbahnen (WIEMER 1990b)(s. auch nachfolgenden Kasten)

Der Abbildung 6.4 sind folgende Schwachstellen zugeordnet (WIEMER 1990b, S. 256):

1. Gefährdung der Folienanbindung am Schachtfuß (schlechte Konstruktion) durch Zug, Schub bzw. Differenzsetzungen.
2. Überproportionale Dehnung infolge Punktsetzung bei schlechter Untergrundverdichtung.
3. Gefährdung durch scharfkantige Dränleitungen (bei Bruch) bzw. Punktbelastung.
4. Schwieriger Nahtbereich bei Neigungswinkeln, insbes. in den Ecken.
5. Zugbeanspruchung infolge von Schubkräften (Wandreibung) bei Müllauflast.
6. Gefährdung bei unzureichendem Feinplanum bzw. entspr. ungünstiger Abdeckschicht.
7. Betriebliche Koordinationsschwierigkeiten bei der Vorwegschüttung der Flächendränschicht. Dadurch ggf. direkter Kontakt Müll - Folie.
8. Erosionsgefährdung der Flächendrän- bzw. -schutzschicht. Dadurch verstärkte Gefährdung der freiliegenden Folie.
9. Wechselzugbeanspruchung infolge von Temperaturschwankungen. Ggf. verstärkte Zugbeanspruchung im Anschluß (nach Abkühlung) an die Verlegung in großer Hitze.
10. Zug am Verankerungspunkt infolge Eigengewicht, Schrumpfung (bei Abkühlung gem. Pkt. 9) bzw. Wandreibung gem. Pkt. 5.

Die Widersprüchlichkeit der derzeit verfügbaren Erkenntnisse über das Verhalten einzelner Komponenten von Deponiesickerwasser bestätigt die Richtigkeit eines variablen Einsatzes von Kombinationsdichtungen. Nicht berücksichtigt werden kann das Langzeitverhalten von Kunststoffen in Bezug auf Alterung, Verwitterung, Versprödung usw., denen nach den Naturgesetzen vermutlich auch HDPE-Folien unterliegen. Das chemische Verhalten ist aber nicht allein maßgeblich. Auch die mechanische Beanspruchung von Kunststoffdichtungsbahnen ist erheblich (WIEMER 1990b, S. 255; KOCH u. a. 1988, S. 348; KNIPSCHILD 1989a; vgl. Abb. 6.4).

Durch Reaktion mit dem Einlagerungsgut bzw. mit Sickerwässern kann es zudem zum Verlust mechanischer Eigenschaften kommen, die nicht abzuschätzen sind, wenn das Deponiegut nicht bekannt ist. Eine Weiterentwicklung der bestehenden Deponiekonzepte ist also auch für die Basisabdichtung erforderlich.

"Die Kombinationsdichtung ist ... zur Umschließung von Abfällen geeignet, soweit diese wirkungsbezogen differenzierbar sind und es ausreicht, fehlende Redundanz durch verbesserte Langlebigkeit zu ersetzen. Versagt die Kunststoffschicht, bedeutet das nichts anderes als den Übergang vom Umschließungsprinzip zum Verdünnungsprinzip, verbunden mit der Gefahr, daß eine neue Altlast entsteht. ... Wer die Kombinationsdichtung zur Umschließung von Abfällen einsetzt, die nicht wirkungsbezogen differenzierbar sind, spekuliert. Er spekuliert darauf, die Dichtung werde den unbekannten Angriffen aus dem Abfall schon widerstehen können, und wenn sie nicht mehr kann, werde die Leckrate schon klein genug sein" (BOMHARD 1988, S. 1009).

Das inzwischen abgeschlossene Vorhaben zum "Permeationsverhalten von Kombinationsdichtungen bei Deponien und Altlasten gegenüber wassergefährdenden Stoffen" von der Bundesanstalt für Materialforschung und -prüfung kommt zu dem Schluß, daß "die Wirksamkeit der Kombinationsdichtung ... sehr stark von der Dicke der mineralischen Dichtungsschicht" abhängt. "Insofern bestätigt das Forschungsergebnis auch die Forderung nach einer dickeren mineralischen Dichtungsschicht bei Deponien für besonders überwachungsbedürftige Abfälle gegenüber den Deponien für Siedlungsabfälle" (aus Umwelt Nr. 10/1993, S. 414).

Zusammenfassend vertritt der Sachverständigenrat für Umweltfragen die Auffassung: "Bei allen Bemühungen um eine über lange Zeiträume wirksame Basisabdichtung darf nicht davon ausgegangen werden, daß Dichtungssysteme einen Schadstoffaustrag aus Deponien langfristig verhindern können" (SRU 1991, S. 477).

6.3 ABFALLKÖRPER

Das Verhalten des Abfalls untereinander und zu seiner Umgebung wurde bereits an verschiedenen Punkten behandelt (insbes. in Kap. 5), so daß hier nur noch einige Ergänzungen erfolgen sollen.

Neben dem Verhalten des Abfalls als Gefahrenquelle für Emissionen, auf das sich die meisten vorgenannten Ausführungen beziehen, hat der Abfall Auswirkungen auf den gesamten Haldenkörper in seiner Morphologie. Dies betrifft vor allem die Setzungen des Abfallkörpers innerhalb der Deponie. Deponieuntergrund und mineralische Abdichtungen werden relativ sicher erkundet bzw. unter kontrollierten Bedingungen hergestellt. Daher lassen sich Formänderungen dieser Deponieelemente mit bekannten grundbaulichen Methoden vergleichsweise gut abschätzen.

Anders ist dies bei den Abfällen. Wenn man keine wissenschaftlichen Parameter hat, muß man auf Erfahrungswerte aus der Praxis zurückgreifen, die z. B. für Hausmüll vorliegen. Diese Setzungsmaße bewegen sich in der Größenordnung von 10 - 20 % der Abfallhöhe (vgl. WIEMER 1987, S. 394 ff und RETTENBERGER 1989, S. 143).
Für Sonderabfall liegen solche Erfahrungen nicht vor und können auch nicht vorliegen, da mit der Erstellung von Sonderabfalldeponien neueren Typs jetzt erst begonnen wird.

Eine mittlere Dichte des Abfalls von 1,3 t/m^3 ist eher ein angenommener Wert, um rechnerische Volumenabschätzungen zu erhalten (vgl. SCHÖNER, 1988 S. 984), doch als Ausgangswert für Setzungsberechnungen ist er nicht ausreichend. Bei Bergehalden wird eine Dichte von mehr als 2 t/m^3 erreicht.

Das Setzungsverhalten ist ein besonderer Unsicherheitsfaktor, der dann beherrschbarer würde, wenn neben dem pH-Wert u. a. auch das Setzungsverhalten des Abfalls ein Kriterium für die Stofftrennung im Deponiekörper wäre.
Durch die - wie auch immer vorgenommene - Sortierung des Abfalls treten planmäßig auch unterschiedliche Setzungen auf, die insbesondere an den Übergangsbereichen der Deponierungsabschnitte und den Randbereichen der Halde zu Höhendifferenzen führen können, z. B. dann, wenn im Extremfall eine Kassette mit gutverdichtetem Material neben einem maschinell schwer zu verdichtenden Bereich liegt.
So kann eine Maßnahme aus der Sicht der Sicherheit zwei ganz verschiedene Aspekte haben: die Trennung von reaktionsfähigem Material einerseits und

die Abdichtungsschichten und Dränanlagen beeinträchtigende unterschiedlichen Setzungen andererseits.

Natürlich verliert auch relativ wasserarmer Sonderabfall bei der Konsolidierung noch Wasser, welches mit Schadstoffen höherer Konzentration angereichert sein kann. Da das Verhalten von Dichtungen auf alle Stoffe und Stoffgruppen nicht bekannt ist, stellt dies eine Gefahr für die Dichtungsschichten dar. Daß das Herauspressen von Wasser ein wesentlicher Faktor für den Setzungsprozeß ist, sei der Vollständigkeit halber erwähnt.

Das Lösungsverhalten vieler Abfallarten kann bisher nur abgeschätzt werden. Zusätzlich könne langfristig auch Zerfallserscheinungen von verfestigten Abfällen nicht ausgeschlossen werden. JESSBERGER+PARTNER schlagen deshalb vor, verfestigte Abfälle möglichst nicht in Böschungsnähe einzubringen (1988, S. 66-70 und SCHÖNER 1988, S. 984).

Inwieweit der eingelagerte Abfall bei Böschungs- und Geländebruchuntersuchungen mit einem Widerstand an der Gleitfuge eingeführt werden kann, sollte überprüft werden, da die bodenmechanischen Eigenschaften von Abfällen i. d. R. nicht bekannt sind.

6.4 OBERFLÄCHENABDICHTUNG

Während die Basisabdichtung die primäre Funktion erfüllen soll, keine Schadstoffe in den Deponieuntergrund versickern zu lassen, hat die Oberflächenabdichtung die Funktion, kein Wasser in die Deponie hinein zu lassen, da Wasser weitgehend der Prozessor für das Verhalten von Abfallinhaltsstoffen und das Transportmedium für Schadstoffe ist. Bei der Basisabdichtung kommt es vor allem auf die Mächtigkeit geeigneter mineralischer Schichtungen (Adsorption) in Kombination mit geringer Materialdurchlässigkeit an. Die Funktion der Oberflächenabdichtung fordert hingegen lediglich ein Höchstmaß an Undurchlässigkeit.

Langfristig betrachtet wird die gesamte Wassermenge, die durch die Oberflächenabdichtung sickert, auch durch die Basisabdichtung ins Grundwasser gelangen - unabhängig von der Qualität der Basisabdichtung (JESSBERGER + PARTNER 1988, S. 74). Andererseits ist die Basisabdichtung vernachlässigbar, wenn es gelingt, die Funktion der Oberflächenabdichtung dauerhaft aufrecht zu erhalten (vgl. AEW Dez. 1988b, S. 10/11).

Im Zusammenhang mit einer relativ funktionstüchtigen Basisabdichtung ergibt sich jedoch für die unteren Teile der Oberflächenabdichtung ein weiterer Lastfall. Im Falle eines Rückstaus von Sickerwasser in der Deponie kann es zum Austritt von kontaminiertem Wasser aus den Deponieflanken oberhalb der Haldenumgebung kommen (vgl. Kap. 11 u. Abb. 11.2). In diesem Bereich müßte die Oberflächenabdichtung auch die Funktion einer Basisabdichtung besitzen und entsprechend bemessen werden.

Dieser Lastfall wird von den vorhandenen Richtlinien nicht berücksichtigt. Der Aufbau der Oberflächenabdichtung ist in diesen Richtlinien dem der Basisabdichtung strukturähnlich. Lediglich die Schichtdicken variieren. Konstruktionsprinzip ist in jedem Fall die Kombinationsdichtung aus einer obenliegenden Kunststoffdichtungsbahn und einer darunterliegenden mineralischen Dichtungsschicht.

Langfristig ist die Oberflächenabdichtung nicht nur das wichtigste Element im Sicherheitssystem der Deponie, sondern auch das schwächste, z. B. auch wegen der unvermeidlichen, nicht prognostizierbaren Alterungsprozesse, ihrer exponierten Position für chemische und mechanische Einflüsse.

BILITEWSKI u. a. (in THOMÉ 1987a, S. 894) haben die Anforderungen an eine Oberflächenabdichtung zusammengestellt. Diese Zusammenstellung zeigt gleichzeitig das Gefährdungsspektrum und mögliche Belastungen des Systems:

- wasserdicht (keine Versickerungen in den Deponiekörper)
- schadlose Ableitung von Niederschlag oberhalb der Dichtung
- Setzungsunempfindlichkeit
- Standsicherheit
- Erosionssicherheit
- Frostsicherheit
- Beständigkeit gegen Deponiegas und ggf. kapillaren Aufstieg gelöster Schadstoffe
- Beständigkeit gegen Nagetiere und Mikroorganismen
- keine Beeinträchtigungen der Dichtigkeit durch Nutzung der Deponieoberfläche
- Kontroll- und Reparierbarkeit.

Besonders problematisch schon in der ersten Phase nach Beendigung des Deponiebetriebes insgesamt oder einzelner Abschnitte sind ungleichförmige starke Setzungen und daraus resultierende Dehnungen und Zerrungen, die das Dichtungsmaterial nicht aushält (STIEF 1989b, S. 111).

Die zu erwartenden Setzungsmaße sind bei einer Oberflächenabdichtung die Summe aus
- eigener Konsolidierung,
- Setzungen infolge Auflast durch die Rekultivierungsschicht,
- kaum exakt berechenbaren Setzungen im Abfallkörper,
- Setzungen in der Basisabdichtung,
- Setzungen des Deponieuntergrundes durch eine Auflast aus Mineralstoffen und Abfällen bis zur Deponiemitte ansteigend.

In den USA ist das Trockenhalten der Deponie zentraler programmatischer Bestandteil des Deponieplanes im Zulassungsbescheid. Gelingt dies dem Betreiber nicht, reicht seine Haftung über die Grenze von 30 Jahren nach Betriebsschluß. WIEDEMANN (1988a, S. 967) bezeichnet das als hervorragende juristische Lösung, denn die Anforderungen an die Oberflächenabdichtung ergeben sich von selbst, ohne Diskussion über den Stand der Technik.

Dieser Stand der Technik kann jedoch in Anbetracht der o. g. Lastfälle und der generellen Anforderungen an die Oberflächenabdichtung zumindest im Fall einer Haldendeponie nicht abschließend beurteilt werden. Die Verbindlichkeit eines bestimmten Typs von Oberflächenabdichtung, wie in der TA Abfall und TA Siedlungsabfall vorgesehen, wird den Anforderung der Praxis nicht gerecht, zumal funktionstüchtige Systeme einschließlich einer flächendeckenden Kontrollierbarkeit "noch nicht erwiesen" sind (ZUBILLER 1992, S. 103).

Die Eignung eines ursprünglich für die Basisabdichtung entwickelten Konzeptes für die Oberflächenabdichtung wird daher kritisch beurteilt (vgl. MELCHIOR u. a. 1992, S. 454). Auch unter ökonomischen und ökologischen Aspekten zu einem optimalen Ressourceneinsatz sollten andere Lösungen gleichberechtigt in Konkurrenz zur Technischen Anleitungen treten, da Ton nicht überall und umweltverträglich verfügbar ist.

Die TA Abfall trägt der herausragenden Bedeutung der Oberflächenabdichtung insofern Rechnung, als sie hier die Forderung erhebt, daß diese Dichtung für die Dauer der Nachsorge kontrollierbar und reparierbar bleibt. Angenommen, dies könnte auch unter Praxisbedingungen im Sinne der TA Abfall gelingen, so ergeben sich die langfristigen Probleme dann, "...wenn auch die Sickerwasserfassung und -ableitung und andere Einrichtungen der Deponie nicht mehr funktionieren und die Überlieferung von der Notwendigkeit dieser Einrichtungen nicht mehr gewährleistet ist und die regelmäßige Überwachung der Deponie wegen Ereignislosigkeit eingeschlafen ist" (AP-

PEL 1989a, S. 188) bzw. der Betreiber aus seiner Verantwortung entlassen wurde.

Ergebnisse im Rahmen von Untersuchungen an Testfeldern mit verschiedenen Abdichtungssystemen auf der Deponie Hamburg-Georgswerder geben Anlaß, gerade den Fall der langfristigen Sicherheit vor eindringendem Niederschlagswasser in die Deponie und die möglichen Wassermengen neu zu bewerten (nachfolgend nach MELCHIOR u. a. 1992):

"Die Ergebnisse zeigen, daß in erster Linie die Wasserhaushaltsgrößen Verdunstung und Drainageabfluß auf den verschiedenen Sperrschichten die Einsickerung von Niederschlagswasser in die Deponie begrenzen. Die untersuchten Systeme verhalten sich unterschiedlich. Die nicht durch Kunststoff-Dichtungsbahnen bedeckten bindigen mineralischen Dichtungen sind durch austrocknungsbedingte Schrumpfung infolge kapillaren Wasseraufstiegs aus den Dichtungen in ihrer Wirksamkeit stark eingeschränkt. ... Die untersuchten Kombinationsdichtungen ... funktionieren aufgrund der Dichtigkeit der PE-HD-Bahnen gegenüber Wasser gut, während in den bindigen mineralischen Komponenten der Kombinationsdichtung sommerliche Austrocknungstendenzen durch temperaturabhängige Prozesse beobachtet werden. Die untersuchte erweiterte Kapillarsperre (Kombination zweier nichtbindiger mineralischer Schichten, die von einer bindigen mineralischen Dichtschicht bedeckt ist) funktioniert am besten. ... Langfristig unterliegt die bindige mineralische Komponente der Kombinationsdichtung der gleichen Gefährdung" wie das erstgenannte System, wenn die Kunststoffdichtungsbahn ihre Funktionsfähigkeit verliert (S. 454).

Wasserhaushaltliche Bilanzen in diesen Untersuchungen zeigen, daß etwa ein Drittel des Niederschlages die Dränung oberhalb der Dichtungen erreicht und daß ohne funktionsfähige Dränung und Dichtungen im Mittel 290,7 mm/a in die Deponie infiltriert wären (S. 458).

Bei einer durch kapillaren Aufstieg ausgetrockneten und mit Schrumpfungsrissen versehenen mineralischen Dichtung würden daher bei funktionsunfähiger Dränung erhebliche Wassermengen in eine Deponie eindringen können. Es wurde die Erfahrung gemacht, daß sich einmal gebildete Risse im Gestein durch Wiederbefeuchtung, Quellung oder Auflast nicht wieder soweit schließen, daß sie nicht mehr als schnelle Wasserleitbahnen wirksam wären (S. 460). MELCHIOR u. a. sehen in diesen Sachverhalten eine systemimmanente Gefährdung der Deponie, die langfristig auch für Kombinationsdichtungen gilt. "Aus den Ergebnissen des Vorhabens ergeben sich erhebliche

Zweifel an der Eignung dieser Dichtungskombination an der Oberfläche ..."
(S. 468).

Es wird daher empfohlen, die (mineralische) Dichtung, die sehr unterschiedlichen Gefährdungen ausgesetzt ist, gezielt auf diese Gefährdungen hin zu dimensionieren (S. 470). "Denkbar wäre ... eine mittlere Lage mit relativ hoher plastischer Verformbarkeit zum Abfangen von Setzungsdifferenzen, die in Lagen eingebettet ist, die durch ihre tonmineralische Zusammensetzung oder durch technische Zusätze nur eine geringe Schrumpfungsempfindlichkeit ausweisen." Ebenfalls wird der Einbau kapillarbrechender Bauelemente zum Schutz vor Austrocknung der mineralischen Dichtung für sinnvoll gehalten.

Wegen der umstrittenen Langzeitsicherheit, Setzungsempfindlichkeit und eingeschränkter Rekultivierbarkeit der Kombinationsdichtungen nach Stand der Technik wird auch anderweitig mit Kapillarsperren experimentiert. Sie haben den Vorteil, keine künstlichen Materialien zu benötigen. Sie bestehen im Prinzip aus einer Kapillarschicht aus Feinsand, in der das Wasser abgeleitet wird, und einem sog. Kapillarblock aus Grobsand. Die Trennlinie zwischen beiden Schichten muß sehr eben hergestellt werden. Wenn das gelingt, hält der Sprung in der Porengröße zum Kapillarblock das Wasser in der Kapillarschicht. Der Grobsand bleibt fast trocken (vgl. JELINEK 1993, S. 244). Das System funktioniert grundsätzlich bei entsprechendem Aufbau in beiden Richtungen sowohl als Ableitung von eindringendem Niederschlagswasser als auch als Begrenzung des kapillaren austrocknenden Aufstiegs von Wasser, welches sich im Dichtungssystem befindet.

Ein Einsatz von Kapillarsperren wird nach dem derzeitigen Kenntnisstand unter folgenden Bedingungen empfohlen:
- ausreichendes Oberflächengefälle
- geringe bis fehlende Gasbildung
- Setzungen weitgehend abgeklungen
- keine Abfälle mit hohem Schadstoffpotential
(SCHLAGINTWEIT 1992, S. 18).

MELCHIOR u. a. (1992, S. 472) schlagen zur Lösung des Problems der Kontrollierbarkeit der Oberflächenabdichtung vor, entweder erweiterte Kapillarsperren oder HDPE-Doppeldichtungen mit Kontrolldrainage zu verwenden (s. Abb. 6.5). Sie fordern die Entwicklung und den praktischen Einsatz von Kapillarsperren, um die noch bestehenden Wissenslücken zu ihrem Langzeitverhalten und zu den Grenzbedingungen ihres Einsatzes zu schließen.

"Wegen der Ersparnisse an tonmineralischen Dichtstoffen, wegen der zu erwartenden erheblich verbesserten Beständigkeit der 'inneren' Kunststoffdichtungsbahn gegen Alterserscheinungen und der Redundanz des Systems, sollte den zweifachen Kombinationsdichtungen in der Praxis größere Aufmerksamkeit geschenkt werden" (aus Umwelt Nr. 10/1993).

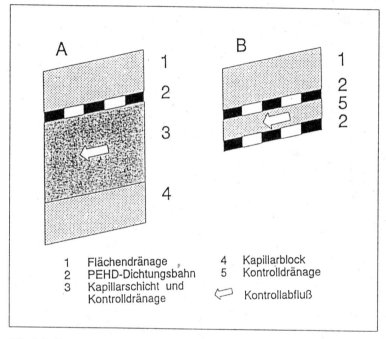

<table>
<tr><td>1</td><td>Flächendränage</td><td>4</td><td>Kapillarblock</td></tr>
<tr><td>2</td><td>PEHD-Dichtungsbahn</td><td>5</td><td>Kontrolldränage</td></tr>
<tr><td>3</td><td>Kapillarschicht und Kontrolldränage</td><td>⬅</td><td>Kontrollabfluß</td></tr>
</table>

Abb. 6.5: Kontrollierbare Oberflächen-Dichtsysteme (MELCHIOR u. a. 1992, S. 473)

"Ein doppeltes Dichtungssystem mit einer Kombinationsdichtung oberhalb der Kontrolldränage und einer mineralischen Komponente unterhalb ist für die Verbunddeponie Bielefeld-Herford (Deponieklasse 4 der NRW-Richtlinie) geplant" (SCHLAGINTWEIT 1992, S. 19; s. dazu Abb. 6.6).

Zu berücksichtigen sind die Eigenschaften der Kunststoffdichtungsbahnen auch bzgl. der Standsicherheit von Deponieböschungen. Die Sicherheit vor Ausbildung von Gleitschichten in der Fuge zwischen Kunststoffdichtungsbahn und mineralischen Schichten muß nachgewiesen werden.

6.5   REKULTIVIERUNG

Soll eine dicke Rekultivierungschicht neben der größeren Rückhaltewirkung
von Sickerwasser auch einen höheren Bewuchs ermöglichen, der kaum noch
Pflege erlaubt und bedarf - und damit den Charakter eines Endlagers unter-
streichen? Soll eine dickere Schicht die darunterliegende Drän- und Abdich-
tungschicht vor Beschädigung durch Befahren und Durchwurzelung schützen?
In letzterem Fall wäre langfristige Pflege auf jeden Fall erforderlich, die dann
jedoch ermöglichen würde, eine dünnere Schicht aufzutragen und entsprechend flach wurzelnde Pflanzen zu verwenden.

Gerade in den ersten Dekaden, wenn die Konsolidierungsbewegungen des
Deponiekörpers noch relativ groß sind und daher mit Reparaturen an der
Oberflächendichtung zu rechnen ist, wäre ein leichter Bewuchs und eine dünnere Abdeckung wahrscheinlich vorteilhafter. Geht man von ständiger Überwachung und Nachbesserung aus, wäre dies ohnehin von Vorteil.

Da andererseits die Rekultivierungsschicht für den Wasserhaushalt und das
Versickern sowie den kapillaren Aufstieg von Wasser von wesentlicher Bedeutung ist, wäre eine große Schichtdicke für ein Endlager günstig, wobei allerdings eine höhere Wassersäule die Versickerung begünstigen könnte.
MELCHIOR u. a. (1992, S. 461) vermuten allerdings, daß eine einfache Erhöhung der Deckschichtmächtigkeit den kapillaren Aufstieg des Wassers
nicht wesentlich begrenzt.

Wenn man aber die Deponie nicht als ein zu vergessendes Endlager ansieht,
sollte auch alles vermieden werden, den Prozeß des Vergessens zu fördern!
Dazu gehört ein Straßen- und Wegenetz, welches den gesamten Deponiekörper erschließt und eine ständige Unterhaltung und Pflege gerade beim
Kontrollbetrieb gewährleistet. Hierzu und als konstruktive Maßnahme für die
Standsicherheit und zur Erosionssicherung sind Bermen vorzusehen. Der Hö-
henunterschied sollte konstruktiv begründet werden, jedoch nicht größer als
15 m sein. Die Breite von Bermen, Quergefälle, Längsgefälle und Wendebe-
reiche sollten sich an den noch festzulegenden betrieblichen Erfordernissen
orientieren. Zum Beispiel wurde vorgeschlagen: gesamte Breite einschl. Straße und Entwässerung 6,0 m, Quergefälle zum Hang 2,5 %, Längsgefälle $\leq$
8 % und durchschnittlich 2,5 %, Wendebereich-Durchmesser 20 m (vgl.
AEW 1989a, S. 6).

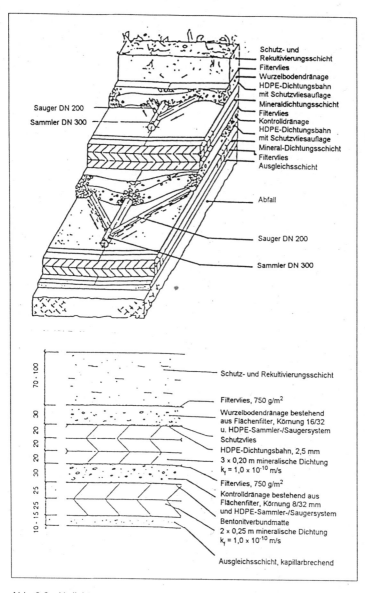

Schutz- und
Rekultivierungsschicht
Filtervlies
Wurzelbodendränage
HDPE-Dichtungsbahn
mit Schutzvliesauflage
Mineraldichtungsschicht
Filtervlies
Kontrolldränage
HDPE-Dichtungsbahn
mit Schutzvliesauflage
Mineral-Dichtungsschicht
Filtervlies
Ausgleichsschicht

Sauger DN 200

Sammler DN 300

Abfall

Sauger DN 200

Sammler DN 300

Schutz- und Rekultivierungsschicht

Filtervlies, 750 g/m²

Wurzelbodendränage bestehend
aus Flächenfilter, Körnung 16/32
u. HDPE-Sammler-/Saugersystem
Schutzvlies
HDPE-Dichtungsbahn, 2,5 mm
3 × 0,20 m mineralische Dichtung
$k_f = 1{,}0 × 10^{-10}$ m/s

Filtervlies, 750 g/m²

Kontrolldränage bestehend aus
Flächenfilter, Körnung 8/32 mm
und HDPE-Sammler-/Saugersystem
Bentonitverbundmatte
2 × 0,25 m mineralische Dichtung
$k_f = 1{,}0 × 10^{-10}$ m/s

Ausgleichsschicht, kapillarbrechend

Abb. 6.6: Abdichtungssysteme der Verbunddeponie Bielefeld-Herford
(SCHLAGINTWEIT 1992, S. 14)

Als Pflanzenschema könnte lichte Gehölzpflanzungen mit Buschwerk und niedriger Vegetationsdecke vorgesehen werden.

Durch die Kombination höherer und niedriger Vegetationsdecken in Verbindung mit Pflanzen starker Pumpwirkung können am Ende der Vegetationsperiode Bodenfeuchtedefizite von bis zu 200 l/m^2 auftreten. D. h., daß mit einem Sickerwassermaximum zu Beginn der Vegetationsperiode zu rechnen ist und mit einem Versiegen des Sickerwasserstromes im Laufe der Vegetationsperiode (vgl. WIEMER in THOMÉ-KOZMIENSKY 1987a, S. 394ff). Damit kann die Begrünung der Halde auch sicherheitstechnische Bedeutung haben aber auch zu Austrocknung führen.

Gestaltungsaspekte für die Deponie sind u. a.:
- Unterhaltung und Pflege,
- Integration in die Landschaftsstruktur,
- Erosion,
- Einfluß auf das natürliche Abflußverhalten des Vorfluters,
- Flexibilität für die spätere Nutzung,
- Anteil am Deponievolumen,
- Größe der Entwässerungsgebiete,
- zu erwartende Betriebs- und Wartungskosten,
- zu erwartende Herstellungskosten.

(vgl. AEW 1989a, S. 4).

6.6 SICHERHEITSTECHNIK

Der Begriff in der hier verwendeten Form umfaßt
- neben den Abdichtungsschichten, die in gesonderten Abschnitten behandelt werden,
- die Zwischenschichten zwischen unterschiedlichen Abfällen,
- die Dränsysteme für Wasser und Gas und
- die Kontrolleinrichtungen.

Zu den Baumaterialien Ton und Kunststoff wurden an anderer Stelle Ausführungen gemacht, die sinngemäß auch für diese Einrichtungen verwendet werden können.

Kunststoffrohre unterliegen wie auch Folien der Alterung. Bei Nachlassen von Kontrollen und Wartung muß mit völligem Zusetzen und Verockerung gerechnet werden. Diese Prozesse beginnen schon kurz nach dem Einbau und können durch Kontrollmaßnahmen wie dem Abfahren der größeren Leitungen mit Kanalkameras und durch Wartungsarbeiten wie Spülen behoben werden. Das Neueinziehen von Rohren ist zwar technisch mit unterschiedlichen Verfahren möglich, doch sind die Voraussetzungen nur bei unbegrenzter Kontrolle gegeben.

Im Sinne der Langzeitsicherheit sollte auf Filter- und Schutzvliese aus Kunststoff (Geotextilien) völlig verzichtet und auf mineralische Materialien zurückgegriffen werden (vgl. JESSBERGER+PARTNER 1989, S. 15).

Steinzeugrohre sind zwar unempfindlicher gegen Alterung und aggressive Wässer, aber empfindlicher bei mechanischen Einwirkungen.
Fehlerquellen sind:
- falsche Annahmen bei der statischen Berechnung (z. B. Lastannahmen)
- Baufehler (z. B. Rohrbettung, Muffenlagerung, falsche Rohre)
- Betriebsfehler (z. B. Überfahren bei unzureichender Überdeckung, feste Abfälle auf dem Rohr)
(vgl. BOTHMANN 1989, S. 50/51).

Unter Langzeitaspekten haben Rohrleitungen neben der Entwässerung auch die Funktion als Meßstrecken für Setzungen und Temperaturen (BOTHMANN, a. a. O.). Über die Funktionstüchtigkeit von Dränungen sollte man sich keine Illusionen machen. In der Deponie Schwabach funktionierten die Dräneinrichtungen schon nach 10 Jahren nicht mehr bestimmungsgemäß (WIEDEMANN 1988a, S. 968). Zeitstandsversuche geben Kunststoffdruckrohren immerhin mindestens 50 Jahre (KOCH u. a. 1988, S. 350). Hinzu kommt das Versagen der Dränfilter durch Inkrustration (JESSBERGER 1987b, S. 23).

Es wird an diesen Aspekten deutlich, wie wichtig ein langfristiges Konzept für die Deponie ist, wenn der Begriff Sicherheitstechnik überhaupt Verwendung finden und nicht alles der Rückversicherung durch den natürlichen Untergrund und der mineralischen Basisabdichtung überlassen bleiben soll.

Zu einer möglichen Umweltbeeinträchtigung durch Gase, die sich im Innern der Deponie bilden können, gibt es für Sonderabfalldeponien wenige Untersuchungen (Sonderabfälle können durchaus Gerüche emittieren - Chemiegeruch), auch wenn der gaserzeugende Anteil an der einzulagernden Stoffen sehr gering gehalten werden soll. Hingegen spielt Gasentwicklung bei Hausmülldeponien eine wesentliche Rolle.Chemische Wechselwirkungen zwischen Gasen und Tonmineralien sind praktisch noch nicht erforscht (vgl. KOHLER/USTRICH 1988, S. 5). Insofern ist das Gasproblem erst bei einer

Eingrenzung der einzulagernden Stoffe zu klären ist und abhängig von der Langzeitstrategie.

Diese ist auch entscheidend bei Vorhaltung von Kontrolleinrichtungen wie Kontrollschächten im Deponiekörper, Stollen mit Wasserfassung unterhalb der Deponie sowie Grundwasserbeobachtungseinrichtungen um den Haldenkörper herum.

6.7 ZUSAMMENFASSUNG UND STEUERUNGSMÖGLICHKEITEN

Nach Abschluß der Abfalleinlagerungen und der Rekultivierung der Deponieoberfläche ist eine Halde geschaffen worden, die ein bestimmtes Verhalten hat und durch meßbare Effekte und potentielle Gefahren auf die Umgebung wirkt.

In diesem Kapitel wurden wesentliche Problembereiche des natürlichen Untergrundes, der Basisabdichtung, des Abfallkörpers, der Oberflächenabdichtung und der Rekultivierung behandelt. Dabei wurde besonders auf die Bedeutung von Hydrogeologie, Geologie, Geochemie und Bodenmechanik im Zusammenhang mit Abfallinhaltsstoffen hingewiesen.

Die mineralischen Abdichtungsschichten sind trotz der noch offenen Fragen von zentraler Bedeutung für die Langzeitsicherheit der Deponie. Den Kunststoffdichtungen wird nur eine begrenzte zeitliche Wirksamkeit bei sonst großer Leistungsfähigkeit zugeschrieben, was bei der Oberflächenabdichtung eine Funktionsminderung durch Austrocknung nach sich ziehen kann. Dies bedeutet auch, daß möglicherweise die Rolle mineralischer Dichtungen in der Oberflächenabdichtung neu bewertet werden und langfristig mit größeren Mengen eindringenden Wassers gerechnet werden müßte.

Das hat zur Folge, daß ohne zeitlich unbegrenzte Kontrollen und Wartungen der Störfall "Eindringen von Sickerwasser" in den Abfallkörper zum Normalfall werden kann und damit der Austritt von kontaminiertem Sickerwasser aus der Deponie nicht auszuschließen ist. Dem ist nur mit ständiger Kontrolle, Wartung und Erneuerung der Oberflächenabdichtung beizukommen, wenn das Verhalten der Abfälle nicht in jedem Falle prognostizierbar und das Risiko abschätzbar ist.

Grundsatz für die Deponieplanung muß es sein, ein Zusammenwachsen von natürlichem Untergrund, Abfallinhaltsstoffen und künstlichen Abdichtungen in Form des Aufeinanderabstimmens von Belastung und Tragfähigkeit herbeizuführen.

Ein Forschungsprojekt des Bundesgesundheitsamtes untersuchte die Grundwasserabstrombereiche von mehr als 236 Abfalldeponien in Westdeutschland und West-Berlin und zog entsprechende Daten von 358 Deponien in den USA hinzu.
Die Untersuchung führte zu weniger als 200 Stoffen, die umwelthygienisch signifikant sind (MILDE u. a. 1990, S. 130). Diese Erkenntnisse zeigen die Richtung an, in die es für die Bemessung der Langzeitsicherheit von Deponien gehen sollte. Bei einer grundwasserschonenden Deponie geht es um die Konditionierung, Vermeidung oder Verminderung solcher Stoffe.

Bei den vorliegenden Deponiekonzepten ist das qualitative und quantitative Zusammenwirken der einzelnen Bauteile nach wie vor intransparent bzw. defizitär. Zwar kann angenommen werden, daß das Bauwerk kurzfristig und mittelfristig die geforderten Funktionen erfüllen kann. Der eigentliche Bemessungsfall ist jedoch das Endlager. Dafür sind eine Reihe von Entscheidungen zu treffen, die gleichzeitig auch als Steuerungsmöglichkeiten zu verstehen sind.

1. Welche Funktion übernimmt die Rekultivierungsschicht?
    –   Dicke Wasserhaushaltsschicht, die - ggf. wie landwirtschaftliche Flächen gedränt - kaum noch Wasser nach unten durchläßt, weil die Vegetation alles verbraucht.
    –   Dünne Vegetationsschicht für flächendeckende Begrünung und relativ geringer Biomasse; leicht für die Reparatur von Dränung und Oberflächenabdichtung zu öffnen.

2. Gleiche konstruktive Durchbildung der Oberflächenabdichtung im Plateau- und Flankenbereich, obwohl dort jeweils unterschiedliche Aufgaben bestehen.

3. Verwendung von kapillarbrechenden Schichten, um langfristig ohne Kunststoffe auskommen zu können; dafür Deponieböschungen mit größerem Gefälle.

4. Im Unterschied zu Pkt. 3 begünstigt eine 'normale' Oberflächenabdichtung Lösungen, die den Gesichtspunkten der Landschaft durch flacheres Gefälle eher Rechnung tragen könnten

5. Einbau der Siedlungsabfälle in die Höhe bei großen Verdichtungsleistungen, was die Gasproduktion fördert, aber die Setzungen verringert oder großflächige Hügel mit lockerem Einbau und mit entsprechenden Setzungen bei relativ langer Aerobphase

6. Verteilung der Abfälle auf Deponien, die nur für bestimmte Stoffe zugelassen wurden, um nicht auf relativ selten zur Verfügung stehenden besonders guten geologischen Barrieren angewiesen zu sein.

7. Gezielte stoffbezogene Bemessung der Basisabdichtung auf den Rückhalt umwelthygienisch signifikanter Stoffe und geringen Durchlässigkeiten.

8. Größere Mächtigkeit der geologischen Barriere als bisher vorgesehen zur Rückversicherung für den Fall der Durchlässigkeit der Basisabdichtung. oder Anpassung der Abfälle an die Qualität und Quantität der jeweiligen Barriere.

Diese Punkte sind nur eine Auswahl an Variationsmöglichkeiten in der die derzeitigen Einheitsdeponien nur eine Möglichkeit darstellen.

7 EINWIRKUNGEN

Als ein auf Dauer errichtetes Landschaftsbauwerk unterliegt eine Haldendeponie den gleichen Einwirkungen wie andere Landschaftselemente. Im Unterschied zu diesen sollen jedoch die natürlichen Prozesse nicht in dem gleichen
Maße zur Wirkung kommen dürfen, weil dadurch die Gefahren, die durch die
Art des Bauwerkes eigentlich vermieden oder vermindert werden sollen, sich
im Laufe der Zeit wieder vergrößern würden.

Eine künstliche Aufschüttung unterliegt - wie alle Niveauunterschiede in der
Natur - dem Naturgesetz vom Ausgleich dieser Unterschiede. Das Gesetz der
Entropie wird auch bei Fragen der Geomorphologie angewendet
(LEOPOLD/LANGBEIN 1962 u. a.) und gilt prinzipiell auch hier.

Dabei sind es nicht nur **physikalische Einwirkungen**,
- Klima,
- Erosion,
- Baugrund, Tektonik und Geologie,

und Einwirkungen aus der **Biosphäre**,
- Pflanzen,
- Tiere,
- Mikroorganismen,

die diesem Gesetz die Grundlage geben, sondern auch
gesellschaftliche Einwirkungen:
- Deponieplanung,
- vergessen, verdrängen, Interessenverlagerung,
- Illegalität,
- Verwaltung, Politik,
- Bürger, Anwohner, Beteiligungen, Öffentlichkeit,
- Deponienutzung,
- Nutzung der Deponieumgebung,
- Kontrollbetrieb,
- Unfälle, Sabotage etc.

Bei diesen Einwirkungsfaktoren spielt die zeitliche Entwicklung eine entscheidende Rolle. Kurzfristig ablaufende Einzelprozesse können ohne besondere Effekte auf die Deponie bleiben; in ihrer zeitlichen Summation werden jedoch Gefahren für die Deponie möglich.

Ist die Deponie einmal errichtet, sind die physikalischen und biosphärischen Einwirkungen praktisch unvermeidbar und irreversibel. Diese Irreversibilität kann nur durch zusätzliche ständige energetische und materielle Aufwendungen in Form von Wartung und Reparaturmaßnahmen als unbefristetem Prozeß rückgängig gemacht werden. Darin können auch Minimierungen der gesellschaftlichen Einwirkungen enthalten sein.

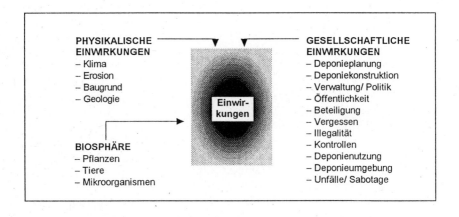

Abb. 7.1: Gefahrenpotentiale aus Einwirkungen auf die Deponie

Da die Deponie ein Bauwerk ist, könnten die es betreffenden Einwirkungen als Bauwerksbeanspruchungen aufgefaßt und berücksichtigt werden, wie z. B. Temperatureinwirkungen auf Brückenbauwerke. Über diese Beanspruchungen gibt es für Deponien bisher kaum aussagekräftige und handlungsbezogene Untersuchungen. Nachfolgend wird daher versucht, die Problemlage grob zu skizzieren.

7.1 PHYSIKALISCHE EINWIRKUNGEN

KLIMA / WETTER

Während der Bau einer Deponie als Haldendeponie zu Veränderungen der kleinklimatischen Situation an den Standorten führt (als Auswirkung der Deponie), machen sich im globalen Maßstab Klimaveränderungen größeren Ausmaßes bemerkbar (als Einwirkung auf die Deponie). So ist für das nächste Jahrhundert eine deutliche Erwärmung der globalen Durchschnittstemperaturen zu erwarten.

Mit den vorhandenen Klimamodellen ist eine Regionalisierung unterhalb einer Rasterung von 500 - 1000 km noch nicht möglich. Allerdings sind auch aus den Globalmodellen gewisse regionale Aufschlüsse ableitbar. So wird angenommen, daß der hydrologische Zyklus variabler wird, was auch die Zunahme von Extremwerten einschließt. Diese Extreme verteilen sich auch über die Breite des Planeten anders. Wasserreiche Klimate mit steigenden Starkwindsituationen konzentrieren sich demnach in schmaler werdenden Bändern am Äquator und in unseren gemäßigten Breiten.

Außerdem ist schon heute eine Erhöhung der UV-Einstrahlung aufgrund der Abnahme der stratosphärischen Ozonkonzentration zu verzeichnen. Dieser Trend dürfte sich (trotz einiger Maßnahmen gegen die Hauptverursacher Fluorchlorkohlenwasserstoffe (FCKW)) verstärken. UV-Strahlen wirken zum einen auf die Gesundheit des Menschen (z. B. Immunsystemschädigung), zum anderen auf die Produktion von Nahrungspflanzen, wobei auch hier nur grundsätzlich Veränderungen anzunehmen sind, ohne daß konkrete Prognosen angebracht wären. Ferner verursacht eine stärkere UV-Einstrahlung auf die Erdoberfläche Schäden an diversen Baumaterialien.

Als wesentliche Konsequenzen aus den sich abzeichnenden Klimaveränderungen sollte für die Deponietechnik vorsorglich eine Zunahme der Niederschlagsmenge und der Trockenperioden berücksichtigt werden und bei der Materialauswahl für Deponieabdeckung und Deponieüberdachung die erhöhte UV-Einstrahlung aufgrund des Ozonabbaues in der Stratosphäre einbezogen werden.

Einige Tendenzen zur Konzentration und zeitlich variablen Verteilung von Extremereignissen (große Regenmengen, lange Regendauern, Trockenperioden, Starkwindereignisse) scheinen sich für unsere Klimazone anzubahnen (vgl. z. B. Starkwindereignisse Anfang 1990, Starkwind mit Regen 1993, div. Niederschlagsereignisse mit Hochwasser, z.B. Winter 1994/95, der sehr trockene Januar 1996). Diese Verunstetigung der Wetterabfolge begünstigt Prozesse, die den Wassereintrag in eine Deponiehalde verstärken. Lange Trockenperioden führen zu Trocknungsrissen in der mineralischen Oberflächenabdichtung, die auch in Nässeperioden nicht mehr reversibel sein können.

Eine Beschädigung bzw. Zerstörung der Überdachung der Abfalleinbaustelle, die zudem in Höhen von 25 - 30 m über Gelände liegen kann, würde einerseits eine erhebliche Gefährdung der Anwohner darstellen und andererseits können bei gleichzeitigem Auftreten starker Niederschläge erhebliche Wassermengen in den Abfallkörper eindringen.

EROSION

Wind und Wasser sind auch bei der Erosion die wirksamen Kräfte.
Auch hierbei spielt die langfristige klimatische Entwicklung eine Rolle, da z. B. die Sicherung einer Aufschüttung in einem trockenen Klima ganz andere Probleme aufwirft, als unter gegenwärtig herrschenden Bedingungen an den Standorten. Vegetation, die der Erosion entgegenwirken könnte, kann sich auf solchen Standorten nicht so gut und nicht flächendeckend halten.

Erosion ist langfristig von Bedeutung, weil durch sie die Oberflächenabdeckung reduziert wird und so Alterungs- und Verwitterungsprozesse im Abfallkörper begünstigt werden können. Darüber hinaus wird das Einsickern von Wasser in die Deponie erleichtert. Diesbezügliche Kontrollen sehen die TA Abfall/Siedlungsabfall vor; ihre nicht befristete Organisation müßte aber geregelt werden.

Maßnahmen zur Verringerung der Erosion sind zum einen konstruktiver (z. B. geringere Hangneigung) und zum anderen pflegerischer Art (Bewuchs, Kontrollen, Wartung). Sie stehen nicht unbedingt im Einklang mit anderen Anforderungen an die Deponie. Zum Beispiel wäre zur Vermeidung einer langen Verweilzeit von Niederschlagswasser in der Deckschicht eher eine größere Hangneigung erforderlich, die auch für die Verwendung von kapillarblockierenden Schichten zur Entwässerung und zur Vermeidung von Austrocknung der mineralischen Abdichtung anzustreben wäre (vgl. Kap. 6.4).

DEPONIEUNTERGRUND

Die Frage, ob und in welcher Weise langfristig die Möglichkeit besteht, daß die äußeren Erdschichten im Bereich der Deponiestandorte von Veränderungen betroffen sind, z. B. von Erdbeben, hängt von den konkreten Standorten der Deponie ab. Auf jeden Fall jedoch werden Setzungen des Baugrundes aufgrund der Auflast durch die Deponie stattfinden (vgl. Kap. 6.1 und 6.4).

Wegen der dichten Gesteinslagerung und der relativ geringen Wasserdurchlässigkeit sind diese Konsolidierungsprozesse langfristig wirksam und zudem ungleichmäßig, weil die Halde in einzelnen Abschnitten nacheinander über längere Zeiträume entsteht und verschieden hoch ist. Auch der Einwand, daß es kaum Setzungen geben wird, wenn der Untergrund durch eiszeitliche Vorbelastung weitgehend konsolidiert ist, muß überprüft werden.

7.2 EINWIRKUNGEN AUS DER BIOSPHÄRE

Zur Einwirkung von
- Pflanzen (Durchwurzelung/Zerstörung von Dichtungen und Dränungen),
- Tieren (Durchwühlen, Begünstigung der Erosion, Beschädigung von Dichtungen und Dränungen) und
- Mikroorganismen (Einwirkungen auf Dichtungen und ggf. Abfallstoffe)

auf die Deponie sollten ebenfalls nähere Auskünfte über die örtlichen Verhältnisse eingeholt werden. Wünschenswert wären Langzeit-Forschungsprogramme an Deponien.

7.3 GESELLSCHAFTLICHE EINWIRKUNGEN

Der Gesichtspunkt "Gesellschaftliche Einwirkungen" ergibt sich vor dem Hintergrund, daß diese Deponie ein Endlager z. T. persistenter Abfälle sein soll. Es drängt sich daher eine historische Betrachtungsweise auf, der im Rahmen dieser Untersuchung nicht nachgegangen werden kann. Es sollte jedoch berücksichtigt werden, daß die Art und Weise, wie heute eine Deponie errichtet wird, auch Festlegungen über die Qualität der Umwelt künftiger Generationen beinhaltet.

Die Probleme um die Altlasten lassen erkennen, daß es ein gesellschaftliches Phänomen des Vergessens gibt und daß sich auch gesellschaftliche Randbedingungen ändern können, sei es durch Veränderung politischer Strukturen bzw. Prioritäten, von Bürgerinteressen und produktionstechnischen Zwängen, die heute schon unter den Stichworte "Müllnotstand" und "Müllmangel" diskutiert werden und entsprechende Veränderungen, z. B. von Sicherheitsbestimmungen, nach sich ziehen können.

Beides muß bei einer Anlage, die für unbegrenzte Zeit errichtet wird, vorab erwogen werden. Ein Vergleich mit einer atomrechtlichen Anlage ist in Bezug auf Langzeiteffekte durchaus angebracht, und selbst eine Brücke muß - solange sie ihre Zwecke erfüllen soll - gewartet werden.

Es müssen also der Deponie angepaßte Handlungsstrukturen geschaffen werden, die sowohl bei Planung und Betrieb als auch und insbesondere im langfristigen Kontrollbetrieb wirksam sind, wenn die stoffliche Situation dies erfordert. Das kann z. B. mit den Stichworten "Planungs- und Verwaltungshandeln", "Öffentlichkeitsarbeit", "Betroffenenbeteiligung" und "Kontrollen" diskutiert werden. Mehr dazu in den Kapiteln 9 und 11.

7.4　ZUSAMMENFASSUNG UND STEUERUNGSMÖGLICHKEITEN

Nicht nur die Umwelt muß vor den Auswirkungen einer Deponie geschützt werden, auch die Deponie ist Einwirkungen ausgesetzt, die ihre Funktionstüchtigkeit langfristig gefährden. Physikalische Einwirkungen und Einwirkungen aus der Biosphäre sind grundsätzlich nicht zu vermeiden.

Die Aufrechterhaltung und Funktionstüchtigkeit der Halde kann mit technischen Mitteln und den Möglichkeiten gesellschaftlicher Organisation zusammen bewältigt werden. Die gesellschaftliche Handhabung solcher unbefristeter Anforderungen sollte bei der Zulassung zur Erstellung einer Deponie berücksichtigt werden.

8   AUSWIRKUNGSPFADE

Entsprechend der in Kapitel 1 beschriebenen Methodik wurden bisher die Deponiekomponenten Baubetrieb, Deponiebetrieb, Abfalltransport, Abfall, Halde und Einwirkungen auf ihre Gefahrenpotentiale und möglichen Umweltbeeinträchtigungen hin untersucht. Jede dieser Komponenten besitzt ganz spezifische Gefahrenpotentiale aufgrund ihrer Struktur und ihrer Funktion im Gesamtsystem.

Die latent vorhandenen Gefahren und Belastungen treten - wenn sie Realität werden - quantitativ über die **Transportmedien** Materie, Energie und Information in Erscheinung.

Der stoffliche Charakter der Gefahren steht bei einer Deponie im Vordergrund - naheliegend, denn die Gefahren gehen zentral von den eingelagerten Stoffen aus -, doch sind auch die informatorischen Prozesse nicht zu vernachlässigen.
Informatorische Prozesse/Wahrnehmungen finden bei der Beurteilung von Landschaft und Sichtbeziehungen sowie in den emotionalen Beziehungen der Anwohner zur Deponie oder durch Wandlungen in der Haltung der Gesellschaft und ihrer Administration statt. Die Deponie sendet als Information die veränderte Landschaft und Bedrohungen bzw. Störungen durch Aktivität während der Phase Bau und Betrieb und Ruhe in der Phase des Kontrollbetriebes aus, die aber von den dafür empfänglichen Betroffenen nicht als beruhigend empfunden werden muß.

Die materiellen Auswirkungen verbreiten sich über die Transportmedien **Luft und Wasser**, wobei impliziert wird, daß die Luft Klimawirkungen, Stoffe, Gerüche und Lärm transportiert.

Explizite energetische Wirkungen können hier vernachlässigt werden.

Wie häufig im Umweltschutz, wird auch hier zwischen **Emissionen** (Auswirkungen - aus der Anlage) und **Immissionen** (Einwirkungen - beim Betroffenen) unterschieden. Nicht jede Auswirkung des Systems kommt in der ursprünglichen Form, Quantität und Wirksamkeit, in der sie die Deponie verläßt, bei einem Betroffenen an, so daß Abschätzungen über Relevanz und Tolerierbarkeit von Auswirkungen gemachten werden müssen. Darauf beziehen sich anlagenbezogene Grenzwerte.

Emissionen, die - verändert - als Immissionen bei verschiedenen Akzeptoren (Empfängern) ankommen, können dort unterschiedliche Wirkungen hervorrufen. Sie können sich von den Emissionen durch Qualität und Quantität unterscheiden. Stoffe u. a. haben während des Transportvorganges û. U. Veränderungen erfahren (z. B. Vermischung, Verdünnung, Verbindung mit anderen Stoffen), so daß auch eine akzeptorbezogene Betrachtung erforderlich ist (vgl. Kap. 9). Durch diese Unterscheidungen wird es möglich, Ansatzpunkte für sinnvolles, effektives und differenziertes Vermeidungs- und Reduzierungshandeln zu finden.

Ferner gehört es zu einer realistischen Analyse, unterschiedliche **Fälle** des Auftretens von Auswirkungen des Deponiesystems zu unterscheiden, um die Bedeutung des Problems zu erkennen und gezielte Maßnahmen ergreifen zu können.

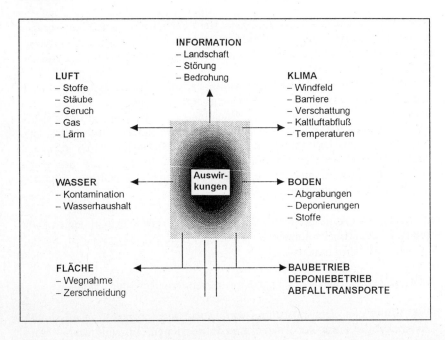

Abb. 8.1: Zuordnung von Auswirkungen zu Pfaden

Nach Kapitel 1 sollen folgende Fälle unterschieden werden:
- Normalfall
- Ausfall
- Störfall,
- Unfall.

Die Unterscheidung gelingt nicht immer, ist manchmal willkürlich bzw. sehr aufwendig. Außerdem kann sie sich in der zeitlichen Entwicklung ändern, wenn z.B. beim Ausfallen der künstlichen Dichtung der Störfall zum Normalfall wird, wenn nicht repariert wird (werden kann). Hilfsweise kann daher gröber unterschieden werden in den bestimmungsgemäßen Normalfall (einschl. üblicher Ausfälle) und in alle übrigen davon abweichenden Fälle als Extremfälle.

Schließlich ist es noch erforderlich, das Auftreten der Auswirkungen in der **Zeit** zu beschreiben. Dies soll durch die Unterscheidung nach den Phasen Bau/Betrieb und Kontrollbetrieb berücksichtigt werden.

In der nachfolgenden Gliederung wird nach den **Transportmedien/Pfaden** unterschieden, auf denen Gefahren und sonstige Beeinträchtigungen die Betroffenen erreichen können (vgl. Abb. 8.1). Die aufgeführten Emissionen bzw. Emissionsgründe sind als Beispiele zu verstehen. Sie ersetzen nicht eine standortbezogene quantitative Risiko- und Störfallanalyse im Planfeststellungsverfahren.

Da das planmäßige Ziel dieses Deponiekonzeptes weitgehend die "Nicht-Emission" ist, ist das Heranziehen von Altlastenerfahrungen nur als erste Näherung zu sehen. **Statt dessen muß mehr getan werden, um die Prognostik über Auswirkungen von Deponien zu verbessern.**

8.1   FLÄCHE / RAUM

Zeitliche Entwicklung der Flächenbeanspruchung

Die Deponie samt infrastrukturellen Einrichtungen nimmt auf fast jeder Standortfläche die ganze zur Verfügung stehende Fläche ein; der Flächenbedarf kann teilweise noch darüber hinaus gehen. Bis dahin vorhandene Nutzungen müssen aufgegeben werden.

Diese zunächst hundertprozentige Flächenbeanspruchung wird sich mit der Zeit vermindern (vgl. Abb. 8.2). Nach Abschluß der Betriebsphase, nach Bau der Oberflächenabdichtung und entsprechender Begrünung wird die Fläche zumindest eingeschränkt nutzbar sein. Durch entsprechende Gestaltung kann sowohl die Störung des Landschaftsbildes als auch die Barrierewirkung für Tiere vermindert werden.

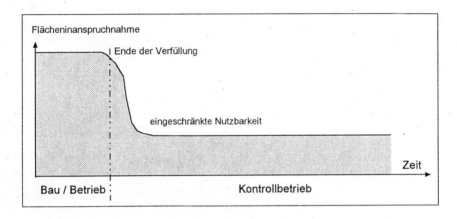

Abb. 8.2: Zeitliche Entwicklung der Flächeninanspruchnahme und der Zerschneidungswirkungen durch eine Deponie (Prinzip)

Zeitliche Entwicklung der Landschaftsveränderung

Die Veränderungen durch die Anlage einer Deponie sind einer zeitlichen Entwicklung unterworfen. Ihre Wirkung auf das Landschaftsbild beginnt schon mit dem Abräumen der Fläche bei Baubeginn und der Errichtung einer Halle, unter deren Schutz die Abfälle abgelagert werden. Mit zunehmender Betriebsdauer erreicht die Deponie allmählich ihre Endhöhe. Nach Abschluß der Ablagerung von Abfällen werden mit der Demontage der Halle und der bestehenden Gebäude einige landschaftsfremde Elemente beseitigt. Das Aufbringen von Pflanzsubstrat und die Begrünung vermindern den Eindruck eines landschaftsfremden Deponiebauwerkes. Allerdings bleibt auch danach der Deponiehügel ein Fremdkörper Die ursprüngliche Qualität des Landschaftsbildes kann auch durch eine optimierte Rekultivierung nicht mehr erreicht werden (Abb. 8.3).

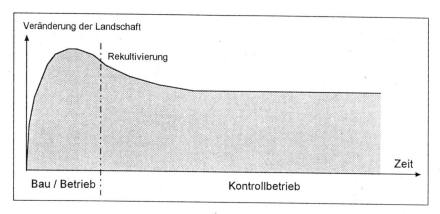

Abb. 8.3: Zeitliche Entwicklung der Landschaftsveränderung durch eine Deponie (Prinzip)

8.2 KLIMA

Eine obertägige Deponie verändert das Relief, in der Regel auch das Boden-substrat und die Vegetation. Hierdurch wird nicht nur im eigentlichen Bereich des Deponiekörpers, sondern auch in der näheren Umgebung das örtliche Kli-ma verändert oder zumindest beeinflußt. Je nach Größe des Haldenkörpers, seiner Lage im Relief, seiner Höhe über Geländeniveau und der Hangneigung der Deponie können in Abhängigkeit von den lokalklimatischen Verhältnissen am Standort, über die zum Zeitpunkt der Planung und Standortsuche keine Da-ten vorliegen, Auswirkungen auf die klimatologischen Bedingungen auftreten. Da praktisch kaum Untersuchungen zu Deponien vorliegen, müssen Erfahrun-gen aus anderen Bereichen herangezogen werden (z. B. Bergehalden):

- Die Ableitung der Auswirkungsbereiche und die Festlegung der Wirkungs-reichweiten orientiert sich an den vergleichbaren Untersuchungen wie z.B. zur geplanten Hafenschlickdeponie in Francop (ARBEITSGEMEINSCHAFT FRANCOP 1986) und an Untersuchungen des Kommunalverbands Ruhr-gebiet zu klimatischen Veränderungen an Bergehalden im Ruhrgebiet (HORBERT/SCHÄPEL 1986).
- Aufgrund fehlender mikroklimatischer Messungen für die unmittelbaren Be-reiche der Standortflächen können bezüglich der Windrichtungsverhältnisse Ergebnisse von benachbarten Meßstationen auf die Standortflächen übertra-gen und abgeschätzt werden.

Kleinklimatische Effekte sind praktisch irreversibel und können nur modifiziert werden, z.B. durch die Art der Begrünung. Den zeitlichen Verlauf stellt summarisch Abbildung 8.4 dar.

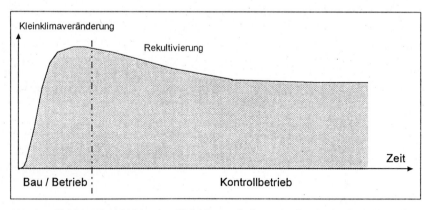

Abb. 8.4: Zeitliche Entwicklung von Kleinklimaveränderungen durch eine Deponie (Wind, Feuchte, Temperatur ...) (Prinzip)

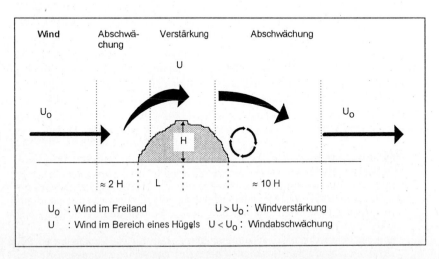

Abb. 8.5: Windfeld im Bereich eines Hügels (nach HUNT/SIMPSON 1982, aus SCHMIDT-LÜTTMANN u. a. 1992, S. 114)

BARRIEREWIRKUNG DER HALDE

Die Halde kann in Abhängigkeit von ihrer Stellung im Relief gegenüber potentiell vorhandenen Kaltluftströmen oder durch ihre mögliche Lage in sog. Frischluftschneisen oder Ventilationsbahnen ein Hindernis darstellen, die Ströme aufstauen oder umlenken. Eine Veränderung der bioklimatischen und lufthygienischen Situation im unmittelbaren Strömungsschatten der Halde kann die Folge sein.

An größeren Bergehalden im Ruhrgebiet konnte dieser Effekt nachgewiesen werden (vgl. HORBERT/SCHÄPEL 1986; LOHMEYER/PLATE 1986). Eine Übertragbarkeit dieser Ergebnisse ist allerdings aufgrund der geringeren Größe der Deponie gegenüber den Großbergehalden im Ruhrgebiet nur begrenzt möglich. Beurteilungsrelevant wäre beispielsweise die Empfindlichkeit anliegender Nutzungen (z. B. landwirtschaftliche Sonderkulturen).

VERÄNDERUNGEN DES WINDFELDES

Im Luv- und im Lee-Bereich ist eine Windabschwächung zu erwarten, die sich im Lee bis zu einer Entfernung der 10-fachen Hindernishöhe erstrecken kann. Bei Hangneigungen zwischen 1 : 2 und 1 : 3 kann es in Lee zu Wirbelablösungen kommen (HUNT/SIMPSON 1992). Im Gipfelbereich über der Kuppe kommt es zur Verstärkung des Windes. An der jeweiligen Luv-Oberkante ist die Windgeschwindigkeit stark erhöht, über der Bergkuppe wird sie mit zunehmender Höhe wieder geringer. Eine Windreduktion ergibt sich in Luv am Fuße des Hanges und in Lee am ganzen Hang. Sie ist in Lee deutlich größer als in Luv (SCHMIDT-LÜTTMANN u. a. 1992; vgl. Abb. 8.4). Untersuchungen an Bergehalden im Ruhrgebiet (LOHMEYER/PLATE 1986) haben das bestätigt (s. dazu Abb. 8.5).

Aus Untersuchungen zur Erweiterung der Hafenschlickdeponie in Francop (ARBEITSGEMEINSCHAFT FRANCOP 1986) geht hervor, daß die Größe der Deponie und die damit zusammenhängende Hangneigung entscheidende Auswirkungen auf das Ausmaß der Windreduktion haben. So wurde für eine Planungsalternative mit 35 m Höhe (Hangneigung 1 : 8) der theoretische Wert von 20 % (Reichweite 200 m bis 10 %), für die Alternative mit 80 m Höhe (Hangneigung 1 : 3) der Wert von 60 % (Reichweite 1200 m bis 10 %) für die Reduzierung der Windgeschwindigkeit gegenüber der Standardgeschwindigkeit ermittelt. Relevant ist dieser Auswirkungsbereich im Windschatten des Deponiekörpers. Eine Windreduktion kann dort zu einer Erhö-

hung potentiell vorhandener bodennaher Immissionskonzentration wegen
fehlender Durchmischung führen.

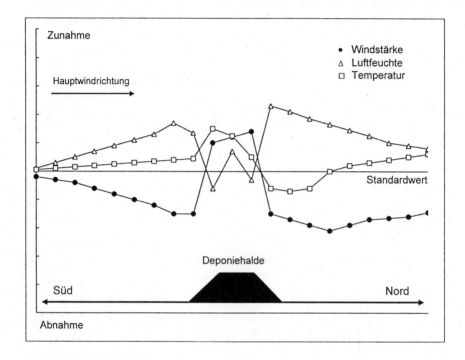

Abb. 8.6: Veränderung der Klimaverhältnisse in der Haldenumgebung (nach klimatischen
Untersuchungen des Kommunalverbandes Ruhr - KVR an Bergehalden)

Die Erhöhung der Windgeschwindigkeit auf der Deponiespitze sollte bei der
Anlage der Rekultivierungsschicht berücksichtigt werden, um etwaige Schä-
digungen der Bepflanzung und Erosion durch Wind vorzubeugen
(Häufigkeitsverteilung der Windrichtungen zu erfragen bei den regionalen
Wetterämtern).

EINSTRAHLUNGSUNTERSCHIEDE UND SCHATTENWIRKUNG

Die Intensität der Sonneneinstrahlung auf den Deponiekörper ist abhängig
von der Hangneigung; je steiler die Hangneigung, desto höher ist die Einstrahlung am Südhang gegenüber der Horizontalfläche und desto niedriger die

Einstrahlung am Nordhang. Im Sommer sind die Verhältnisse ausgeglichener, im Winter werden die Unterschiede durch den niedrigen Sonnenstand größer.

Bei den Untersuchungen der ökologischen Risiken der geplanten Hafenschlickdeponie Francop (a. a. O.) kam die Gutachtergruppe zu dem Ergebnis, daß sich die Einstrahlungsintensität bei der Planungsalternative mit der Hangneigung 1 : 8 am Südhang um 13 % erhöht und am Nordhang um 18 % verringert, für die Planungsalternative mit der Hangneigung 1 : 3 erhöht sie sich am Südhang um 46 % und verringert sich um 60 % am Nordhang.
Eine weitere mögliche Beeinträchtigung ist die Schattenwirkung der Deponie. Man kann von einer merklichen Schattenwirkung bis zum zweifachen der Höhe des Deponiekörpers ausgehen. Zu prüfen wäre hier die Empfindlichkeit möglicher Biotopstrukturen im Randbereich der Deponie.

Schließlich ist noch die Besonnung deponienaher Bereiche zu beachten. Die Deponie schirmt die tiefstehende Sonne bestimmter Jahreszeiten ab, so daß sich ggf. für Anwohner eine Verkürzung der Tagessonnenscheindauer ergeben kann. Dieser Nachteil ist berechenbar (vgl. BEIDATSCH 1974).
Lärmschutzwälle am Rande des Deponiegrundstückes hätten aber möglicherweise diesbezüglich eine noch größere Wirkung.

KALTLUFTABFLUSS VON DER DEPONIEOBERFLÄCHE

Die auf der Deponieoberfläche produzierte Kaltluft fließt gleichmäßig nach allen Seiten ab. Die abfließende Kaltluft kann im Zusammenwirken mit der Windreduktion an der Lee- und an der Luvseite zu Temperaturabsenkungen und erhöhter Frostgefahr führen (zur Beachtung für sensible landwirtschaftliche Nutzungen). Insbesondere können in angrenzenden Kessellagen sog. Kaltluftseen auftreten.

Im Zusammenwirken mit der Windreduktion kann es zu einer zusätzlichen Stabilisierung bodennaher Luftschichten kommen und somit zur erhöhten bodennahen Immissionskonzentration (vgl. ÖKO-INSTITUT u. a. 1992, S. 43); veränderte Temperatur- und Luftfeuchtigkeit begünstigen erhöhte Nebelbildung.

In der Francop-Untersuchung (s. o.) hat man Reichweiten von 200 m (Planungsalternative 35 m Höhe) bis 1300 m (Planungsalternative 80 m Höhe) festgestellt. Der Umfang der abfließenden Kaltluft kann jedoch durch geeignete Bepflanzung der Deponieoberfläche erheblich verringert werden.

8.3   LUFT

STOFFE / STÄUBE

Normalfall

- Emissionen durch Bau und Betrieb
- Bautransporte
- Abfalltransporte, außer bei generell geschlossenen Transporteinrichtungen
- Umladen von Abfall (betrifft bei geschlossener Halle ausschließlich Deponiebeschäftigte)
- Einbau der Abfälle (betrifft bei geschlossener Halle ausschließlich Deponiebeschäftigte).

Extremfall

- Undichtigkeiten der Einbauüberdachung durch Herstellungsfehler bei nicht ausreichend verfestigtem Abfall
- Einbau von nicht geeignetem und nicht zugelassenem Abfall
- Unfälle bei Abfalltransporten und nicht ausreichend verfestigtem Abfall
- Unwirksamkeit der Überdachung, z. B. bei starkem Wind, Brand, Explosion, Flugzeugabsturz u. a.. Zusätzlich muß mit herumfliegenden Hallendachteilen und Verwehungen von Abdeckmaterial der Halde gerechnet werden.

Zeitliches Auftreten

Mit Baubeginn werden Baustellen- und Transportverkehr zu Emissionen führen, die sich als Immission besonders im Nahbereich auswirken werden. Mit dem Bau der Hallenkonstruktion würde sich ein Teil der stofflichen Emissionen (Stäube beim Ablagern) in den Innenraum verlagern, so daß Immissionen im Nahbereich im Normalfall nicht zu erwarten sind. Abfalltransport- und Bauverkehr bleiben als Immissionsursache während der gesamten Betriebsdauer erhalten. Ohne luftseitige Sicherung sind Stoff- und Staubbelastungen nahezu unvermeidlich.

Nach Ende der Ablagerung wird sich die Immissionsbelastung verringern. Später kommen allenfalls Immissionen durch Reparaturen in Betracht. Die Wahrscheinlichkeit und Bedeutung von Extremfällen kann hier nicht abgeschätzt werden. Sie muß einer Risiko- und Störfallbetrachtung vorbehalten bleiben. Diese zeitliche Entwicklung gilt im Prinzip auf für Lärm (vgl. Abb. 8.7).

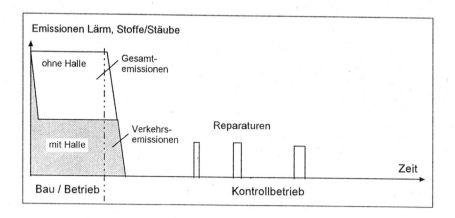

Abb. 8.7: Zeitlicher Verlauf von Lärm und Stoff/Staub-Emissionen - Normalfall - (Prinzip)

LÄRM

Normalfall

- Lärm vom Baustellenbetrieb
- Lärm vom Deponiebetrieb
- Lärm vom Deponiebetrieb außerhalb des Überdachungbereiches
- Lärm von sämtlichen Transporten

Extremfälle

- ohne Überdachung
- bei undichter geschlossener Überdachung

Im Kontrollbetrieb gibt es zeitweise Geräuschentwicklungen durch Reparaturarbeiten. Abbildung 8.7 stellt das Prinzip der zeitlichen Entwicklung dar.

GERUCH/GASE

Normalfall

Es bestehen im wesentlichen zwei Wege der Geruch- und Gasemissionen.
1. Die Emissionen, die den Stoffen anhaften. Dieses Problem kann bei den Transporten und beim Einbau in die Deponie auftreten und ist mit der Verwendung geschlossener Fahrzeuge und einer geschlossenen Halle für den Einbaubereich zu beherrschen.
2. Die Emissionen, die durch Abbauprozesse oder durch Reaktionen der Stoffe untereinander in der Deponie hervorgerufen werden. Durch die drastischen Verringerung der Organikanteile im Abfall entsprechend den Technischen Anleitungen Abfall und Siedlungsabfall soll dies weitgehend reduziert werden. Für die im Betrieb befindlichen Deponien gilt dies jedoch noch nicht in vollem Maße, so daß Gasfassungen betrieben werden müssen.

– Bei Verwendung einer geschlossenen Halle mit Geruchsfiltern in der Hallenlüftung gibt es keine Geruchsemissionen. Maßgebend für die Geruchsbelastung ist die Arbeitsplatzsituation in der Halle selbst.
– Geruchsemissionen bei Ausfallen von Hallenteilen wie Türen, Lüftung, Dachmaterial sowie sonst undicht werdende Überdachung.
– Die Frage der Gasdränung muß im Planfeststellungverfahren gesondert betrachtet werden. Grundsätzlich können Deponiegase und Gerüche in Abhängigkeit von den Abfällen auftreten. Bei Hausmüll alter Art (vor Inkrafttreten der TA Siedlungsabfall) ist Gasentwicklung durch diverse Umwandlungs- und Abbauprozesse die Regel.

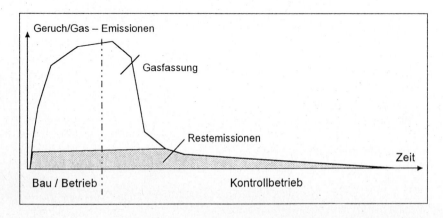

Abb. 8.8: Zeitliche Entwicklung Geruch/Gas- Emissionen bei Hausmüll (Prinzip)

Extremfälle

- Undichtigkeiten der Einbauüberdachung durch Herstellungsfehler.
- Einbau von nicht geeignetem und nicht zugelassenem Abfall.
- Unfälle bei Abfalltransporten
- Unwirksamkeit der Überdachung, z. B. bei starkem Wind, Brand, Explosion, Flugzeugabsturz u. a..
- Ausfälle der Gasfassung / Gasdränung.

Die Gasentwicklung bei Hausmülldeponien erreicht erst nach Ende des Deponiebetriebs ihr Maximum und kann sich kontinuierlich mehrere Jahrzehnte in die Phase des Kontrollbetriebs hineinziehen (Abb. 8.8). Bei Sonderabfalldeponien ist dies so nicht vorhersagbar.

8.4 BODEN

Der Boden tritt hier in doppelter Funktion auf:
einmal als ein Faktor für Auswirkungen direkt - durch Abgrabungen zur Tongewinnung, durch Deponierung auf einer Fläche - und zweitens als Speichermedium für Schadstoffe zur Weiterleitung in die Nahrungskette. Während die Bedeutung des ersten Falles abschätzbar ist, müßten für den zweiten Fall genauere Nachweise erfolgen.

Der Boden selbst ist kein Transportmedium, kann aber transportiert werden. Er ist insofern eine partielle Senke, die durch Prozessoren wie Wasser oder Wind verlagert werden kann bzw. direkt Gegenstand zur Aufnahme von Schadstoffen sein kann (z.B. durch Kinder). Insbesondere schwerflüchtige, persistente und besonders anlagerungsfähige Stoffe verbleiben längerfristig in der Bodenmatrix, während flüchtige und wasserlösliche Stoffe weitertransportiert werden.

Toxisch relevant sind insbesondere die Metalle Arsen, Blei, Cadmium und Quecksilber und bei den organischen Verbindungen - soweit bekannt - polyzyklische aromatische Kohlenwasserstoffe (PAK), polyhalogenierte Dibenzofurane und -dioxine (PCDF/D) und polychlorierte Biphenyle (PCB).

Die Beurteilung von Stoffen in Böden bereitet immer noch Schwierigkeiten, insbesondere, weil Böden kein klassischer Pfad für Stoffe ist. Die Mobilisierbarkeit von Stoffen für die Nahrungskette differiert relativ stark, so daß sich eine nutzungs- bzw. schutzgutbezogene Pfadbetrachtung anbietet, wie sich dies inzwischen aus dem Bereich der Altlasten einbürgert.

Bei Deponien spielt der Boden als Belastungspfad im Prinzip keine direkte Rolle, wenn nicht sehr langfristig sensible Nutzungen wieder an die Deponie heranrücken und mit belasteten Böden im Nahbereich in Berührung kommen.

8.5 WASSER

NORMALFALL

Die für den Problembereich "Wasser" relevanten Auswirkungen der Deponie können folgenden Deponiekomponenten zugeordnet werden:

Deponiebau/ Deponiebetrieb:
– Flächenversiegelung
– Grundwasserabsenkung
– Unfälle mit Grundwasserverunreinigung
– kontaminiertes Sickerwasser
Halde:
– Flächenversiegelung
– kontaminiertes Sickerwasser
und nach Wahrscheinlichkeit des Auftretens geordnet werden, wobei unterstellt wird, daß der Normalfall, d. h. das bestimmungsgemäße Funktionieren der Deponie, der häufigere Fall ist:

Normalfall:
– Flächenversiegelung
– Grundwasserabsenkung
– kontaminiertes Sickerwasser
Extremfall:
– Unfälle beim Transport von Abfällen und kontaminiertem Sickerwasser
– Unfälle während des Deponiebetriebes
– kontaminiertes Sickerwasser.

Flächenversiegelung

Mit Fortschreiten des Deponiebetriebes wird immer mehr Standortfläche über-baut. Mit Beendigung der Verfüllung einzelner Deponieabschnitte und nachfol-gender Rekultivierung setzt mit dem Aufbringen der Oberbodenschicht eine gewisse Entsiegelung ein, bis vor Ablauf der Betriebsphase ein Maximum er-reicht ist. Ein Entsiegelungseffekt ergibt sich durch die Rekultivierung insofern, als die Standortfläche zunehmend dem Naturhaushalt - wenn auch verändert - wieder zurückgegeben wird. Bei vollständigem Funktionieren der Dichtungen gibt es keine Versickerung durch die Deponie hindurch in den Untergrund. Bei Versagen von künstlichen Dichtungen beginnt die Versickerung wieder. Sie er-reicht allerdings durch die Deponie nicht ihr ursprüngliches Maß, weil in den darüberliegenden Schichten, insbesondere der Rekultivierungsschicht, Wasser zurückgehalten und mit Gefälle nach außerhalb der Halde abgeleitet wird. Für eine Grundwasserneubildung scheidet die Haldenfläche allerdings teilweise aus.

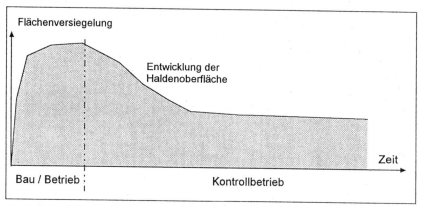

Abb. 8.9: Zeitlicher Verlauf der Flächenversiegelung (Prinzip)

Grundwasserabsenkung

Dieser Fall wird auf baubetrieblichen Abschnitte wie z.B. "Abräumen der quartären Deckschicht" und "Aufbringen der mineralischen Abdichtung bis 1 m über dem höchsten Grundwasserspiegel" bezogen.

Die Deponie entwickelt sich abschnittweise und es wird jeweils nur der Untergrund des nächsten Abschnittes vorbereitet. Dadurch ergibt sich, wenn eine Grundwasserabsenkung erforderlich ist, immer nur eine kurze Absenkungsperiode für das Abräumen der quartären Deckschicht und das Aufbringen der mineralischen Dichtungsschicht. Je nach Mächtigkeit der Deckschicht und Größe des jeweiligen Deponieabschnittes ist die Dauer der erforderlichen Grundwasserabsenkung unterschiedlich. Die Größe des sich einstellenden Absenkungstrichters könnte durch geeignete Maßnahmen klein gehalten werden. Günstig wirkt sich auch eine relativ geringe Durchlässigkeit der quartären Deckschichten aus. Ist diese größer, kann es je nach Tiefe und Dauer der Absenkung sowie Durchlässigkeit der quartären Deckschicht zu Schäden bei Flora und Fauna kommen.

Für den Fall, daß kontaminierte Sickerwässer aus den Deponieflanken austreten und die Deckschicht belastet wird, muß bei Sanierungsmaßnahmen ebenfalls mit einer Grundwasserabsenkung gerechnet werden.

Kontaminiertes Sickerwasser

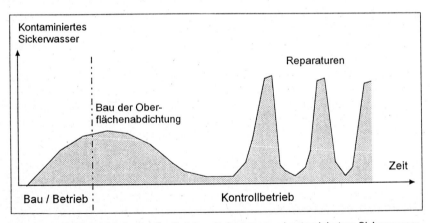

Abb. 8.10: Zeitlicher Verlauf des möglichen Auftretens von kontaminiertem Sickerwasser außerhalb der Dräneinrichtungen (Prinzip)

Dieser Fall kann als (einzelner) Extremfall auftreten, z. B. beim Versagen eines Deponiedichtungselementes oder der Dränung während des Deponiebetriebes. Aus diesem Extremfall kann sich in der Zeit nach Beendigung des

Verfüllbetriebes oder bei sehr weit fortgeschrittenem Verfüllbetrieb ein Normalfall entwickeln, wenn Dichtungen und Dränungen ihre Funktion aufgeben. Abbildung 8.10 beschreibt einen möglichen zeitlichen Verlauf, der allerdings nur das Prinzip umreißt, welches in Kapitel 11 - Gesamtsystem - näher beschrieben wird.

Abflußverhalten und Gewässergüte

Jedes Fließgewässer hat aufgrund der Besonderheiten des Einzugsgebietes eine eigene mehr oder weniger ausgeprägte Charakteristik bzgl. der Niederschlags- und Abflußbeziehungen - dies um so mehr, je kleiner das Einzugsgebiet ist.

Die Veränderung des Abflußregimes kann im Bereich zweier Extreme liegen:
- Dem Gebiet wird Wasser entzogen, z. B. durch Dränung und Ableitung in ein anderes Einzugsgebiet.
- Der Niederschlag auf einer Fläche versickert nicht, wird aufgefangen und stoßweise in den vorhandenen Vorfluter geleitet.

Im ersten Fall wird der durchschnittliche Abfluß verringert, im zweiten Fall werden häufigere Hochwassersituationen und längere Niedrigwasserperioden erzeugt. Beide Fälle können die Standortcharakteristik eines Gewässers verändern, so daß Arten diesen Standort aufgeben müssen.

Durch die Anlage von Niederschlagsauffangbecken sollte der Standortabfluß gesteuert werden, so daß sich dann keine wesentlichen unterschiedlichen Standortbedingungen ergeben. Nach der Rekultivierung wird sich mit dem neuen Landschaftselement Halde auch eine neue Abflußcharakteristik einstellen - abhängig von der Dicke der Rekultivierungsschicht.

Bei einer großen Dicke der Rekultivierungsschicht erhält das Standortgebiet eine ähnliche Wasserspeicherfähigkeit wie vor der Deponie zurück. Allerdings ändert sich das Abflußverhalten etwas durch das vergleichsweise größere Gefälle von der Halde, und es kann zu Vernässungen am Haldenfuß kommen. Solange ein Ringgraben funktionsfähig ist, werden diese Aspekte jedoch nicht in der beschriebenen Weise voll wirksam.

Bei Ausführung der in Kapitel 11.2 vorgeschlagenen konstruktiven Maßnahmen durch Austausch von Material der quartären Deckschicht durch dichtere tonhaltigere Materialien und den Rückhalt des Haldenabflusses tritt dieser Fall nicht ein; der Abfluß von der Halde wird dadurch praktisch völlig unterbunden.

Schließlich behindert die Deponie den Abfluß in der quartären Deckschicht. Die Halde wird auf den relativ wenig durchlässigen Tonschichten gegründet - zusätzlich auf einer künstlich eingebrachten mineralischen Dichtungsschicht - entsprechend den Richtlinien bis zu 1 m über dem höchsten Grundwasser. Dadurch muß das Wasser der quartären Deckschicht den Haldenbereich umströmen, um zur Vorflut zu kommen. Es ergibt sich also ein gewisser Rückstau und es kann auch hier im unmittelbaren Haldenbereich zu Vernässungen kommen. Wie bedeutsam dieses sein kann, müßte in einer detaillierteren Untersuchung ermittelt werden.

EXTREMFÄLLE

Extremfälle sind denkbare Fehler beim Einbau und durch Einwirkungen von außen, z. B. durch nicht konstruktiv berücksichtigte Setzungen des Deponieuntergrundes bzw. durch unerwartet große Setzungen im Abfallkörper. Beschädigungen der Überdachung sind bei extremen Ereignissen nicht auszuschließen. Eine sehr realistische Gefahr ist das Beschädigen der Überdachung durch Sturm, verbunden mit heftigen Regenfällen. Schließlich muß auch an Wasserwegsamkeit durch Baufehler und Inhomogenität im Untergrund und in den künstlichen Dichtungschichten gedacht werden. Zusammen mit guter Wasserwegsamkeit der quartären Deckschichten in der Umgebung der Deponie könnten empfindliche Bereiche sehr schnell von kontaminierten Sickerwässern erreicht werden.

Unfälle beim Transport von Abfällen und kontaminiertem Sickerwasser

Diese Möglichkeit besteht überall entlang des Transportweges, ist also nicht an den Standort selbst gebunden. Unfälle sind überraschende Einzelereignisse die nicht direkt verhindert werden können, deren Eintretenswahrscheinlichkeit aber durch Prophylaxe verringert werden kann. Katastrophenpläne können Auswirkungen mindern.

Wesentlicher Extremfall wäre bei nicht-brennbaren und nicht-explosiven Abfällen ein Unfall mit direktem Eintrag von Schadstoffen in Fließgewässer und Wasserförderbereiche. Dieser Fall hat aber eine sehr geringe Wahrscheinlichkeit, wie die Verkehrspraxis bei Gefahrguttransporten zeigt.

Unfälle während des Deponiebetriebes

Wie bei den Abfalltransporten als Einzelereignisse dargestellt, liegt der wasserwirtschaftlich relevante Unterschied darin, daß die Unfälle auf dem Deponiegelände stattfinden würden und die Gefahren geringer sind, weil vorausgesetzt wird, daß der Standort u. a. wegen seiner grundwasserschonenden Eigenschaften ausgewählt wurde. Darüber hinaus können am Standort Sicherheitsvorsorgemaßnahmen in größerem Maße vorgenommen werden, als dies bei Transporten möglich ist.

Zeitliches Auftreten

Es lassen sich verschiedene große Unfallereignisse definieren und in einer detaillierten Risikostudie auch deren Eintretenswahrscheinlichkeit abschätzen. Diese Schadensfälle können in Bezug auf den Wassereintritt jedoch durch sofortige Maßnahmen in ihrer Wirksamkeit eingeschränkt werden (Erstellen von Katastrophenplänen etc.).
Die größere Gefahr liegt in der zeitlichen Entwicklung und den darin kontinuierlich ablaufenden Prozessen.
Wenn nach 30 bis 50 Jahren mit dem Ausfallen technischer Dichtungen gerechnet werden kann (Erfahrungen liegen noch nicht vor), ist nach weiterer Jahren der Abfallkörper teilweise mit Wasser eingestaut, welches sich in den Deponieuntergrund und - vorrangig - in die Deponieflanken ausbreitet. Detaillierte Untersuchungen unter Verwendung von Ausbreitungsrechnungen müssen dies näher abklären.

8.6 INFORMATION / WAHRNEHMUNG

Es dürfte unstreitig sein, daß durch Planung und Betrieb einer Deponie und durch die fertige Halde mehr ausgelöst wird, als ein umweltbezogenes Problem. Wahrgenommen wird die Deponie nicht nur durch meßbare Größen wie Staub- oder Geräuschemissionen, sondern auch dadurch, wie in einem Planungsprozeß mit betroffenen Bürgern verfahren wird, wie offen die Planung ist, wie abschätzbar und vollständig die Informationen sind.
Aber auch wenn alles bekannt ist, entwickeln sich mehr oder weniger begründete Ängste vor einer Bedrohung durch die Deponie, den Betrieb und den Kontrollbetrieb.

Diese Phänomene werden heute oft dem Begriff "Sozialverträglichkeit" (MEYER-ABICH) zugeordnet und haben bisher weitgehend einer wissenschaftlichen Bearbeitung widerstanden. Es existieren noch keine "Modelle und Kriterien der Zumutbarkeit, die ... Vorstellungen wünschbarer Umweltqualität zu identifizieren und zu beschreiben" (GILLWALD 1983, S. 11).

Bestritten wird indes nicht, daß es psychosoziale Probleme gibt, die im Gefolge umweltrelevanter und technologischer Veränderungen auftreten. Das inzwischen abgeschlossene Landesprogramm von NRW "Mensch und Technik - Sozialverträgliche Technikgestaltung" hat dies bewiesen.

Die technische Anlage Deponie gibt durch ihre Gefahrenpotentiale Informationen an die Umgebung ab, die von den Anwohnern als latente Bedrohung empfunden werden können (dies beweisen die Bürgerinitiativen, die im Bereich der jeweiligen Standortalternativen tätig sind). In der Planung sollten darüber hinaus Fragen möglicher Einschränkungen des Lebensstils, die mögliche Beeinträchtigung der Option für eine freie Gestaltbarkeit der Zukunft, der Verlust von Heimat und die Veränderung der vertrauten Landschaft ebenso ernst genommen werden wie meßbare Emissionen.

Psychologische und sozial relevante Emissionen sind z. Z. praktisch nicht meßbar, sondern in ihrer Wahrnehmbarkeit auf der Seite der Betroffenen konkretisierbar. Daher erfolgt die Behandlung dieser Fragestellung in den Kapiteln 9.

8.7   ZUSAMMENFASSUNG UND STEUERUNGSMÖGLICHKEITEN

Da dieses Kapitel selbst zusammenfassenden Charakter hat, weil Problembereiche, die in den Kapiteln 5.2 - 5.6 untersucht wurden, hier erfaßt sind, sei hier vorrangig auf Steuerungsmöglichkeiten hingewiesen. Sie betreffen die Minimierung der Auswirkungen über Luft, Wasser, Boden und Information.

LUFT

Hier kann mit technischen Maßnahmen relativ viel erreicht werden.

Normalfall -

- geräusch- und abgasarme Fahrzeuge
- geschlossene Fahrzeuge
- geschlossene Halle im Einbaubereich
- geschlossene Gebäude dort, wo mit Abfällen umgegangen wird
- verfestigte Abfälle
- Abfälle, die keine Gase bilden
- Immissionsschutzmaßnahmen

Extremfälle

Für die aufgeführten Schadensfälle besteht die Möglichkeit, durch schnelles Handeln (z. B. nach Notfallplänen) Gefahren gering zu halten.

WASSER

Der Wasserpfad ist langfristig der wichtigste Emissionspfad. Wenn - wie beschrieben - durch das Unwirksamwerden von Dichtungen der Extremfall zum Normalfall wird, also das Umschließungsprinzip zum Verdünnungsprinzip wird oder wenn Wasserwegsamkeiten durch Kombinationen von Baufehlern und Materialinhomogenitäten vorkommen, helfen nur "ewige" Kontrollen, Reparaturen oder eine immissionsbezogene Reduzierung der Gefahrenpotentiale der Abfälle. Rein apparativ-technische Maßnahmen allein reichen auf Dauer nicht aus.

Dies ist natürlich nur eine qualitative Aussage. Versuche der Quantifizierung, auf denen konkrete konstruktive und organisatorische Maßnahmen aufbauen können, müssen nachfolgenden Verfahrensschritten vorbehalten bleiben. Hier sind vor allem Ausbreitungsrechnungen zu nennen, um auch quantitativ eine Beurteilungsmöglichkeit von Gefährdungen zu erhalten.

BODEN

Eintrag von Schadstoffen erfolgt über Wasser und Luft. Die Probleme, die sich durch Abgrabung zur Tongewinnung und durch Deponierung von Material der quartären Deckschicht ergeben können, brauchen hier nicht näher behandelt zu werden.

Steuerungsmöglichkeiten bestehen in der Wahl eines Deponiegeländes auf
dem beides stattfinden kann und in dem Prinzip der Minimierung von schädlichen Auswirkungen auf die Umwelt.

INFORMATION

Wenn vorausgesetzt wird, daß die Deponie selbst nicht zu vermeiden ist, geht
es auch hier um die Minimierung der Auswirkungen. Diese können nicht allein durch Technik, sondern wahrscheinlich nur zusammen mit den Betroffenen erreicht werden (s. dazu Kap. 9).

Insgesamt sind die Grundlagen zur Beschreibung und Quantifizierung von
Deponieauswirkungen extrem unbefriedigend. Die vorliegenden Richtlinien
(insbes. TA Abfall/Siedlungsabfall) beschreiben lediglich bauliche und betriebliche Idealfälle und vermitteln die Hoffnung, daß damit Belastungen von
Menschen und Umwelt nicht auftreten werden bzw. tragbar sind. Selbst für
diese Idealfälle gibt es aber keine Musterberechnungen über Art und Größe
von Emissionen. Es muß daher noch erheblich mehr getan werden, um die
Prognostik über Deponien zu verbessern. Mit der Definition des Standes der
Technik ist eine - noch sehr unsichere - Grundlage dafür gegeben.

Dies ersetzt natürlich nicht die standortbezogenen Nachweise für konkrete
Planungsfälle, und diese müssen bei Bau und Betrieb durch Emissions- und
Immissionsmessungen kontrolliert werden.

9   BETROFFENE

Die für einen Standortvergleich, eine Standortentscheidung bzw. eine Standortüberprüfung heranzuziehenden Sachverhalte können aus den Problembereichen
-   **Bebauung**
-   **Wasserwirtschaft**
-   **Naturhaushalt / Landschaftspflege**
-   **Verkehr**
-   **Freiraumnutzung und**
-   **Geologie**

gewonnen werden und folgen nicht den verschiedenen Auswirkungen der Deponie. Das hat den Vorteil, daß die Betrachtung weitgehend nachvollziehbar aus der Sicht von Betroffenen bzw. Betroffenengruppen im Zusammenhang dargestellt werden kann (z. B. für Anwohner im Problembereich "Bebauung").

Die Problembereiche werden grob strukturiert und zur Beschreibung der Struktur werden Kriterien ermittelt, an denen sich Auswirkungen der Deponie erkennen und beschreiben lassen (vgl. z. B. Abb. 9.1). Die Untersuchung erfolgt auf der Ebene der Kriterien. Wie sich die Kriterien in jeweiligen strukturellen Teilbereichen und im gesamten Problembereich gruppieren und mit welchem Gewicht sie dort eingehen, unterliegt Werturteilen, die vom Gutachter nicht vorgenommen werden (vgl. Kap. 9.3). Wie dargelegt, werden die Kriterien vorrangig für den Normalfall (Normalbetrieb und Ausfälle) untersucht. Extremfälle (Störfälle, Unfälle) werden, soweit sinnvoll und ohne genauere Störfallanalyse möglich, berücksichtigt.

Mit den o.g. Bereichen ihnen kann das Umfeld der Deponie ziemlich vollständig beschrieben werden. Sie können jedoch nicht im eigentlichen Sinne betroffen sein, sondern es sind diejenigen Menschen, die diesen Bereichen einen Wert beimessen.

Wenn also von Betroffenheit gesprochen wird, ist dies vor allem eine Frage des Maßstabes, der Zumutbarkeit, falls es nicht exakt definierte Kriterien gibt, die diese Frage beantworten; aber selbst diese Kriterien müssen häufig erst gesellschaftlich anerkannt werden.

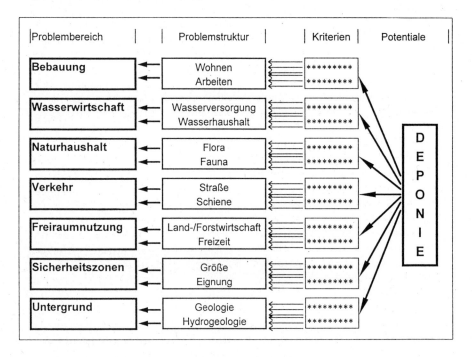

Abb. 9.1: Problembereich und Problemstruktur

Verwaltungsrechtlich ist Betroffenheit relativ leicht zu fassen. Sie wird beschrieben als "geltend gemachte bzw. erfolgte Verletzung eines subjektiven Rechts des Klägers" (BREUER, zit. n. RAMMSTEDT 1981, aus: DECKER u. a. 1990) in einer juristischen Auseinandersetzung, in der aus Gründen der Rechtssicherheit die Werte und Maßstäbe zumindest in Grundzügen vorliegen.

In der Deponieplanung kennt man jedoch kaum solche eindeutig zu benennenden Fakten bzw. rechtlichen Grundlegungen oder gesellschaftlichen Übereinkünfte, denn Ausschlußkriterien wie Wasserschutzgebiete, zusammenhängende Bebauung, Naturschutzgebiete u. a. wurden als wesentliche "Werte" bereits früh im Verfahren berücksichtigt (vgl. STOLPE/VOIGT 1996). Daher geht es hier zunächst darum, die Sichtweise möglicher Betroffenheit zu diskutieren und zu benennen, wer die Maßstäbe für Betroffenheit setzen könnte und welche das sein könnten.

In der unserer Gesellschaft eigenen anthropozentrischen Weltsicht ist als End-Akzeptor von Gefahren und Beeinträchtigungen und derjenige, der Maßstäbe dafür nennt und an dem sich die Maßstäbe für Betroffenheit orientieren, natürlich der Mensch. Diese Feststellung ist jedoch trivial und ignoriert, daß Menschen aufgrund ihrer naturgeschichtlichen Entwicklung in der Lage sind, ihre Umwelt verschieden zu reflektieren und deshalb nicht mit gleichartigen feststehenden Ansprüchen an diese herantreten.

Daraus folgen ganz unterschiedliche Interessenlagen in der menschlichen Gesellschaft, die von der elementaren Daseinsvorsorge (Leben, Gesundheit) über verschiedene und zum Teil divergierende Nutzungsansprüche bis zu Überlegungen zum Eigenrecht der Natur reichen. Das heißt, daß bei Fehlen von eindeutigen Grenzwerten und Wertmaßstäben die Gesellschaft oder Teile davon gerade bei der Umweltverträglichkeit von Fall zu Fall über Maßstäbe und Zumutbarkeit **entscheiden** muß.
Es sind daher als potentielle Betroffene einer Deponie die in Tabelle 9.1 aufgeführten gesellschaftlichen Interessenkonstellationen zu beachten.

Tab. 9.1:   Interessenkonstellationen potentiell Betroffener einer Deponie

Menschen	Ernährung, Wohnen, Arbeiten, Freizeit, Erholung, Naturschützen, Tiefflugübungen machen etc.
Ökosysteme	Spannungsfeld zwischen dem Erfordernis, den Naturhaushalt für gesellschaftliche und menschliche Bedürfnisse aufrecht zu erhalten und dem Eigenrecht der Natur
Umweltmedien	Wasser, Boden, Luft als Grundlage des Naturhaushaltes und zur direkten gesellschaftlichen Nutzung
Landschaft	strukturelle Basis für Ökosysteme, Lebensraum und Wahrnehmungsinteressen von Menschen

Aus dieser Übersicht wird erkennbar, wie mehrdeutig die Diskussion von Betroffenheit wird, wenn es keine eindeutigen Maßstäbe gibt.
Solche Maßstäbe könnten z. B. sein:
–   Grenzwerte für Lärm,
–   Toxizität von Immissionen,
–   Mindestarealgrößen von Biotopen und Arten,
–   definierte unverträgliche Störungen der Landschaftswahrnehmung usw.

Über diese Bereiche gibt es Erkenntnisse und Vermutungen unterschiedlicher Konkretheit und Genauigkeit, die selbst dann, wenn klar definierte Grenzwerte nicht überschritten, von Menschen unterschiedlicher Befindlichkeit verschieden wahrgenommen werden. Deshalb sind auch normierte Grenzwerte letztlich gesellschaftliche Setzungen über Erträglichkeit und Zumutbarkeit z. B. von technischem Fortschritt allgemein und dessen speziellen Auswirkungen im besonderen.

Die Wissenschaft stößt hier noch weitgehend an Grenzen und kann häufig bestenfalls Tendenzen der Art angeben: "mehr von dieser Belastung ist schlechter für den Belasteten", wenn es sich nicht um so eindeutige Fälle wie die physische Vernichtung von Biotopen etc. handelt (über deren Wert allerdings auch keine Einigkeit bestanden haben muß).

Wir sind es gewohnt, vorrangig erkennbare Wirkungen mit offensichtlichen Ursachen zu verknüpfen und diese Kausalität insbesondere dann ernst zu nehmen, wenn sie zeitlich erkennbar zusammengehören. Mit zunehmender Vernetzung und Komplexität von Umweltsystemen ist dieses Ursache-Wirkung-Schema häufig nicht mehr so eindeutig gegeben. Die unter Kapitel 5.5 aufgeführten Beispiele für die Erfahrungen mit Sonderabfalldeponien machen die Schwierigkeiten der kausalen Zuordnung von Ursachen und (vermuteten) Wirkungen deutlich.

Hinzu kommt, daß es neben den möglichen zusätzlichen Belastungen durch Schadstoffe im Zusammenhang mit neuen Anlagen auch eine Grundbelastung aus Stoffeinträgen durch Niederschläge z.B. von jährlich 350 kg/ha mit anorganischen Stoffen gibt. Darin sind etwa 0,4 - 2 kg/ha/Jahr Schwermetalle (ohne Fe und Mn) enthalten (SCHEFFER/SCHACHTSCHABEL 1989, S. 308). Zusätzlich reichern sich Schwermetalle in den Randstreifen von Straßen an; mit zunehmender Entfernung nehmen die Schwermetallgehalte ab (etwa nach 100 m werden wieder die ursprünglichen Werte gemessen). Schwermetalle werden aber auch durch die direkte Bodennutzung eingetragen. Schon der Betrieb einer ordnungsgemäßen Landwirtschaft kann zu erhöhten Schwermetallbelastungen von Böden und auf Dauer zu Überschreitungen von Grenzwerten führen, z. B. durch Dünger, Saatgutbeize oder Pflanzenschutzmittel.

Daß Schadstoffe nicht nach Einzelstoffen getrennt betrachtet werden sollen, sondern auch ihr Zusammenwirken zu berücksichtigen ist, führt zu der Aussage:
"Es wird kaum mehr von den Experten bezweifelt, daß weitaus die meisten Krebskrankheiten durch Umweltfaktoren ausgelöst werden, die entweder als 'Kanzerogene' direkt an der Einzelzelle angreifen und diese zu einer Krebszel-

le mutieren oder durch eine funktionale Störung des außerordentlich empfindlichen Immunsystems, das uns bekanntlich vor Infekten und der Ausbildung bösartiger Geschwulste schützt. Jedenfalls scheinen speziell bei der Entstehung von Krebskrankheiten chemische Gifte und niedrig dosierte Radioaktivität synergistisch zu wirken." (BEGEMANN 1990).

Aber auch über diese stoffliche Vorbelastung eines Raumes - wenn sie überhaupt bekannt ist - gibt es unterschiedliche Interpretationen und Auffassungen, die Gegenstand gesellschaftlicher Auseinandersetzungen sein können.
Über die Einbindung dieses Punktes in Standortsuch- und
-überprüfungsverfahren sei auf STOLPE/VOIGT 1996 verwiesen.

9.1   PLANUNGSPROZESS

Die Beispiele am Ende des vorangegangenen Abschnittes zeigen, daß Zumutbarkeit und Verträglichkeit auch eine Frage nach der gesellschaftlichen Auseinandersetzung sein kann. Eingangs von Kapitel 9 wurde angeführt, daß die
Sichtweise von Betroffenen und die Zumutbarkeit von Betroffenheit noch zu
ermitteln ist. Daraus kann der Schluß gezogen werden, daß Zumutbarkeit
beim jeweiligen Planungsstand eine Frage der gesellschaftlichen Auseinandersetzung darüber ist, welche Maßstäbe in der Situation konkret vor Ort angesetzt werden sollen.

Diese Auseinandersetzung, die zu einer Entscheidung führen muß, weil Abfälle untergebracht werden müssen, erfordert deren Organisierung. Sie sollte
überwiegend und systematisch dann stattfinden, wenn die Entscheidungsspielräume noch am größten sind, d. h. in der Zeit **vor** Bau, Betrieb und Kontrollbetrieb der Anlage. Es ist damit also auch eine Frage der Gestaltung von
Planungsprozessen, wie diese Maßstäbe entwickelt werden.

Planungsprozesse können, wie dies schon in Kapitel 8 angesprochen wurde,
nach Kriterien gemessen werden, wie sie als Beispiel in Tabelle 9.2 aufgeführt sind. Je restriktiver Planungsprozesse gehandhabt werden, desto stärker
ist in vielen Fällen auch der Widerstand der Betroffenen.

Untersuchungen zeigen, daß praktisch gegen alle Planungen im Abfallbereich
(seit 1977) Widerstand geleistet wurde (MÜLLER/HOLST 1987) und wird,
wie die derzeitge Praxis zeigt.

Tab. 9.2: Kriterien für Planungsprozesse und Verwaltungshandeln

Information	vollständig geheim	-	vollständig offen
Entscheidungen	nicht nachvollziehbar	-	nachvollziehbar
Einflußnahme	an keiner Stelle	-	überall möglich
Mitwirkung	nicht möglich	-	ständig möglich
Verwaltungshandeln	abweisend	-	entgegenkommend
Gutachtertätigkeit	abhängig	-	unabhängig
Bürgerberatung	keine	-	ständig
Kontrollen	nicht möglich	-	möglich
etc.		-	

Träger des Widerstandes sind überwiegend:
- direkt betroffene Bürger,
- betroffene Gemeinden,
- Träger öffentlicher Belange (z.B. der Naturschutz).

Gründe für den Widerstand können sein:
- Ängste vor möglichen/vermuteten Folgen aus der neuen Anlage,
- gestiegenes Umweltbewußtsein,
- **Planung** / demokratische Gründe / mangelnde Offenheit,
- illegales Handeln, d. h. die Befürchtung, daß sich einige nicht an die Bestimmungen und Auflagen halten und dadurch viele gefährden (s. auch Kap. 5),
- St. Florians- und Ökochonder-Prinzip.

Dabei steckt die Planung selbst in einem Dilemma, denn durch technisch-ökonomische Probleme wie die Verschärfung der Umweltschutzanforderungen (z. B. in Bezug auf Abdichtungen, Sickerwasser, Entgasung) werden die Anlagen teurer und geeignete Standorte rarer. Zersiedelung der Landschaft und Nutzung der Freiflächen (Freizeit, Naturschutz) verknappen das Flächenangebot weiter.

Zur **Planung** werden nachfolgend Gründe des Widerstandes näher erklärt; die anderen oben genannten Gründe erklären sich weitgehend selbst.

1. **Räumliche Dimension**
Aufgrund der o. g. technisch-ökonomischen Engpässe besteht die Tendenz zur Zentralisierung, d. h. betroffene und begünstigte Personenkreise fallen immer mehr auseinander (z. B. schon bei einer Kreis-Mülldeponie und erheblich stärker im Stadt-Land-Konflikt einer Sonderabfalldeponie - vgl. KNOEPFEL/ REY 1990). Die Folge ist Widerstand der nicht direkt oder weniger Begünstigten.

2. Planungsmethodik

Eindimensionales Vorgehen der Fachplanung: "eine" Lösung wird ermittelt, gutachterlich abgesichert und durchgezogen. Alternativen werden selten ernsthaft geprüft und die Ergebnisse selten an die Öffentlichkeit gebracht.

3. Transparenz

Abfallentsorgungsplanungen sind selten für die Öffentlichkeit zu durchschauen; "geheime Verschlußsache". Öffentlichkeitsarbeit erfolgt nur für die Variante der Verwaltung. Es gibt keine Einsicht in die Unterlagen. In der Verwaltung herrscht die Mentalität "Augen zu und durch". Aber: Auch die Öffentlichkeit reagiert oft erst, wenn Planungen konkret werden (St. Florians-Prinzip).

4. Partizipation

Im Zusammenhang mit mangelnder Transparenz und Öffentlichkeit ist die Planung nur selten partizipativ. Anhörungen von Bürgern sind nur im Planfeststellungsverfahren vorgesehen. Sonst gibt es praktisch keine Möglichkeiten, abweichende Auffassungen einzubringen und durchzusetzen; nur auf dem Klagewege.

5. Sachzwangargumentation

Wegen der o. g. eindimensionalen Planung (end-of-the-pipe) und mangelnder Flexibilität entsteht ein Zeitdruck für die Fachplanung, die ihr selbst jeden Spielraum nimmt, auf Einwände, Fragen und Alternativen zu reagieren. Dies erzeugt ein unsachliches Klima, während die Sachprobleme weiter wachsen. (vgl. MÜLLER/HOLST 1987).

Diese Argumentation war und ist nicht neu. Bereits 1979 weisen HERMANN/KÖGLER darauf hin: "Der Aufbau der Abfallbeseitigung verlangt nicht zuletzt Zustimmung der Bevölkerung. Dies gilt insbesondere für die Festlegung geeigneter Standorte für die erforderlichen Anlagen. Die Bundesregierung wird sich verstärkt um Verständnis für die Notwendigkeit derartiger Anlagen bemühen." (Bundestagsdrucksache 7/5684, S. 58: Umweltbericht 1976 der Bundesregierung). Sie fordern demzufolge, die Planung zum Gegenstand kontinuierlicher öffentlicher Diskussion zu machen (S. 199).

9.2 INTERESSEN UND VERTRÄGLICHKEITSKRITERIEN

In der (Standort)Planung einschließlich der herangezogenen Gutach-
tertätigkeit gibt es verschiedene Ansätze und Verfahren, die gesellschaftlichen und räumlichen Belange einzubeziehen. Dabei ist jedoch zu
fragen, ob die Interessen und Auffassungen der Beteiligten über Zumutbarkeit
und Verträglichkeit ausreichend Berücksichtigung finden.

In den Prüfbereichen
– **Raumverträglichkeit,**
– **Umweltverträglichkeit,**
– **Sozialverträglichkeit,**
kommen unterschiedliche Abwägungen zum Tragen, die nicht für alle Berei-
che zu gleichen Ergebnissen führen müssen.

RAUMVERTRÄGLICHKEIT

Die **Raumverträglichkeit** soll die Belastungen des Raumes durch wirtschaftliche Aktivitäten, durch Beiträge zum Gemeinwesen u. a. beurteilen.
Hier kann nach ganz unterschiedlichen Leitbildern verfahren werden, z. B.
nach denen des "Ausgeglichenen Funktionsraumes" oder dem der
"Funktionsräumlichen Arbeitsteilung".
Das erste Leitbild steht u. a. dafür, eine Region mit allen wesentlichen Einrichtungen von Funktionen und Infrastruktur (Wohnen, Arbeiten, Freizeit ...)
zu belegen, während das zweite Leitbild dafür steht, Arbeitsteilung zwischen
den Regionen vorzusehen (z. B. hier Wohnen, dort Arbeiten).

Zu welcher Variante man greift - die Maßstäbe bleiben oft ambivalent:
– Das Vorhandensein einer Abfalldeponie kann bei einer Neuplanung ein Ar-
  gument für einen Standort darstellen, weil dieser bereits erprobte Infrastruktu-
  ren besitzt oder dagegen, weil der Raum schon ausreichend Leistungen für
  die Gemeinschaft aufzuweisen hat.
– Ein bisher von solchen "unangenehmen" Gemeinschaftsleistungen weitgehend freies Gebiet kann aufgrund dieser Sachlage für die Beibehaltung dieses Zustandes zugunsten anderer Leistungen plädieren, während aus anderen Gesichtspunkten gerade dort ein Standort besonders geeignet erscheint.

UMWELTVERTRÄGLICHKEIT

Eine **Umweltverträglichkeitsprüfung** bezieht sich - mangels anderer Maßstäbe - z. B. auf einen bestimmten Umweltzustand eines Gebietes. Findet man einen stark genutzten und relativ ausgeräumten Naturhaushalt vor, kann eine Prüfung sich nur darauf beziehen. Das bedeutet, daß zusätzliche Nutzungen möglicherweise nicht auf viel begründeten Widerstand stoßen. So kann eine Region, an der es in Bezug auf den Naturhaushalt nicht mehr viel zu schützen gibt, nach den Maßstäben einer UVP zusätzlich belastet werden. Dies würde anders sein, wenn für das zu prüfende Gebiet eine zukunftsorientierte konzeptionelle Umweltentwicklungsplanung vorliegt (vgl. VOIGT 1993b u. a.).

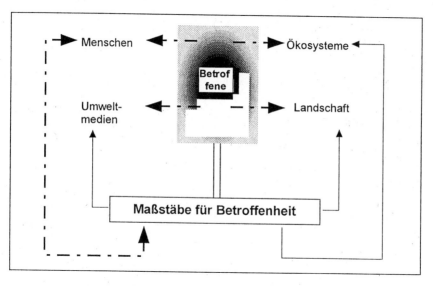

Abb. 9.2: Problemsituation Betroffener von Deponien

Sozialverträglichkeit

Nur wenige Erfahrungen gibt es bei der **Sozialverträglichkeit**, wie in Kapitel 8 bereits erwähnt wurde. Es könnte deshalb hilfsweise auf rein quantitative Maßstäbe (z. B. "wieviele Menschen sind betroffen") zurückgegriffen werden.

Da dies jedoch unbefriedigend ist, kann zusätzlich versucht werden, Sozialverträglichkeit im Prozeß von Planung und Deponiebetrieb soweit wie möglich durch die Betroffenen und Beteiligten selbst sicherzustellen. Es gibt inzwischen durch verschiedene Forschungen (z. B. auch aus der Technikfolgenabschätzung und dem Projekt "Humanisierung der Arbeitswelt") begründete Vermutungen, daß dies erfolgreich sein kann. Die oben genannten Kriterien für die Beurteilung des Planungsprozesses (s. Kap. 9.1) deuten an, worum es dabei u. a. gehen könnte. Abbildung 9. 1 deutet die hier diskutierte Problemsituation der Betroffenen an.

Zunächst werden Auswirkungen des Deponiesystems zumindest qualitativ erkannt und auf die eigene Situation übertragen. Dann müssen dafür geeignete Maßstäbe von Betroffenheit gefunden und auf diese Situation angewendet werden. In Abbildung 9.3 ist skizziert, wie es zur Kriterienbildung für Sozialverträglichkeit kommen kann.

In eine vorhandene soziale Situation wird eine Deponie als zu beeinflussender Faktor eingefügt. Es kommt zwangsläufig zur Überschneidung von Einflußbereichen, bei deren Ermittlung auch eine Raumverträglichkeitsprüfung (RVP) und eine Umweltverträglichkeitsprüfung (UVP) hilfreich sein können.

Diese Überschneidungsbereiche sind, da es sich um gesellschaftliche Prozesse handelt, weitgehend nicht absolut zu setzen, sondern befinden sich in dem Spannungsfeld der unterschiedlichen Akteure aus Politik, Verwaltung und Bürgern mit ihren jeweiligen **Aufgaben, Interessen und Werthaltungen**, die beispielhaft mit folgenden Begriffen beschrieben werden können:

Bürger:
- Gesundheit der Wohn- und Lebensverhältnisse
- Schutz der Familie
- Selbstverwirklichung / Partizipation
- Freiheit
- Ruhe / Individualität
- Heimat
- soziale Sicherheit
- ökonomische Sicherheit

Verwaltung:
- Bestandssicherung der Verwaltungsbereiche
- Strukturbewahrung
- gesetzmäßiges Handeln
- Autonomie
- Haushalt
- Verteilungsgerechtigkeit

Politik:
- Sicherung und Erweiterung von Macht und Einfluß
- Herstellung gesunder Wohn- und Lebensverhältnisse
- Kleinhalten von Konflikten

- Kosten
- Wählerstimmen
- Erhaltung des Verhältnisses von Politik undVerwaltung

Aus den unterschiedlichen Interessenlagen folgen ganz unterschiedliche Bewertungen der Situation in Hinblick auf
- Gefahren,
- Beeinträchtigungen und
- Zumutbarkeit.

Erst nach Berücksichtigung der Akteure können Problembereiche benannt werden, zu denen es von den genannten Beteiligten unterschiedliche Auffassungen geben kann und aus denen dann erst Kriterien für Sozialverträglichkeit entwickelt werden können, die z. B. aus dem Blickwinkel von Betroffenen wie folgt beschrieben werden können:
- Größe von Konfliktpotential
- Möglichkeiten des Lebensstils
- Gestaltbarkeit der Zukunft am Ort
- wirtschaftliche Nachteile
- soziale Störungen am Ort
    + vorhandene soziale Strukturen
    + vorhandene Kulturgüter
    + Verhältnis Mensch - Natur
    + Verhältnis Mensch - Heimat
    + psychische Auswirkungen (Stress, Angst).

Zu diesen Kriterien gehören Handlungsmöglichkeiten der Beteiligten, die auch in unterschiedliche Richtungen weisen können. Dies deutet den gesellschaftlichen Konflikt an.

Die Erzeuger von Produkten aus denen Abfälle entstehen können, fehlen bei dieser Darstellung bewußt, um die Komplexität der Betrachtung nicht zu vergrößern. Im Prinzip gehören sie und die Verbraucher jedoch dazu.

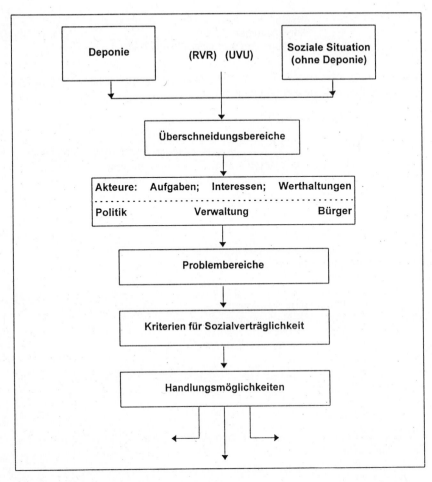

Abb. 9.3: Sozialverträglichkeit einer Deponie im Spannungsfeld von Akteuren und Interessen

9.3   BEWERTUNGSMÖGLICHKEITEN

Wenn von Verträglichkeit gesprochen wird, schließt das einen Bewertungsvorgang ein. Die Bewertung steht im Mittelpunkt jeder Verträglichkeitsuntersuchung, doch ist gerade diese zentrale Aufgabe bisher wissenschaftlich am wenigsten gelöst.
Für Bestandsaufnahmen und die Fortschreibung des Bestandes, für die Anwendung von Technologie und Kostenrechnungen stehen in der Praxis bewährte Methoden zur Verfügung, die - in bestimmten Grenzen verwendet - zu brauchbaren Ergebnissen führen können.

Bewertung in einem Spannungsfeld von Nichtwissen, undeutlichen Strukturen und Perspektiven und unterschiedlichen Interessen und Kräfteverhältnissen in einem methodisch haltbaren Schema zu vollziehen, erscheint bei kritischer Durchsicht des methodischen Instrumentariums schwerlich machbar. Die Divergenz der zugrunde liegenden Werte ist erheblich und oft nicht kompatibel (vgl. u. a. KEENEY/RENN/WINTERFELDT/KOTTE 1984), weshalb vorgeschlagen wird, zumindest in einer sogenannten Vorstudie das genannte Spannungsfeld zu erfassen und darzustellen. Dies wurde bei einer Deponieplanung in der Schweiz erprobt (vgl. KNOEPFEL/REY 1990).

Die Autoren schlagen vor, den hier andiskutierten Zusammenhang von Betroffenen, Interessen und Werthaltungen vor dem eigentlichen Planungsprozeß zu ermitteln, um diese Sachverhalte im nachfolgenden Verfahren besser berücksichtigen zu können. Damit sind zwar noch keine Bewertungen ausgesprochen, sondern nur die Voraussetzung ermittelt worden. Diese zu kennen ist jedoch wesentlich, denn "Bewerten kann man nur das, was man kennt" (BECHMANN in: HÜBLER/OTTO-ZIMMERMANN 1989, S. 90).

Durch diese Erkenntnis jedoch werden herkömmliche Bewertungssysteme für die vorher skizzierte Komplexität von Sachverhalten kaum noch brauchbar. Bei allem Bemühen um Objektivität enthält die einmalige Durchführung einer Bewertungsmethode nur das Ergebnis für **eine Wertekonstellation** und nimmt damit etwas vorweg, was im **Verfahren** erst erarbeitet werden sollte: den **Abgleich von Werten und Interessen im konkreten Fall durch die Beteiligten und Betroffenen!**

Ein weiteres Problem neben der Wertfrage ist die Aggregation, also die Zusammenfassung von Sachverhalten. In einer Nutzwertanalyse beliebiger Generation werden zu vergleichende Sachverhalte von ihrer ursprünglichen Ebene, die sich mit bekannten Dimensionen wie Zahlenwerte über Flächen,

Belastungen etc. beschreiben läßt, auf eine dimensionslose Werteebene gezogen, zusammengefaßt und über Zielerreichungswerte und Gewichtungen in eine Reihenfolge gebracht. In der Praxis jedoch fällt es schon schwer, einen Standort, der gute Bedingungen z. B. für das Leben von Vogelarten aufweist, mit einem Standort zu vergleichen, der besonders günstige Bedingungen für Amphibien bietet. Die Standorte auf der Ebene "Fauna" zu vergleichen, verwischt die Besonderheiten - man wertet Vögel gegen Amphibien, vergleicht also "Äpfel mit Birnen" auf der Ebene von "Obst".

Beide Aspekte gelten weitgehend für die gängigen Bewertungsmethoden, von den verbal argumentativen Methoden über Rangordnungstabellen, ökologische Risikoanalysen und Nutzwertanalysen (vgl. VOIGT 1992b).
"Die Entwicklung bestimmter Typen von Anforderungsprofilen - auch für die Bewertungsverfahren - für die verschiedenen UVP-Sachgegenstände ... ist eine Aufgabe, die in den nächsten Jahren zu leisten ist ..." (HÜBLER in Hübler/Otto-Zimmermann 1989, S. 141).

Wesentliche Bedingungen für einen Standortvergleich oder eine Standortüberprüfung sind daher:
1. Die Entscheidung über den Standort für eine Deponie ist trotz aller sachlich zu erbringenden Voraussetzungen eine **politische Entscheidung**! Deshalb darf in einer vergleichenden Untersuchung nicht das vorweggenommen werden, was im Verfahren erst hergestellt werden soll: der **Abgleich von Werten und Interessen** zwischen den Betroffenen und Beteiligten.
2. Um nach einem Abgleich von Werten und Interessen eine politische Entscheidung treffen zu können, ist es erforderlich, die sachlichen Grundlagen so problemangemessen, vollständig und so unverfälscht wie möglich aufzubereiten. Wesentliche Anforderungen daran sind, daß
   – die **Vermischung von Sachverhalten (Aggregation),**
   – die **Vermischung von Werten (unterschiedliche Interessen) und**
   – die **Vermischung von Sachverhalten mit Werten**
   durch Gutachter so gering wie möglich ist und die Standortauswahl als Prozeß zwischen den Beteiligten und Betroffenen verbleibt.

Folgende Problembereiche eröffnen sich bei Fragen der Bewertung (nach VOIGT 1993c):

1. **Die Vergleichbarkeit von Standorten**
   Wenn ein Vergleich von verschiedenen Standorten durchgeführt werden
   soll, muß die Vergleichbarkeit hergestellt werden. Dies erfolgt in der
   Praxis weitgehend dadurch, daß die 'Deponietechnik' und die 'Abfälle' zu
   Konstanten erklärt und die Standorte nach gleichen Kriterien untersucht
   werden. Dadurch gehen Informationen, eine Anzahl von möglichen Pla-
   nungsvarianten und damit auch Standorte verloren.

2. **Ungleichgewicht zwischen Nutzen und Auswirkungen**
   Während der Nutzen einer Deponie relativ leicht bestimmbar ist, sind
   Nachteile und Gefahren für die Umweltmedien, für ökologischen Bedingungen und für betroffene Menschen unterschiedlich genau abzuschätzen. Es besteht also ein Ungleichgewicht bei der Ermittlung von
   umweltbezogenen Auswirkungen und Nutzen von Maßnahmen.

3. **Der Inhalt von Untersuchungen**
   Für die ökologischen und umweltbezogenen Erhebungen vor Ort ist in
   Umweltverträglichkeitsuntersuchungen in der Regel eine relativ kurze
   Zeit vorgegeben (z.b. eine Vegetationsperiode). Diese Zeitspanne reicht
   in der Regel nicht aus, um das vorhandene Arteninventar zu ermitteln -
   ganz zu schweigen von ökosystemaren Beziehungen. Es besteht also das
   Problem, was in begrenzter Zeit erhoben werden kann (Beobachtbarkeit)
   und was für eine Bewertung mindestens vorliegen sollte (Repräsentanz).

4. **Aggregation von Sachverhalten**
   Der Naturhaushalt, der in einer UVU erkundet werden soll, ist in der Regel keine homogene Größe, die in einer Aussage zusammengefaßt werden kann. Vielmehr sind Standorte häufig unterschiedlich geprägt und
   die prognostizierten Auswirkungen einer Deponie an den Standorten
   unterschiedlich. Wie hoch kann man für die ökologische Bewertung eines Raumes und einer geplanten Maßnahme die vorgefundenen natürliche Bedingungen in einer Skala - beginnend bei Individuen über
   Arten und Ökosystem bis zum Naturhaushalt insgesamt - aggregieren,
   um die realen Verhältnisse noch annähernd richtig abzubilden?
   Das gilt grundsätzlich auch für das Wohnen und Arbeiten von Menschen
   im Auswirkungsbereich der Deponie. Hier bestehen jedoch Möglichkeiten, das Verfahren selbst als Lösung zu verwenden.

5. **Interessen und Ziele**
   Beteiligte und Betroffene einer Projektplanung haben aufgrund ihrer
   unterschiedlichen Interessenlage an dem Projekt und aufgrund unterschiedlicher Werthaltungen oft ganz verschiedene Ziele. Auch die Nähe

zu den Auswirkungen von Maßnahmen spielt eine wesentliche Rolle. Zusätzlich können sich Interessen, Werte und Ziele durch kognitive, affektive und andere Prozesse im Laufe eines Verfahrens ändern. Welches Zielesystem soll zu welchem Zeitpunkt zur Grundlage von Prüfungen und Bewertungen gemacht werden?

6. **Maßstäbe für Bewertung und Abwägung**
   Um bewerten zu können, werden Maßstäbe benötigt. Diese liegen im Umweltbereich häufig nicht vor oder sind wegen der mangelnden Kenntnisse über Deponieauswirkungen nicht anwendbar.
   Bezugsgröße für eine Umweltverträglichkeitsprüfung ist daher häufig der gegenwärtige Zustand von Umwelt und Naturhaushalt. Dieser ist jedoch nur als Momentaufnahme in einem dynamischen Prozeß und beinhaltet die Gefahr, damit eine immanente (Verschlechterungs-) Tendenz fortzuschreiben.

7. **Auswahl der Untersuchungsmethode**
   Die Komplexität einer Entscheidungssituation ist für Bürger, Politiker, Verwaltung und Gutachter aufgrund der Menge der zu verarbeitenden Informationen ein wesentlicher Planungsfaktor. Zur Entscheidungsvorbereitung muß diese Komplexität reduziert werden, ohne daß der Einwand der Manipulation berechtigt gemacht werden kann. Zu diesem Zweck werden wissenschaftlich begründete Methoden eingesetzt, die Validität, Sachgerechtigkeit und Ausgewogenheit sichern sollen.
   Wie kann eine Bewertungsmethode im Spannungsfeld von Verständlichkeit und Aufwand das Verfahren unterstützen und zur Akzeptanz und Rechtssicherheit von Entscheidungen beitragen?

8. **Entscheidungen: die Verbindung von Sachverhalten mit Werten**
   Bei einer Entscheidung über eine Maßnahme kommt es zwangsläufig zu einer Verknüpfung von Sachverhalten mit Werten. Sachverhalte werden von Fachleuten aufgrund ihres ausgewiesenen Sachverstandes ermittelt. Werte werden - soweit sie nicht überörtlich vorgegeben sind (z.B. NSG, WSG) - während des Verfahrens hinzugefügt.
   Wie können Sachverhalte und Werte verbunden werden, um Entscheidungen zu unterstützen und transparent zu machen ohne sie zu determinieren? Welche Rolle hat darin der wissenschaftliche Berater bzw. der Gutachter?

Unter Berücksichtigung dieser Aspekte führt eine Bewertung weder insgesamt noch in Teilbereichen zu einer ausdrücklichen Gutachterempfehlung, sondern es wird versucht, das vorhandene Material so aufzubereiten, daß das Problem von Betroffenen und Beteiligten entscheidbar wird. Dies bedeutet, daß der Gutachter bzgl. der Gesamtbeurteilung zugunsten des öffentlichen Entscheidungsprozesses seine Rolle bewußt zurücknimmt.

Jede Gesamtbewertung würde eine Gewichtung der einzelnen Problembereiche erfordern, da sie nicht alle und für jeden von gleicher Bedeutung sind. Diese Gewichtung ist abhängig von Werthaltungen und kann bei verschiedenen Personen und Gruppen völlig unterschiedlich ausfallen. Sie ist insofern keine wissenschaftliche, sondern eine politische Aufgabe.

Da das Ergebnis einer Standortsuche oder -überprüfung ein **Vergleich von Standorten** ist, muß dies auch methodisch so zum Ausdruck kommen. Das heißt, daß sich ein jeweils betroffener Standort bezüglich eines Kriteriums mehr oder weniger von den anderen Standorten unterscheidet. Um dieses 'mehr oder weniger' methodisch und sprachlich faßbar zu machen und gleichzeitig auf die Auswirkungen der Deponie zu beziehen, werden Sachverhalte wie

- **Belastungen**
- **Veränderungen**
- **Beeinträchtigungen**
- **Auswirkungen**

etc.

gewählt, die am betreffenden Standort "**höher**" oder "**geringer**" sind, als an einem oder mehreren anderen Standorten. Da es auch Fälle gibt, in denen eine Einordnung in die eine oder andere Kategorie nicht möglich ist, wird eine dritte Kategorie "**mittel**" verwendet.

Diese Unterscheidung kommt in ihrer Einfachheit, Nachvollziehbarkeit und Nähe zu den Sachverhalten dem Entscheidungsprozeß entgegen, für den sie gedacht ist. Wer mit der Einordnung eines Standortes für eine bestimmte Kategorie nicht einverstanden ist, braucht sich nicht in ein kompliziertes Bewertungsschema einzuarbeiten, sondern muß nur die im Text angeführten Sachverhalte nachlesen, um sich eine eigene Meinung bilden zu können. Diese Methode täuscht darüber hinaus im Gegensatz zu anderen - stärker formalisierten - Bewertungsmethoden nicht eine Exaktheit vor, die aufgrund der vielfältigen Unsicherheiten bei der Datenerhebung nicht vorhanden sein kann.

Der Standortvergleich erfolgt zunächst verbal-beschreibend und wird schließlich grafisch für die einzelnen Kriterien durch Balkendarstellung oder anderes unterstützt. Ein langer Balken steht beispielsweise für "höher", ein kurzer Balken für "geringer" und ein mittellanger Balken für "mittel" (oder "ungünstiger", "günstiger" und "mittel", bezogen auf die jeweilige Eignung). In den Fällen, wo sich für einen oder mehrere Standorte keine Betroffenheit hinsichtlich des jeweils betrachteten Kriteriums ergibt, wird kein Balken dargestellt.

Weitere Kriterien können im Rahmen einer politischen Standortentscheidung hinzugezogen werden, die sich aufgrund unterschiedlicher Interessen und Werthaltungen ergeben. Dazu sollte das jeweilige Gutachten weiteres Material bereit halten. Ein Beispiel für die graphische Aufbereitung einer vergleichenden Bewertung nach diesen Prinzipien enthält Abbildung 9.4.

Solche Bewertungsprofile führen häufig dazu, das Nebeneinander der einzelnen Beurteilungsbereiche für eine sehr mechanische Addition von "Eignungen" zu nutzen. Dabei wird übersehen, daß die Bereiche nicht alle gleichwertig sind und daß es sehr unterschiedliche Bewertungsmöglichkeiten bei unterschiedlichen Interessen und Werthaltungen geben kann.

Die Darstellung und der zugehörige Text sollen daher dazu verwendet werden, einen Einstieg in die Interessen- und Wertediskussion über die verschiedenen Sachverhalte zu führen. Dabei können - je nach Betroffenheit und Aufgabenbereich - unterschiedliche Standortprofile entstehen. Dieser Effekt ist durchaus beabsichtigt und kann zur Transparenz der Entscheidung beizutragen. Eine ständige Rückbeziehung auf den Untersuchungstext ist dabei unvermeidlich.

Es sollte bedacht werden, daß das Kombinieren von Sachverhalten und Werten keine exakten Rangordnungen der Standortalternativen erzeugt. Diese sind interessengeleitete Ausgangspunkte - nicht Ergebnis - eines Auswahl- und Entscheidungsprozesses. Zu berücksichtigen ist darüber hinaus, daß auch das jeweils verwendete Deponiemodell entsprechend den Standorterfordernissen veränderbar ist.

Abb. 9.4: Beispiel für die graphische Aufbereitung von Untersuchungen für eine vergleichende Beurteilung von Standortalternativen (nach TRENT 1994, 602)

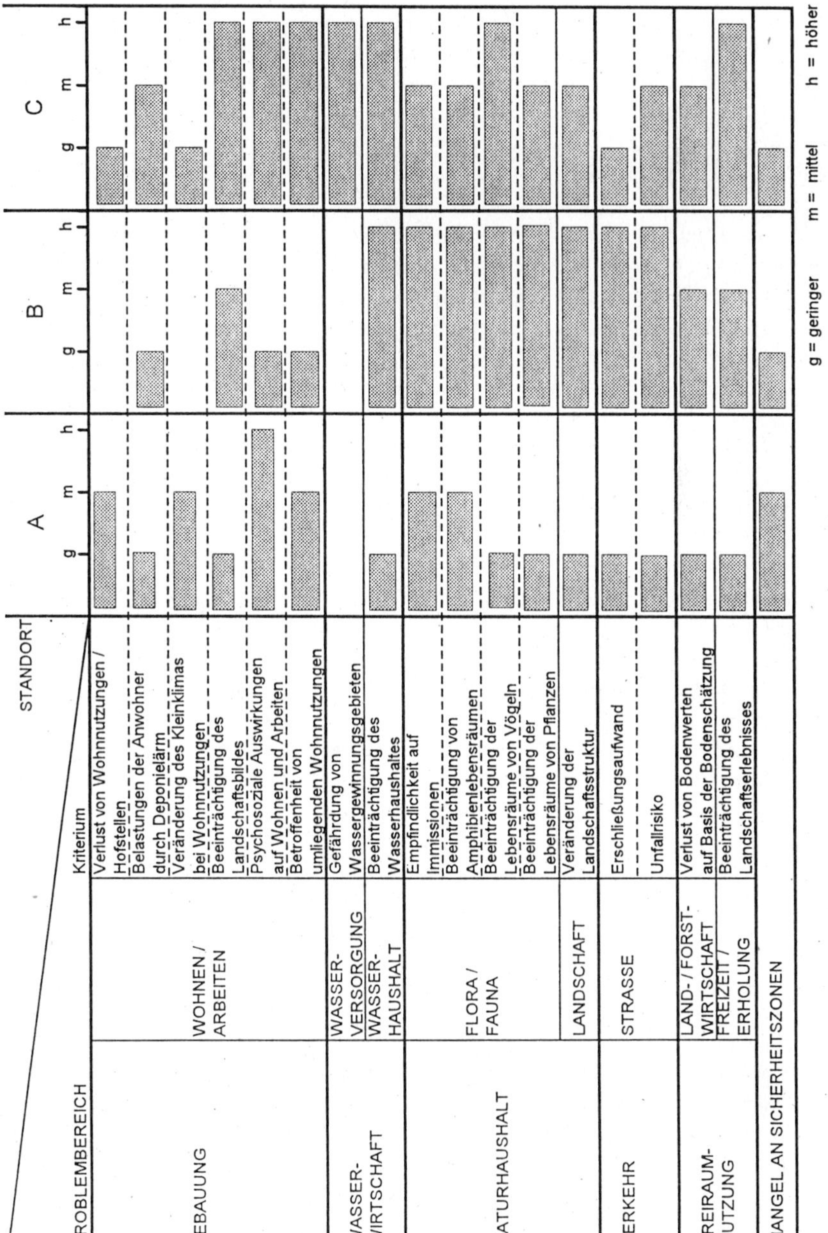

g = geringer   m = mittel   h = höher

9.4   PROBLEMBEREICHE UND BETROFFENHEIT

In den folgenden Abschnitten werden einige Aspekte aus den Problembereichen Bebauung, Wasserwirtschaft, Naturhaushalt, Verkehr und Freiraumnutzung angesprochen, um den Begriff der Betroffenheit zu konkretisieren.

9.4.1   BEBAUUNG

Mit der eingangs erwähnten verwaltungsrechtlichen Definition von Betroffenheit kommt man - wie dies oben gezeigt wurde - im Umweltbereich nicht immer zum Ziel, so daß weitergehende Ansätze gefunden werden müssen. RAMMSTEDT (1981, S. 458) beschreibt unter Betroffenheit das Infragestellen der sozialen Identität der Betroffenen als "überraschende Veränderung in seinem Umfeld, auf die er nicht routiniert problemlösend zu reagieren vermag".
Die Betroffenheit sieht er in drei Dimensionen, und zwar in Bezug auf
– **Erwartungen in die Zukunft,**
– **das tägliche Handeln und Verhalten,**
– **die Beziehungen zu anderen Personen.**

Ohne nähere Untersuchungen erscheint es einleuchtend, daß eine Abfalldeponie im näheren Umfeld zumindest Effekte auf die ersten beiden Punkte hat. Gerüche, Lärm und sonstige Emissionen sind im Prinzip meßbar und es erscheint zusätzlich einleuchtend, daß diese Veränderungen im Umfeld auch Wirkungen erzielen bzgl. der Beziehungen zu diesem Umfeld (Verlust von Landschaft, Heimat und Sicherheit) und dessen Nutzungen (Freizeit, Garten, Arbeit im Freien).

Nach einer Untersuchung der Gesellschaft für Wohnungs- und Siedlungswesen (GEWOS) im Auftrage des Umweltbundesamtes über "Öffentlichkeitsarbeit bei der Standortplanung von Abfallbeseitigungsanlagen" äußern die Betroffenen solcher Anlagen Befürchtungen zu folgenden Bereichen:
–   Schmutz-, Lärm- und Geruchsbelästigungen durch den Betrieb sowie die Zu- und Abfahrten der Transportfahrzeuge
–   Beeinträchtigungen durch Betriebs- und Anfahrtzeiten
–   allgemeine Gesundheitsgefährdungen
–   Minderungen des Wohn- und Erholungswertes
–   ästhetische Umweltverschlechterungen ("Verschandelung der Landschaft")
–   Auswirkungen der Immissionen auf die Bausubstanz
–   Auswirkungen auf die individuelle Kostenbelastung (Gebührenerhöhungen)
–   Höhe der kommunalen Investitionen

- Größe und Dimensionierung der Anlage
- spätere Rekultivierung
- Vorurteile gegen neue Technologien
- Art des Trägers/Betreibers der Anlage (öffentlich/privat)
- Art der Beseitigung der Abfälle (Industrie- und Sonderabfälle)
- diffus vermutete allgemeine Umweltgefährdungen

(HERMANN/KÖGLER 1979, S. 21-22).

Doch auch Hinweise auf den dritten Punkt (die Beziehungen zu anderen Personen) gibt es. Erfahren aus anderen Bereichen (z. B. Altlasten) zeigen, daß sich äußere Betroffenheiten auch in die sozialen Beziehungen der Betroffenen fortpflanzen. Hinzu kommen psychische Beeinträchtigungen der Anwohner. Schon das Bewußtsein, in der Nähe einer Deponie zu wohnen, genügt für diese Art von Effekten. Verstärkt werden sie, wenn das Deponiegelände eingesehen werden kann. Kurz, die Nachbarschaft der Anlagen fühlt sich gefährdet, in der Lebensqualität beeinträchtigt und am Eigentum geschädigt (STIEF 1987, S. 464).

So verwundert es nicht, daß HERMANN/KÖGLER (1979, S. 197-198) psychische und sozialpsychologische Fragen bzgl. Umweltverträglichkeitsprüfungen und Abfallbeseitigungsanlagen für die wichtigsten Aspekte bei der Erweiterung der Beteiligungsangebote an Betroffene halten.

Einige Quantifizierungen erscheinen dennoch notwendig, um auch einen standortbezogenen Eindruck zu gewinnen. Da es zur Wahrnehmung von Sonderabfalldeponien durch Anwohner bisher keine hier verwendbaren Unterlagen gibt, werden einige Vergleichsdaten aufgeführt, die für Müllverbrennungsanlagen in Darmstadt und Frankfurt erhoben wurden (ROELES 1983):

- Bis zu 400 m Entfernung ist die Müllverbrennungsanlage der hauptsächliche negative Umweltfaktor, wenn es neben der Anlage selbst auch starken Müllanlieferungsverkehr gibt. Ohne oder bei geringerem Anlieferungsverkehr und bei Abschirmung der Anlage durch andere Baublöcke hat die Anlage bei 300 m Entfernung schon eine geringere Bedeutung. Nur noch von untergeordneter Bedeutung ist die Anlage bei 600 - 700 m Entfernung und bei 900 - 1000 m wird die Anlage als negativer Umweltfaktor nicht mehr genannt (auch an anderer Stelle wird ein Abstand von 1000 m für ausreichend gehalten; vgl. IFEU 1985, S. 78)
  Hierbei gilt es allerdings zu bedenken, daß es sich bei dem Untersuchungsgebiet um Ballungsräume mit vielfältigen Überlagerungen von umweltbeeinflussenden Faktoren handelt.

- Die Wahrnehmung einer MVA als negativer Umweltfaktor ist in der Reihenfolge abhängig von den Variablen
  + Entfernung
  + zusätzliche Störungen durch Müllanliefungen
  + Überlagerungen mit anderen großen Emittenten und
  + Sichtkontakt.

- Als Alltagsveränderungen werden angegeben:
  Geschlossenhalten von Fenstern, zusätzliches Reinigen von Fenstern und Balkonen, Kinder spielen nicht mehr im Garten, keine Gespräche mehr im Garten, Pflanzen gehen ein, Verschlechterung des Gesundheitszustandes.

- Als hauptsächliche Störungen durch die Anlage werden genannt:
  Staub, Geruch, Lärm, Abgase; durch den Anlieferverkehr, der in seiner Störwirkung als gleichbedeutend wie die Anlage genannt wird (etwa ab 90 LKW/Tag): Lärm, Abgase, Staub, Verkehrsgefährdung.

Es wird als angemessen angesehen, die o. g. Faktoren zumindest als grobe Richtwerte auch für Deponien heranzuziehen, da es sich in einigen wichtigen Punkten, wie die Anlieferung von Abfällen und Wahrnehmung der Anlage, nicht nur um MVA-spezifische Auswirkungen handelt.

Der Bereich Bebauung, d.h. Menschen in der Umgebung eines Standortes, ist für alle Aufgaben der Standortsuche und -überprüfung einer der schwierigsten Abschnitte. Anwohner treten dem Gutachter oder dem Verfahrensträger dabei in unterschiedlichen Rollen, Betroffenheiten und Interessen gegenüber.
Die grafische Übersicht für die Beurteilungszusammenhänge (Abb. 5.1) veranschaulicht die Gliederung der einzelnen Abschnitte innerhalb des Problembereichs "Bebauung". Das Schema (vgl. Abb. 9.1) zeigt die Ebenen

1. **Problembereich:** Bebauung,
2. **Struktur:** Wohnen, Arbeiten,
3. **Kriterien:** Fläche, Lärm, sonst. Immissionen, Kleinklima, Landschaftsbild, psychosoziale Wirkungen,
auf die sich das
4. **Potential:** Deponie
auswirken kann.

Dazu könnten nach der Bestandserfassung weitere Differenzierungen und Beurteilungsfaktoren herangezogen werden, z. B. zur Art und Dauer der Wohnnutzungen. Hier wären Dauerwohnungen von Ferienhäusern bzw. -wohnungen zu unterscheiden oder Häuser mit Nutz- und Ziergärten von solchen ohne zu differenzieren. Schließlich könnte ein Unterschied nach pauschalen Risikogruppen wie Kindern oder Alten gemacht werden.

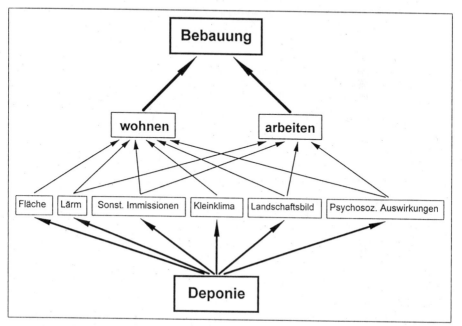

Abb. 9.5: Problembereich Bebauung - Kriterien und Wirkungen (nach TRENT 1994, vgl. auch VOIGT 1996)

Derartige Erhebungen wären aber nicht geeignet, um die Auswirkungen von Bau, Betrieb und Nachsorge einer Sonderabfalldeponie zu erfassen und zu beurteilen. Dafür gibt es mehrere Gründe:

1. "Bebauung" unterliegt einer ständigen Veränderung, die kaum seriös prognostizierbar ist. Wohnen ist keine statische Größe, sondern in kurzen Zeiträumen veränderbar (z. B. durch Neubau, Abriß, Umnutzung, Zuzug, Umzug, Kinder).

2. Die Wirkungen einer Deponie treten keineswegs alle gleichzeitig auf. Während manche Wirkungen (z. B. die Flächenbeanspruchung) sofort wirksam sind, werden andere (etwa Kleinklimaveränderungen) erst mit der Zeit an Bedeutung gewinnen.

3. Wohnen sollte mit der Erfüllung einiger Anforderungen verbunden sein, z. B. mit der Chance auf Gartennutzung (incl. Anbau von Nahrungspflanzen mit

überwiegender Ernährung aus dem Garten). Zum Wohnen gehört der Anspruch auf Familiengründung. Wohnorte sind damit Lebensraum von Kindern und Alten. Die Wohnung ist ein Ort des Wohlbefindens. Wenn äußere Umstände diese Ansprüche einschränken, ist die Wohnqualität verringert.

In ländlichen Gebieten kommt sehr häufig zum Bereich 'Wohnen' noch der Bereich 'Arbeiten' hinzu. Diese integrierte Lebensweise erhöht die Ansprüche an den Lebensraum, der sich in der Regel auch nicht auf den Haus- und Gartenbereich beschränkt. Hinzu kommen Nutzgebäude wie Stallungen und Scheunen und weiter entfernt liegende Ländereien wie Äcker und Weiden, die aber ebenfalls zu den Bereichen Wohnen und Arbeiten gehören. Das führt dazu, daß gegenüber städtischen Gebieten häufig eine viel intensivere Beziehung der Menschen zum weiteren Wohnumfeld besteht und sich vielfältige Aktivitäten aus Wohnen und Arbeiten wie auch eine Vielzahl von sozialen Beziehungen auf einem größeren Areal abspielen.

Die Nutzbarkeit von Wohnungen und Wohnhäusern kann durch eine Reihe von Faktoren, die mit der Abfalldeponie in Verbindung stehen, beeinflußt werden. Für einige dieser Auswirkungen ist die Entfernung (bzw. Nähe) zum Deponiekörper oder auch die Lage zu Verkehrswegen von Bedeutung. Dazu gehören die Wirkungen

- **Flächenbeanspruchung und Zerschneidung**
  + Zerstörung von Wohnraum durch die Deponie
  + Zerstörung von Wegebeziehungen durch die Flächeninanspruchnahme
- **Lärm**
  + Lärmimmissionen entlang der gewählten Zufahrt für Transporte und im Einflußbereich der Deponie
- **Immissionen (Stoffe, Stäube)**
  + Immissionen aufgrund von Deponiebetrieb und Transportverkehr
- **Kleinklimaveränderung**
  + Verschattung von Wohnhäusern und Gärten durch den Deponiekörper (incl. Hallenkonstruktion)
  + Veränderungen an Windgeschwindigkeit und Luftfeuchtigkeit durch den Deponiekörper
- **Landschaftsbildveränderung**
  + Lage von Wohnhäusern zum Störungsbereich der Deponie
  + existierende Sichtbarrieren (z. B. Waldstücke, Baumreihen, Bepflanzungen oder auch Häuser)
- **Psychosoziale Auswirkungen**
  + tägliches Handeln
  + Beziehungen zu Menschen
  + Erwartungen in die Zukunft, Ängste.

FLÄCHENBEANSPRUCHUNG
UND ZERSCHNEIDUNGSWIRKUNGEN

Die Deponie samt infrastrukturellen Einrichtungen nimmt auf fast jeder
Standortfläche die ganze zur Verfügung stehende Fläche ein; der Flächenbedarf kann teilweise noch darüber hinaus gehen. Jetzt vorhandene Nutzungen müssen aufgegeben werden. Diese zunächst hundertprozentige Flächenbeanspruchung wird sich mit der Zeit vermindern. Nach Abschluß der Betriebsphase, nach Bau der Oberflächenabdichtung und entsprechender Begrünung wird die Fläche zumindest eingeschränkt nutzbar sein (vgl. Kap. 8).
Durch entsprechende Gestaltung kann sowohl die Störung des Landschaftsbildes als auch die Barrierewirkung für Tiere vermindert werden.

LÄRM

Lärm zählt - den Definitionen des Bundesimmissionsschutzgesetzes
(BImSchG) folgend - zu den schädlichen Umwelteinwirkungen, die somit im
Rahmen einer Planung zu beachten und abzuwägen sind. Für die Auswahl eines Deponiestandortes ist es von Bedeutung, wie sich die Lärmimmissionen
in ihrem Einwirkungsbereich (oberhalb von 50 dB(A)) verändern und wieviele Bewohner durch diese Erhöhung betroffen sind.

Die Lärmimmissionen setzen sich zusammen aus
- dem Verkehrslärm auf den angrenzenden Erschließungsstraßen,
- dem Verkehrslärm, der durch die Abfalltransporte und den An- und Abtransport von Boden bedingt ist und
- dem Betriebslärm, der sich aus Bodenbewegungen, Hallenbau, Baumaschinen etc. und dem Transport des Abfalls innerhalb des Deponiebereichs ergibt.

Lärmquellen infolge der Deponie sind Baumaschinen und Transporte während der Bau- und Betriebsphase (vgl. Kap. 2 - 4 u. 8.3). Da sich Bau und Betrieb der Deponie wegen der abschnittweisen Errichtung zeitlich über-
schneiden, kann hierbei nicht weiter differenziert werden. Im Verlauf des Deponiebetriebes werden sich Lärmimmissionen durch die Errichtung von
Lärmschutzanlagen verringern. Während der Nachsorge (Kontrollbetrieb)
sind - von einzelnen denkbaren Reparaturen abgesehen - keine wesentlichen
Lärmemissionen zu erwarten.

Die Auswirkungen der Transporte auf das bestehende Lärmgeschehen an
überörtlichen Straßen lassen sich ebenfalls abschätzen. Beginnend bei den

derzeitigen Verkehrsbelastungen wird für die Straßen im Umfeld der Standorte die derzeitige und die für ein Prognosejahr zu erwartenden Lärmbelastungen (Lm_{25}, d. h. im Abstand von 25 m von der Straßenmitte) errechnet. Grundlage sind die derzeitigen DTV-Werten und deren Entwicklung als Grundlage für eine Trendprognose. Zur Berechnung der Immissionen wird neben der durch die Transporte veränderten maßgeblichen stündlichen Verkehrsmenge auch der steigende LKW-Anteil der Berechnung zugrunde gelegt.

Der kritische Bereich von Lärmauswirkungen - wie Schlafabflachung, Aufwachen, Behinderung der akustischen Kommunikation und Beeinträchtigung von Konzentrationen erfordernden Leistungen - wird oberhalb von 40 dB(A) gesehen. Als Anhaltswerte für Schlafräume in Wohngebieten (nachts) werden 30 dB(A) als noch schlafgünstige Innengeräuschpegel angenommen. In Wohnräumen gelten tagsüber in Wohngebieten Innengeräuschpegel von 35 dB(A) als günstig. Da zum Wohnbedürfnis auch das Schlafen bei geöffneten Fenstern nachts und die störungsfreie Nutzung von Balkonen, Terrassen etc. gehört, sollte in Wohngebieten ein Außenpegel von 40 dB(A) nachts und 50 dB(A) tagsüber nicht überschritten werden.

Grundlage für die Beurteilung der Lärmeinwirkungen bildet auch das Urteil des Bundesverwaltungsgerichts vom 22. Mai 1987 (-4C 33-35.83-), welches die Zumutbarkeitsgrenze (Schutz vor schädlichen Umwelteinwirkungen) im Sinne des BImSchG für ein nicht vorbelastetes Allgemeines Wohngebiet bei 55/45 dB(A) (tags/nachts) sieht. Diese Werte entsprechen auch der DIN 18005.

Neben der Betrachtung der Höhe der Lärmimmissionen ist für den Wirkungsvergleich wesentlich, wo der Lärm entsteht bzw. wen er trifft. Von Lärm besonders betroffen sind Menschen. Vor allem die Problembereiche "Bebauung" (incl. Arbeitsstätten) und "Freiraumnutzungen" (zu denen auch "Freizeit und Erholung" zählen) sind von Lärmwirkungen berührt. Inwiefern der Lärm auf Menschen trifft, hängt von den Raum- und insbesondere von den Siedlungsstrukturen ab.
Relevante Flächennutzungen können sein:
– Siedlungen, incl. Streusiedlung,
– Arbeitsstätten (landwirtschaftliche Flächen werden wegen der relativ geringen Aufenthaltsdauer nicht einbezogen),
– Freizeitinfrastruktur (Wege, Gaststätten etc.).

Um die Beurteilung und den Vergleich von Standortalternativen zu erleichtern, kann ein Lärmbelastungswert errechnet, der sowohl die Höhe der Lärmimmissionen als auch die Zahl der betroffenen Menschen berücksichtigt. Dieses Vorgehen ist zur Prioritätensetzung bei der Aufstellung von Lärmminderungsplänen üblich. Die entsprechende Formel wird auch hier (in leicht abgeänderter Form, denn hier geht es nicht allein um die Betrachtung von Straßenrändern mit beidseitiger Bebauung) angewandt (MURL 1986, S. 32 ff):

$$LB = E_{abs} \times 2^{0,1(L_m - L_{plg})}$$

LB	Lärmbelastungswert (dimensionslose Zahl, die nur zur vergleichenden Beurteilung von Bedeutung ist)
E_{abs}	Zahl der betroffenen Einwohner
L_m	(abgeschätzter) Immissionswert
L_{plg}	Planungsrichtpegel der DIN 18005 für Allgemeine Wohngebiete (55 dB(A), tags)

Man erhält damit einen Wert, der die Anzahl der betroffenen Menschen mit der jeweiligen Höhe der Lärmimissionen in Beziehung setzt. Je Wohngebäude bzw. Hofstelle wird für das Jahr 2000 eine durchschnittliche Bewohnerzahl angenommen. Abbildung 9.6 zeigt ein mögliches Ergebnis einer solchen Berechnung für verschiedene Standorte im Vergleich.

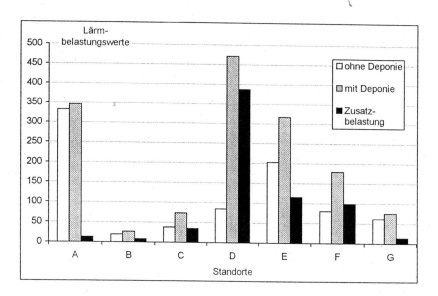

Abb. 9.6: Lärmvergleichswerte für verschiedene Deponiestandorte im Vergleich (nach TRENT 1994, 439; verändert)

SONSTIGE IMMISSIONEN

Die zeitliche Entwicklung der Immission von Luftschadstoffen hängt von einer Vielzahl von Variablen ab. Mit Baubeginn werden Baustellen- und Transportverkehr zu Emissionen führen, die sich als Immission besonders im Nahbereich auswirken werden. Abfalltransport- und Bauverkehr bleiben als Immissionsursache während der gesamten Betriebsdauer erhalten.

Nach Ende der Ablagerung wird sich die Immissionsbelastung verringern. Später kommen allenfalls Immissionen durch Reparaturen in Betracht. Die Wahrscheinlichkeit und Bedeutung von Extremfällen kann hier nicht abgeschätzt werden. Sie muß einer Risiko- und Störfallbetrachtung vorbehalten bleiben.

KLEINKLIMA

Über die Art der Betroffenheit gibt es kaum Informationen. Es müssen also Abschätzungen aus den Kenngrößen wie Sonnenscheindauer, Wind, Temperatur, Luftfeuchte usw. erfolgen. Näheres dazu enthält Kapitel 8.

LANDSCHAFTSBILD

Die Veränderungen durch die Anlage einer Deponie sind einer zeitlichen Entwicklung unterworfen. Ihre Wirkung auf das Landschaftsbild beginnt schon mit dem Abräumen der Fläche bei Baubeginn und der Errichtung einer Halle, unter deren Schutz die Abfälle abgelagert werden. Mit zunehmender Betriebsdauer erreicht die Deponie allmählich ihre Endhöhe. Das Aufbringen von Pflanzsubstrat und die Begrünung vermindern den Eindruck eines landschaftsfremden Deponiebauwerkes. Allerdings bleibt auch danach der Deponiehügel ein Fremdkörper in der Landschaft. Die ursprüngliche Qualität des Landschaftsbildes kann auch durch eine optimierte Rekultivierung nicht mehr erreicht werden.

"In seiner Kindheit und Jugend (Zeitspanne 15-20 Jahre) in einer Landschaft aufzuwachsen, die durch fortdauernde ... Eingriffe in die gewohnte Landschaft eine Erfüllung der grundlegenden Landschaftsbedürfnisse nach Schönheit, Heimat und Erholung erschwert, muß als wesentliche Störung der Lebensgrundlagen des Menschen angesehen werden" (MURL 1986, s. 152).

Der § 1 des Landschaftsgesetzes von NRW (MURL 1990a) besagt: "Natur und Landschaft sind im besiedelten und unbesiedelten Bereich so zu schützen, zu pflegen und zu entwickeln, daß (...) die Vielfalt, Eigenart und Schönheit von Natur und Landschaft als Lebensgrundlage des Menschen und als Voraussetzung für seine Erholung in Natur und Landschaft nachhaltig gesichert sind."

Die gegebenen Qualitäten, aber auch Beeinträchtigungen werden zur Beurteilung des Landschaftsbildes herangezogen. Die Landschaften sind in unterschiedlichem Maße durch kulturtechnische Eingriffe der Land- und Forstwirtschaft, durch Siedlungstätigkeit sowie sonstige anthropogene Nutzungen geprägt. Diese haben sich zum Teil charakterbildend, zum Teil aber auch zerstörerisch bemerkbar gemacht.

PSYCHOSOZIALE AUSWIRKUNGEN

Die Umwelt stellt die Rahmenbedingungen für das Handeln von Menschen dar. Der Begriff ist hier weiter gefaßt und beinhaltet
-    die natürliche Umwelt (Boden, Luft ...),
-    die soziale Umwelt (Beziehungen zu Menschen und Gruppen),
-    die kulturelle Umwelt (als historisch geschaffene Umwelt von der materiellen Infrastruktur bis hin zu Normen und Gesetzen)
(HELLPACH; nach MOGEL 1984, 22-23).

Veränderungen dieser Umwelt werden von Individuen teilweise verschieden beurteilt oder sie ziehen daraus unterschiedliche Schlüsse. JUNGERMANN/ WIEDEMANN (1990) haben diese unterschiedlichen Verhaltensweisen in bezug auf die individuelle Risikobeurteilung strukturiert (vgl Tab. 9.3). Danach werden Umweltveränderungen dann als sehr bedrohlich wahrgenommen, wenn sie besonders auffällig sind, hoher Folgeschaden vermutet wird, persönliche Betroffenheit vorliegt, das Ereignis mit nur geringen Beeinflussungsmöglichkeiten durch den Betroffenen von anderen Menschen herbeigeführt wurde und die Folgen als irreversibel angesehen werden (vgl. Tab. 9.3 mittl. Spalte).

Inkonsistenzen zwischen Risikowahrnehmung und tatsächlichem Risiko sind nach JUNGERMANN/WIEDEMANN (1990) praktisch kaum auflösbar. Denn nicht mehr die Charakteristika des Risikos im engeren Sinne (d. h. Wahrscheinlichkeit und Schaden) dominieren hier, sondern die Entstehungsbedingungen von Risiken. Die Strategie zur Minimierung von Konflikten bei unterschiedlicher Risikowahrnehmung liegt deshalb nicht primär in der

Vermittlung von Informationen und in Aufklärung, sondern in der Entwicklung von Verfahren zur politischen Auseinandersetzung und Verhandlung.

Tab. 9.3: Facetten des intuitiven Risiko-Begriffs und deren Bedeutung für die Risikobeurteilung (aus: JUNGERMANN/WIEDEMANN 1990, S. 11)

Gesichtspunkt bei der Wahrnehmung der Risikoquelle	Erhöhung des wahrgenommenen Risikos bei ...	Verringerung des wahrgenommenen Risikos bei ...
1. Wahrscheinlichkeit und Schaden		
Auffälligkeit des Ereignisses	groß	gering
Kodierung der Folgen	Verluste	Gewinne
2. Folgencharakteristika		
Katastrophenpotential eines Schadensfalles	hoch, z. B. 1000 Tote zu einem Zeitpunkt und Ort	niedrig, z. B. jeweils 1 Toter zu 1000 Zeitpunkten Orten
Betroffenheit von einem Schaden	persönlich betroffen	nicht persönlich betroffen
3. Situationsgenese		
Zustandekommen	durch Menschen	Natur
Freiwilligkeit der Risikoübernahme	unfreiwillig	freiwillig
Persönliche Beeinflußbarkeit des Geschehens	gering	hoch
Handlungsmöglichkeit bei Störfällen	Schäden sind nicht mehr reparabel oder heilbar	Schäden sind reparierbar und heilbar
4. Ambiguität		
Bekanntheit der Technologie	unbekannt	bekannt
Verständlichkeit von Ursachen und Ablauf des Schadensgeschehens	Ursachen und Ablauf kaum verstehbar	Ursachen und Ablauf gut verstehbar

Konflikte werden häufig erst dann wahrgenommen, wenn die Ursachen kollektiv erfahren und ähnlich beurteilt werden. Dies ist sehr häufig bei Abfallbehandlungsanlagen der Fall. Dem Kollektiv, welches sich in seinen berechtigten Interessen beeinträchtigt fühlt, stehen andere Akteure gegenüber, die sich selbst und die sonstigen Akteure ganz unterschiedlich beurteilen. Tabelle 9.4 zeigt diese Diskrepanz.

Tab. 9.4:   Gegenüberstellung von Selbst- und Fremdeinschätzung der Akteure
            (aus: WIEDEMANN u. a. 1991, S. 22)

Akteur	Selbsteinschätzung	Fremdeinschätzung
Entsorgungs-industrie	Sündenbock, Anbieter kompetenter Problemlösungen, mangelnde sozial-kommunikative Kompetenz, Hilflosigkeit	Umweltverschmutzer, Profitorientierung, Machtposition, Dialogverweigerer, Anlehnung an Müllpolitik, einseitige Darstellung des Nutzens, Bagatellisierung der Risiken
Verwaltung	Planer, Schlichter, Sandwichposition, mangelnde sozialkommunikative und Sachkompetenz, Hilflosigkeit	Auflagenproduzent, Industrienähe, mangelnde Bürgernähe, mangelnde Entscheidungskompetenz
Bürger-initiativen	Warner, Mahner, Vertreter von Bürgerinteressen, Expertenkorrektiv, Machtlosigkeit	Angstmacher, Konfliktanheizer, Irrationalität, Hysterie, Verhinderer pragmatischer Lösungen, fehlende Sachkompetenz, einseitige Betrachtung und Überschätzung von Risiken
Vertreter der pol. Parteien	rechtmäßige Mandatsträger, Abhängigkeit von technischer Kompetenz, Überforderung	fehlende Sachkompetenz, falsche Entsorgungskonzepte, Mißachtung von Umwelt- und Sozialverträglichkeitsgesichtspunkten
Anwohner	Benachteiligte, Machtdefizit, Opfer, Verlierer	Irrationalität, Hysterie, Verhaftung an Eigeninteressen, mangelnde Sachkompetenz, Emotionalisierung der Debatten, einseitige Betrachtung der Risiken
Überregionale Umweltschutzgruppen	Anwalt der Natur, Ratgeber für BIs, Anbieter der richtigen Entsorgungs- konzepte, Machtdefizit	Angstmacher, Konfliktanheizer, Vertreter der falschen Entsorgungspolitik, einseitige Betrachtung und Überschätzung der Risiken
Gutachter	technische Experten, Unabhängigkeit	kompetente Partner in der Auseinandersetzung, Abhängigkeit von Auftraggebern
Gegengutachter	technische Experten, Unabhängigkeit	kompetente Partner in der Auseinandersetzung, Abhängigkeit von Auftraggebern, Konfliktanheizer, überzogene Forderungen

Warum wehren sich so viele Anwohner gegen die Einrichtung von Deponien, speziell Sonderabfalldeponien, in ihrer Nachbarschaft? Einige einzubeziehende Aspekte hat STIEF auf die knappe Formel gebracht: "Im übrigen fühlt sich die Nachbarschaft einer Deponie, insbesondere einer Sonderabfalldponie gefährdet, in der Lebensqualität beeinträchtigt und am Eigentum geschädigt"(STIEF 1987).

Es geht also um folgende Punkte:
1. Angst vor Schadstoffen
2. Veränderung des Landschaftsbildes und · damit ein Stück Identitätsverlust (Verlust an Heimat)
3. Entzug derzeitiger individueller und kollektiver Nutzungen und alternativ denkbarer Nutzungen der entsprechenden Fläche der künftigen Sonderabfalldeponie und ihres Umfeldes
4. Ökonomische Einbußen (z. B. für die Vermarktung biologisch erzeugter Nahrungsmittel aus dem Umfeld einer Sonderabfalldeponie).

Diese Bereiche sind in Umweltverträglichkeitsuntersuchungen noch erheblich defizitär und es fehlen weitgehend methodische Grundlagen.

Die Gesellschaftswissenschaften befassen sich seit einiger Zeit mit Problemen der Umwelt. Allerdings beziehen sich wesentliche Abhandlungen überwiegend auf Handlungen des Menschen und der Gesellschaft gegenüber der zu schützenden Umwelt (FIETKAU 1984, LUHMANN 1986, WEHLING 1989 und PREUSS 1991 seien hier stellvertretend genannt).

Außerhalb der meßbaren Belastungen von Stoff- und Schallemissionen besteht jedoch ein Mangel an Erkenntnis bzgl. des Menschen als Betroffenem von gesellschaftlichem und menschlichem Umwelthandeln. Die besondere Bedeutung des Wohnens und des Wohnumfeldes wird jedoch zunehmend auch unter den Gesichtspunkten der Ökologischen Psychologie erkannt (vgl. u. a. MOGEL 1984; MILLER 1986 und KRUSE/GRAUMANN/LANTERMANN 1990). Allerdings sind solche Untersuchungen weitgehend auf städtische Gebiete bezogen.

Eingehende psychologische und soziologische Studien zur Betroffenheit von Anwohnern von Abfallentsorgungsanlagen liegen bisher nur in geringem Maße vor. Um so mehr wird im Bereich der Verfahren an Fallstudien gearbeitet (vgl. u. a. EBERT u. a. 1992, LINDEMANN 1992, WIEDEMANN u. a. 1991).

So klaffen derzeit zwei große Lücken bei Standortuntersuchungen:
1. Die Lücke zwischen den Partizipationsforderungen Betroffener (vom Informieren über das Austauschen zum Verhandeln) und den gesetzlich vorgeschriebenen Beteiligungsmöglichkeiten (UVP-Gesetz, Planfeststellungsverfahren u. a.).
2. Die Lücke zwischen den Kenntnissen über tatsächliche Emissionen und Immissionen von Deponien und den von verschiedenen Akteuren vermuteten.
Die Lücken sind ein idealer Nährboden für Ängste und Befürchtungen.

So lange an der Schließung dieser Lücken nicht intensiver gearbeitet wird, müssen weiterhin die entsprechenden Auseinandersetzungen geführt werden und es besteht mangels Kenntnis über stoffliche und andere Betroffenheit die Notwendigkeit, über diese zu entscheiden. Unstreitig ist die Existenz der Probleme, während die Ursachen unterschiedlich beurteilt werden.

Aus verschiedenen Untersuchungen geht hervor, daß chemischen Emissionen ein ähnlich hohes Risiko zugeschrieben wird, wie der Atomenergie (vgl. NOEKE/TIMM 1990, S. 18). NOEKE/TIMM (1990, S. 19-31) stellten soziale und psychologische Aspekte zusammen, die nachfolgend kurz skizziert und ergänzt werden (vgl. auch Tab. 9.3):

Freiwilligkeit / Unfreiwilligkeit

Anwohner von Sondermülldeponien, Müllverbrennungsanlagen oder Altlastenge-bieten fühlen sich im allgemeinen dem davon ausgehenden Gefahrenpotential un-freiwillig ausgesetzt und sind daher häufig nicht bereit, das Risiko zu akzeptieren. ... Aus ihrer Sicht hat man ihnen eine gefährliche Anlage 'von außen' vor die Tür gesetzt, wobei das Gefühl einer ungerechten Behandlung verbreitet sein dürfte, warum gerade sie und nicht andere diesem Risiko ausgesetzt wurden.
Dieser Aspekt gewinnt an Bedeutung bei Sonderabfallbehandlungsanlagen, die in ländlichen Gebieten errichtet werden sollen, also weit weg von den Ballungsräu-men, in denen diese Stoffe überwiegend verwendet werden.

Schwere der Folgen

Hierbei handelt es sich um ein Merkmal, das mit 'Katastrophenpotential' umschrie-ben werden kann. Es wird vor allem solchen Gefahrenpotentialen zugeschrieben, deren Folgen als 'unkontrollierbar', 'schrecklich', 'tödlich' angesehen werden. Je stärker einer Risikoquelle ein solches Katastrophenpotential zugeschrieben wird, desto geringer ist die Bereitschaft, das davon ausgehende Risiko zu akzeptieren.
Dies gilt auch für Anwohner von Altlasten, und da Deponien als potentielle Altla-sten angesehen werden, herrschen entsprechende Vorstellungen über das Aus-maß der Schäden, die durch sie angerichtet werden können. Nach der Meinung von Anwohnern kann sich niemand effektiv schützen; die Emissionen sind für sie unkontrollierbar, so daß das Risiko, z. B. Krebs zu bekommen, um ein vielfaches höher angesehen wird als durch Tschernobyl.

Bekanntheit / Unbekanntheit

Der Unbekanntheitsfaktor ist bei Abfallbehandlungsanlagen in starkem Maße ge-geben, wenn selbst Sachverständige kontroverse Meinungen austauschen. Ein betroffener Anwohner einer geplanten Sonderabfallverbrennungsanlage charakte-risierte deren Emissionen mit dem Satz: 'Da kommt das gesamte Periodensystem aus dem Schornstein', und ein anderer Befragter nannte eine stillgelegte Sonder-abfalldeponie eine 'selbstlaufende Giftküche'.
Besonders über die Auswirkungen der chemischen Emissionen liegt nach Ansicht aller Betroffenen noch relativ wenig gesichertes Wissen vor, vor allem hinsichtlich der Validität von Grenzwerten, der Wechselwirkungen der verschiedenen Schad-

stoffe und der Langzeitfolgen. Dieses Phänomen verstärkend kommt hinzu, daß der Mensch für viele chemische Emissionen keine entsprechenden sensorischen Rezeptoren besitzt und sie nicht riechen, sehen oder schmecken kann.

Gesundheitliche Schädigungen als Grundlage der individuellen Ängste und sozialen Konflikte

Im Vordergrund der Belastungsängste stehen bei den meisten Anwohnern mögliche medizinische Schädigungen. Gerade hier besteht jedoch das Problem, daß Kausalitäten zwischen medizinischen Befunden und vermuteten Gründen bisher nicht in dem Maße nachgewiesen wurden, wie wir das bei unmittelbaren Ursache-Wirkung-Effekten gewohnt sind (vgl. Kap. 5.5).
Wenn jedoch eine direkte Erkrankungsursache bisher kaum nachgewiesen werden konnte, so werden wir zunehmend mit anderen Arten von Kausalität konfrontiert. Niedrigdosierung kann langsamwirkende Effekte auslösen, und für die Entwicklung von psychosomatischen Leiden genügt das Vorhandensein von Ängsten allemal.

Psychische Belastungen

Ängste und Enttäuschungen, die in den jeweiligen Anlagen/Arealen begründet sind, führen nach Angaben der meisten Befragten in ihrem Leben zu Störungen im täglichen Lebensablauf. Die Konzentration des Denkens z. B. auf die Bodenverunreinigung wurde als ein wesentliches negatives Streßelement empfunden. ... Bei den psychischen Belastungen stehen die ständigen Sorgen und Angst, 'daß es langfristig zu Krankheiten führt', im Vordergrund.
Ein wesentliches psychisches Belastungsmoment besteht auch darin, daß das Denken und Handeln der Befragten ständig auf das Altlastenproblem bzw. die Entsorgungsanlage konzentriert ist: 'Die ganze Sache verfolgt uns noch im Schlaf, 24 Stunden geht es uns im Kopf herum ... Abschalten ist nicht möglich'. Unter den Befragten haben einige sogar ihre berufliche Tätigkeit stark eingeschränkt, im Extremfall auch ganz aufgegeben, weil ihnen die Lösung des Problems wichtiger erscheint. Häufig berichten die Befragten von Änderungen in den Ernährungsgewohnheiten. Das betrifft nicht nur Produkte aus dem eigenen Garten, sondern auch aus der landwirtschaftlichen Produktion der Umgebung.
Für einige Anwohner einer Altlast besitzen die psychischen Folgen eine zentrale Bedeutung.

Soziale Konflikte in Familien, Gruppen und Nachbarschaften

Die gemeinsame Betroffenheit führt in den meisten untersuchten Fällen zunächst zu einer Solidarisierung. Diese Solidarität wird dann brüchig, wenn materielle Interessen eine Rolle spielen, was zum Beispiel durch Entschädigungszahlungen hervorgerufen wird. Konflikte entstehen aber auch durch unterschiedliches Umgehen mit dem Problem, und dieses unterschiedliche Umgehen erstreckt sich von den Gruppen über die Generationen bis hin in die Familien. Darüber hinaus wird von zunehmendem Mangel an Kontakten berichtet, der daher kommt, weil sich z. B. Gäste durch den Geruch einer benachbarten Sondermüllverbrennungsanlage belästigt fühlen. Konflikte mit Behörden und anderen benachbarten Institutionen belasten zusätzlich, insbesondere dann, wenn sich erst einmal Mißtrauen über deren Handeln und Strategie eingeschlichen hat.

Die angeführten Aspekte können auch zur Beschreibung der subjektiven Befindlichkeit entsprechend der WHO-Definition von Gesundheit herangezogen werden.

Menschen haben ganz unterschiedliche Ansprüche an ihre Wohnumwelt, die von sehr vielen Faktoren aus dem gesellschaftlichen Rollenverhalten und der psychischen Befindlichkeit abhängen. Diese Wahrnehmungs- und Handlungsräume erschließen sich standortbezogen nur durch empirische Untersuchungen, denn die Übertragbarkeit von Erkenntnissen aus anderen Bereichen, z. B. Altlasten, stößt natürlich - auch bei Analogien - an Grenzen.

Psychosoziale Auswirkungen sind insofern ein "Summenparameter" (TRENT 1994). Er kann sich zusammensetzen aus

– drei Dimensionen von **Betroffenheit** (nach RAMMSTEDT 1981):
  + Erwartungen in die Zukunft
  + das tägliche Handeln und Verhalten
  + die Beziehungen zu anderen Personen

und ist beurteilbar nach
– **Kriterien für Sozialverträglichkeit:**
  + Reduzierung von Konfliktpotential
  + freie Wahl des Lebensstils
  + Offenhalten von Zukunftsmöglichkeiten
  + Minimierung wirtschaftlicher Nachteile
  + Minimierung sozialer Störungen am Ort
  + vorhandene soziale Strukturen
  + vorhandene Kulturgüter
  + Verhältnis Mensch - Natur
  + Verhältnis Mensch - Heimat
  + psychische Auswirkungen (Stress, Angst)

Die Kriterien für Sozialverträglichkeit können auch als Handlungsorientierung zum Abbau von Betroffenheit verwendet werden.

Zeitliche Entwicklung

Der Verlauf von Planungsverfahrens zeigt, daß die betroffenen Anwohner und Gemeinden entsprechend den o. g. Teilen des "Summenparameters" Probleme wahrnehmen und entsprechend handeln.

Es wird vermutet, daß diese Sensibilität und Wachheit innerhalb des Zeitraums von Planung, Bau und Betrieb mit Schwankungen anhält (in kritischen Situationen als "Wechselbad der Gefühle") und erst gegen Ende des Betriebes mit Abnahme der meßbaren Auswirkungen des Deponiebetriebes in eine Stillhaltephase tritt, die durch mögliche Vorkommnisse während des Kontrollbetriebes aktiviert werden kann (vgl. Kap. 11.1).

Das bedeutet zusätzlich, daß meßbare Immissionen wie Lärm, Geruch etc. zeitweilig erträglich sein oder ganz gegen Null gehen können. Die Wahrnehmung ihrer Möglichkeit und die Bedrohung durch Extremfälle ist jedoch unterschwellig ständig präsent (s. Abb. 9.7).

BETROFFENHEIT VON UMLIEGENDEN WOHNNUTZUNGEN

Die standortunabhängigen Auswirkungen von Bau und Betrieb einer Abfalldeponie treffen an konkreten Standortalternativen auf Menschen. Sie können in ihrer Wohnung und Umgebung oder an ihrer Arbeitsstätte von den Auswirkungen der Deponie betroffen werden. Die Übersicht in Tabelle 9.5 faßt noch einmal alle Zeitverläufe zusammen.

Tab. 9.5: Zeitliche Entwicklungen der Wirkungsintensitäten innerhalb des Problembereichs "Bebauung" (TRENT 1994)

Wirkung	Bau-/Betriebsphase	Kontrollbetriebsphase
Flächenbeanspruchung / Zerschneidungseffekte	höher	mittel
Lärm	höher	geringer
Sonstige Immissionen[1]	höher	geringer
Kleinklimaveränderung	geringer	höher
Landschaftsbildveränderung	höher	mittel
Psychosoziale Auswirkungen[2]	höher	höher

1 nur Normalfall
2 Psychosoziale Auswirkungen treten bereits während der Planungsphase auf.

Für die Betroffenheit von Menschen in ihren Wohnungen spielt die Nähe der Wohnhäuser zur Deponie bzw. zur Zufahrt die wesentliche Rolle. Dieser Lageaspekt steht bei der vergleichenden Beurteilung im Vordergrund. Die Intensität des dadurch resultierenden Konfliktes zwischen Ansprüchen an Wohnen und die Beeinträchtigung dieser Ansprüche durch die Deponie verbleibt als Maßstab für die vergleichende Beurteilung.

Dieser quantitative Aspekt soll nicht zu der Vermutung führen, daß die Nähe von Einzelpersonen zur Deponie zugunsten der größeren Anzahl von Personen geringer geachtet wird. Hier geht es darum, Unterschiede zwischen den Standortalternativen zu ermitteln, was über die Entfernung von Wohnhäusern zu Deponie und Zufahrtswegen vorgenommen wird. Die Betroffenheit von einzelnen Personen muß bei der Abwägung zur Standortauswahl beachtet werden.
Die Bedeutung des Kriteriums "Wohnen" ist für vergleichende Standortbeurteilungen i. d. R. von ungleich höherer als das Kriterium "Arbeiten".

Als grober Anhaltspunkt für die Wahl einer geeigneten Meßgröße (Abstand in Metern) kann zunächst der Abstandserlaß NW (MURL 1990b) dienen. Dort wird für Wohngebiete ein Mindestabstand von 500 Metern zu Deponien gefordert. Sicherlich ist aber hinsichtlich des Grads der Beeinträchtigung **unterhalb** dieser Marke eine weitere Differenzierung möglich, da Lärmemissionen, Stäube und Gerüche "abstandsbestimmend" sind, und in Bezug auf Immissionen im unmittelbaren Nahbereich der Deponie eine höhere Konfliktintensität zu erwarten ist.

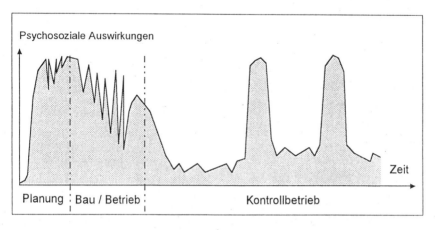

Abb. 9.7: Zeitliche Entwicklung psychosozialer Auswirkungen einer Deponie (Prinzip)

Der "Nahbereich" wird von den Auswirkungsbereichen mehrerer Faktoren bestimmt. Die Auswirkungsbereiche von
- Lärm
- sonstigen Immissionen und
- Kleinklima

zeigen jeweils nach ca. 200 Meter Entfernung zur Deponie eine deutliche Abnahme der Wirkungsintensität.

Tab. 9.6: Definition von verschiedenen Abständen zu Deponie und Zufahrten für den Standortvergleich

• Nahbereich:	
Abstand zu Zufahrten	100 Meter
Abstand zur Deponie	200 Meter
• nach Abstandserlaß:	500 Meter
• nach Optimierungsgrundsatz:	1000 Meter
(TRENT 1987)	

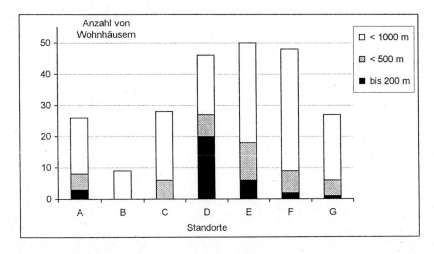

Abb. 9.8: Vergleichende Beurteilung der Standortalternativen - Lage von Wohnhäusern zu Deponie und Zufahrtswegen - (nach TRENT 1994, 469)

Hinsichtlich der visuellen Wahrnehmung der Deponie gilt je nach Kleinteiligkeit der Landschaft für die Beurteilung von Landschaftsbildbeeinträchtigungen ebenfalls eine Entfernung bis zu 200 m als Nahzone (vgl. MURL

1986, S. 144). Mit zunehmender Entfernung sind somit objektiv auch für die
Wirkungen auf das Landschaftsbild und hinsichtlich psychosozialer Effekte
abnehmende Intensitäten zu erwarten. Allerdings können subjektive Betroffenheiten von den genannten Größenordnungen stark abweichen. Tabelle 9.6
gibt eine Orientierung über mögliche Abstände. Abbildung 9.8 zeigt ein
mögliches Ergebnis für eine vergleichende Abstandsbetrachtung.

9.4.2 WASSERWIRTSCHAFT

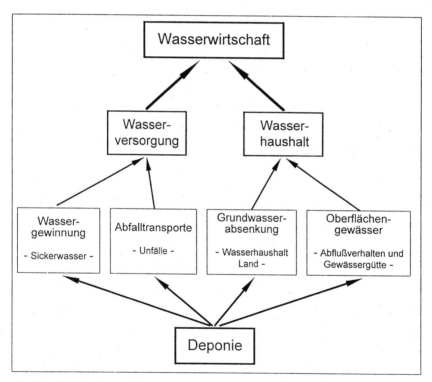

Abb. 9.9: Problembereich Wasserwirtschaft

Die beschriebenen Auswirkungen werden zum Standortvergleich den Kriteri-
en Wasserversorgung und Wasserhaushalt zugeordnet (vgl. Abb. 9.9).

Unter **Wasserversorgung** wird untersucht und verglichen, ob eine Gefährdung oder Beeinträchtigung der Möglichkeit gegeben ist, Menschen und Haustiere mit Wasser zu versorgen, welches am Standort vorhanden ist, mit diesem in Verbindung steht oder sich am Rande von Transportwegen befindet bzw. mit diesen in Verbindung steht.

Mit **Wasserhaushalt** werden die am Standort vorhandenen hydrologischen Bedingungen und deren mögliche Veränderungen durch die Deponie beschrieben, also Grundwasserstand, Abflußverhältnisse, Gewässergüte usw. Zu diesem Bereich wird auf Kapitel 8 verwiesen.

Deponiestandorte stehen in unterschiedlicher Weise mit der Wasserversorgung von Menschen und Haustieren in Verbindung. Dies ist bei einer perfekt funktionierende Deponie nicht erheblich, doch gibt es grundsätzliche Gründe zur Besorgnis gemäß Wasserhaushaltsgesetz.

Maßgeblich sind die Extremfälle, die während Bau und Betrieb sowie Kontrollbetrieb der Deponie wirksam werden können.
Maßgeblich ist weiterhin der Normalfall "kontaminiertes Sickerwasser", welcher sich einstellt, wenn nach einem noch nicht zu bestimmenden Zeitraum Dichtungsfolien unwirksam werden können (vgl. Kap. 11).

Betroffen können die Haus- und Weidebrunnen im Nahbereich der Deponie, Wassergewinnungsgebiete im Unterlauf der betroffenen Flußgebiete und wasserhöffige bzw. zur zukünftigen Wassergewinnung geeignete Gebiete sein.
Hinzu kommen mögliche Unfälle während des Deponiebetriebes.
Bei Unfällen während des Transportes von Abfällen und Sickerwasser können auch andere Einzugsgebiete betroffen sein.

HAUS- UND WEIDEBRUNNEN

Es sollte ein Untersuchungsraum um die Deponie herum ausgewählt werden. Die Wahl der Entfernung dient in erster Linie als Hilfsgröße, um einen Vergleich von Standorten zu ermöglichen und ist physikalisch nicht begründet. Hilfsweise können Überwachungsmodalitäten von Deponien herangezogen werden. So wird vom NIEDERSÄCHSISCHEN LANDESAMT FÜR BODENFORSCHUNG und vom NIEDERSÄCHISCHEN LANDESAMT FÜR WASSER UND ABFALL (1991) eine innere Überwachungszone um die Deponie herum vorgeschlagen, deren äußere Begrenzung maximal durch die 200-Tage-Linie bestimmt wird. Der Zeitschritt 200 Tage wurde gewählt,

damit bei der in der Regel zweimal jährlich erfolgenden Grundwasserbepro-
bung die frühzeitige Erkennung einer Kontamination des Deponieumfeldes
gewährleistet wird.

Bei einer kalkulatorisch angesetzten Grundwasserfließgeschwindigkeit von
1,0 m/d ergibt sich eine Linie von 200 m um die äußeren Abmessungen der
Halde, innerhalb der keine Nutzung vorgenommen werden soll, die durch die
Deponie beeinträchtigt werden könnte.

Ohne genaue Kenntnisse über die Strömungverhältnisse in den quartären
Deckschichten wird angenommen, daß im Flachland mit örtlich stark wechselnden Fließverhältnissen in den Deckschichten gerechnet werden muß und
daher vorsorglich ohne Berücksichtigung der Hauptströmungsrichtung mit einer gleichmäßigen Verbreitung von Sickerwasser um die Deponie gerechnet
wird. Grundwasserströmungsberechnungen können bessere Aufschlüsse erbringen, wenn vorher die örtlichen Verhältnisse genauer erkundet wurden.

WASSERGEWINNUNGSGEBIETE
IM UNTERLAUF ANLIEGENDER FLIEßGEWÄSSER

Auch hier sollte ein Untersuchungsraum gewählt werden mit dem Ziel, eine
Standortbeurteilung zu ermöglichen. Sie berücksichtigt den für einen Standortvergleich maßgeblichen Besorgnisgrundsatz insofern, als anzunehmen ist,
daß die Gefährdung des Wassers mit der Entfernung bzw. dem Fließweg von
der Deponie abnimmt und daher die näheren Bereiche um die Deponie und
stromabwärts auf jeden Fall gefährdeter sind. Eine Ausbreitungs- und Trans-
portrechnung, verbunden mit einer Abschätzung über die Verdünnung von
Schadstoffen längs des Fließweges, könnte die Besorgnisvermutung und die
zu berücksichtigende Entfernung konkretisieren.

UNFÄLLE BEIM TRANSPORT
VON ABFÄLLEN UND KONTAMINIERTEM SICKERWASSER

Da bei der Planung nicht bekannt ist, welchen Weg Sickerwassertransporte
nehmen werden, können nur die Strecken der Abfalltransporte betrachtet werden. Bei Standorüberprüfungen und Sanierungsvorhaben sind hingegen die
Verhältnisse bekannt bzw. können festgelegt werden.

9.4.3   NATURHAUSHALT UND LANDSCHAFTSPFLEGE

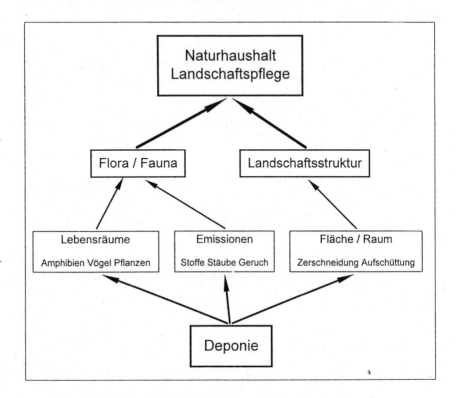

Abb. 9.10: Problembereich Naturhaushalt und Landschaftspflege

Welches könnten die für Natur und Landschaft wesentlichen Auswirkungen
einer Deponie sein? Zu denken ist hier zunächst an die Wegnahme bzw. Beeinträchtigung von Lebensräumen für Pflanzen- und Tierarten sowie Biotope.
Bleiben diese Lebensräume selbst erhalten, könnten sie durch Emissionen
(Stoffe, Stäube) geschädigt werden. Zusätzlich wäre es auch vorstellbar, daß
die mit Lärm/Bewegung verbundene Betriebsamkeit auf den Deponiestandorten empfindliche Arten im Umfeld ebenfalls beeinträchtigen könnte. Schließlich werden die strukturellen Bedingungen der Standorte, also die Landschaft
als Basis für Flora und Fauna, durch die Deponie beeinflußt. Diese Auswirkungen könnten den Kriterienbereichen Flora, Fauna und Landschaftsstruktur
zugeordnet werden (vgl. Abb. 9.10).

Die Schwierigkeit der Bewertung, welche in Kap. 9.3 grundsätzlich behandelt wurde, stellt sich hier wie folgt: Wie sollen Standorte pauschal miteinander verglichen werden, wenn die zu beurteilenden Sachverhalte nicht vergleichbar sind? Standorte bieten durch ihre räumliche Lage und strukturelle Besonderheiten unterschiedlich günstige Bedingungen für Lebensräume verschiedener Arten. Die Auswirkungen der Deponie müßten für unterschiedliche Tier- und Pflanzenarten, Biotope und Landschaftsstrukturen einschließlich ihrer zeitlichen Entwicklung bedacht werden, denn jede Art und jede Struktur an jedem Standort wird anders auf einen Störfaktor Deponie reagieren, weil es neben vielseitigen und anpassungsfähigen Arten auch spezialisierte und an bestimmte Standorte angepaßte bzw. gebundene Arten gibt. Eine Zusammenfassung unter dem Begriff "Naturhaushalt" würde einen Vergleich von z. B. Vögeln mit Amphibien, Pflanzen mit Landschaftsstrukturen mit sich bringen, wenn der Standort insgesamt erfaßt werden soll.

Eine Zusammenfassung der Beurteilungselemente ist nach Berücksichtigung der oben angerissenen Problematik wissenschaftlich nicht möglich. Die Abgabe von entsprechenden Werturteilen bleibt daher den am Verfahren beteiligten Institutionen und Personen vorbehalten und ist weitgehend eine politische Entscheidung. Das bedeutet, daß ein Gutachter die Aufgabe erfüllen soll, die vorliegenden Sachverhalte entscheidbar zu machen.

Dies wird dadurch versucht, daß die komplexe naturhaushaltliche Struktur der Standorte in die Beurteilungselemente

- **Empfindlichkeit auf Immissionen**
- **mögliche Beeinträchtigungen der Lebensräume von Amphibien, Vögeln und Pflanzen**
- **Veränderung der Landschaftsstruktur**

aufgelöst wird. Diese Auswahl wird wie folgt begründet (vgl. TRENT 1994).

Ziel einer Untersuchung sollte es sein, einen dem Verfahrensstand angemessenen ganzheitlichen Eindruck des jeweiligen Untersuchungsraumes zu vermitteln, der sowohl fachwissenschaftlichen Ansprüchen genügt, als auch den zuständigen Entscheidungsinstitutionen und den betroffenen Bürgern eine Beurteilung des Gebietes ermöglicht. Dieser Anspruch ist in den verschiedenen zu untersuchenden Bereichen unterschiedlich gut zu erfüllen.

Während Nutzungen in der Regel entweder dokumentiert vorliegen oder durch Begehungen und Befragungen mit einigem Aufwand relativ vollständig ermittelt werden können, sind Belange des Naturhaushaltes umso weniger bekannt, je weniger Nutzungsansprüche damit verbunden sind. Ökologisch systemare Sachverhalte sind häufig genug noch nicht einmal theoretisch beschrieben worden und allein die Aufstellung eines vollständigen Arteninventars ohne ökosystemare Wechselwirkungen kann mehr als eine Dekade in Anspruch nehmen.

Ökosysteme sind komplexe und zum Teil hochgradig variable Lebensgemeinschaften einschließlich ihres Lebensraumes. "Sie vollständig zu beschreiben und die Vorgänge in ihnen restlos aufzuklären, ist noch weniger möglich als bei einem einzelnen Organismus. Man kann sich immer nur auf bestimmte Aspekte konzentrieren ..." (ELLENBERG u. a. 1986, S. 19 u. 20).
Im Rahmen einer Standortüberprüfung oder Umweltverträglichkeitsuntersuchung, die darüber hinaus ggf. einen Standortvergleich ermöglichen soll, kann es nicht um eine vollständige Untersuchung von Ökosystemen gehen, sondern um ein Vorgehen, welches geeignet ist, die gefragten Aspekte ausreichend zu beantworten.

Begrenzende Faktoren solcher Untersuchung sind

- **die zur Verfügung stehende Zeit (i.d.R. eine Vegetationsperiode),**
- **der vertretbare Aufwand,**
- **die Beobachtbarkeit ökologischer Sachverhalte.**

Ein geeignetes, allgemein anerkanntes Konzept zur Ermittlung und Bewertung faunistisch-ökologischer Grundlagendaten existiert derzeit nicht (vgl. RIECKEN 1992). Obwohl im UVPG (§ 2 Abs. 1, Satz 1) die Ermittlung, Bewertung und Beschreibung der Auswirkungen eines Vorhabens auf Tiere und Pflanzen ausdrücklich genannt werden, sind tierökologische Untersuchungen im Rahmen von Umweltverträglichkeitsuntersuchungen dementsprechend noch eher die Ausnahme. Andererseits können über die Kartierung von Pflanzeninformationen oder Biotoptypen besiedlungsbestimmende Qualitäten für Tierarten nur unzureichend bzw. gar nicht erfaßt werden: die meisten Tierarten stellen wesentlich komplexere Ansprüche an ihre Umwelt als Pflanzenarten; darüber hinaus stimmen aus der Sicht des botanischen gegenüber dem zoologischen Arten- und Biotopschutz Wertigkeiten von Gebieten oft nicht überein (REINKE 1993).

Amphibien

Amphibien stellen wegen ihrer relativen Standortbindung und ihres jahreszeitlichen Wanderverhaltens einen nützlichen Indikator dar. Sie ermöglichen gleichzeitig - implizit - z. B. gewisse Aussagen über die Qualität von Oberflächenwasser und Oberflächengewässern, von Bodensubstrat und über den Insektenbesatz eines Standortes. Darüberhinaus sind (seltene) Amphibienarten nicht nur Zeiger für Lebensraumqualität, sondern selbst eine wertbestimmende Größe für einen Standortvergleich.

Vögel

Auskunft über Einbindungen eines Standortes in seine Umgebung geben (z. B. am Standort brütende) **Vögel**. Sie sind von größerer Mobilität als Amphibien und ermöglichen gewisse Aussagen über die räumliche Kleinstruktur von Standort und Umgebung, dessen Nutzung und Substratqualität. Vor allem seltene Arten wären zudem - wie auch bei den Pflanzen - wertbestimmende Größen.

Säuger können diese Funktionen teilweise ebenfalls erfüllen. Ihre Erfassung ist jedoch aufwendiger und standortflächenbezogen nur durch Kastenfallen möglich - der Fang ist in der Regel mit dem Tod des gefangenen Tieres verbunden. Nach LEIBL (1988) können bei einer solchen Erhebung über 75 % der Tiere zu Tode kommen. Zudem ist die Methode besonders störanfällig. Auf eine Erfassung von Säugern daher nur in besonderen Fällen zurückgegriffen werden.

Amphibien und Vögel sind außerdem geeignet, eine ganze Reihe von Biotoptypen hinsichtlich Zustand und Empfindlichkeit zu beurteilen. Eine entsprechende Aufstellung findet sich bei REINKE (1993), der für die Entwicklung eines Verfahrensansatzes zur Berücksichtigung zoologischer Informationen bei der UVP in Anlehnung an PLACHTER verschiedenen Biotoptypen geeignete Tierartengruppen zugeordnet hat.

Pflanzen

Andere Merkmale eines Standortes werden durch **Pflanzen** in ihrem spezifischen Beziehungsgeflecht beschrieben. Einzeln oder innerhalb einer Pflanzengesellschaft bilden sie zudem als Primärproduzenten die Basis für Ökosysteme, sind also Voraussetzung für das (kleinräumige) Vorkommen von Konsumenten unterschiedlicher Ordnung in einem Ökosystem. Ebenso wie die Amphibien werden die Pflanzen der Roten-Liste als Indikator für die Umweltqualität eines Standortes herangezogen. Sie geben mittelbar einen Hinweis auf die Empfindlichkeit eines Standortes gegenüber außergewöhnlichen Eingriffen.

Landschaftsstruktur

Schließlich ermöglicht die **Landschaftsstruktur** methodisch Aussagen über das Potential für Besiedlungsmöglichen von Arten, ohne daß diese selbst bei Stichproben vor Ort angetroffen werden müssen (zur zeitlichen Entwicklung siehe Abb. 9.12).

Dieser Vorschlag für naturhaushaltliche Erhebungen an Standorten (TRENT 1994) geht über das hinaus, was in der gängigen Planungspraxis im Rahmen von Umweltverträglichkeitsuntersuchungen zum faunistischen Bereich ermittelt wird. Eine Erhebung zu diesem Aspekt in NRW hat ergeben, daß in Gutachten zur Eingriffsregelung in den 80er Jahren lediglich 10 % der ausgewerteten Verfahren eigene tierökologische Untersuchungen umfaßten (KLEINSCHMIDT 1991).

Erster Schritt ist eine flächendeckende Kartierung der Nutzungen und Landschaftselemente auf den Standorten und im Radius von 1000 m um die Standorte herum (nach TRENT 1987 u. 1994). Weitere Beobachtungen zu Flora und Fauna finden über die Vegetationsperiode verteilt statt, um die zu unterschiedlichen Zeiten beobachtbaren Arten zu erfassen. Dem Untersuchungszweck entsprechend werden die (potentiellen) Standortflächen und ihr näheres Umfeld intensiver beobachtet, da zu erwarten ist, daß die Intensität des Eingriffes durch die Anlage einer Abfalldeponie im diesem Bereich am größten sein wird.

Die Untersuchungen vor Ort werden in der Regel zu Fuß und zu unterschiedlichen Tageszeiten sowie auch nachts durchgeführt. Nachtbeobachtungen (v. a. akustisch) sind notwendig, da die Nist- und Brutplätze nachtaktiver Vögel tagsüber nicht ausreichend genau ermittelt werden können. Zusätzlich zu diesen Erhebungen sollten Unterlagen von Fachdienststellen Naturschutzverbänden ausgewertet und Hinweise von Anwohnern aufgenommen werden. Die Angaben Externer sollten vor Ort überprüft geprüft werden, um Differenzen hinsichtlich des Informationsstandes zu den einzelnen Standorten zu vermeiden. Auch können amtliche Biotopkataster nicht mehr auf dem neuesten Stand sein.

Der Anspruch auf Vollständigkeit kann bei Erhebungen über eine Vegetationsperiode generell nicht erhoben werden. Mit der vollständigen Flächenkartierung werden landschaftsökologische Potentiale erhoben. Mit der Ermittlung von Besonderheiten und dem Festhalten von ausgewählten Allerweltsarten werden Standortcharakteristika beschrieben. Soweit in Anbetracht des ungelösten Problems der Bioindikation Standorte für den Zweck des Vergleichs beschrieben werden können, sind die ermittelten Daten zu verwenden. Repräsentanz kann dabei systematisch nur für den Standort versucht werden. Für die verschiedenen Erscheinungsformen (Größe, Geometrie) der Deponie und ihre Emissionen kann Repräsentanz nur grob angedeutet werden für

- **die Wegnahme von Flächen**
- **Störungen**
- **Empfindlichkeit auf stoffliche Emissionen (dies nur sehr allgemein, da in diesem Planungsstadium Näheres nicht bekannt ist).**

Kartendarstellungen sollten der Vermittlung eines Eindruckes über den Charakter des jeweiligen Standortes dienen (sie sind auch ein Element der Öffentlichkeitsarbeit); sie soll den Betrachter in die Lage versetzen, **für den jeweiligen Standort "ein Gefühl zu bekommen"**. Reine Kartierungsprotokolle vermitteln dieser Eindruck in der Regel nicht. Daher werden nicht alle erhobenen Fundstellen vollständig in die Karten übertragen, sondern es sollte eine standorttypische Auswahl von Charakterarten und Ubiquisten dargestellt werden, z.B.:

- **Amphibien und Reptilien:**
  sämtliche angetroffene Arten und Laichplätze
- **Vögel:**
  sämtliche angetroffene Arten der Roten Liste sowie ausgewählte Arten, die charakteristisch für bestimmte Lebensräume sind (z. B. Feldlerche als Charakterart der offenen Ackerflur, Hänfling als Charakterart für eine heckenreiche Landschaft)
- **Pflanzen:**
  nur vorgefundene Rote-Liste-Arten, ggf. ergänzend seltene Kulturpflanzen.

Zu diesen Artengruppen werden wesentliche Einwirkungsformen durch die Deponie beschrieben (vgl. auch Tab. 9.7).

Eine **Biotopvernichtung** wird im wesentlichen auf der Deponiefläche und den dazugehörigen Betriebseinrichtungen und Anlagen zur Erschließung

(Straßen) des Geländes stattfinden. Aus der Biotopvernichtung folgen direkte Bestandseinbußen bei den dort angesiedelten Tier- und Pflanzenarten. Mobile Arten (z. B. Vögel, Säuger usw.) können grundsätzlich in anderen Bereichen Ersatzlebensräumen finden. Nichtmobile Arten, wie zum Beispiel Amphibien, sind auf ein Laichgewässer geprägt und haben es daher schwerer, in andere Bereiche auszuweichen.

Als besonderer Einzeleffekt treten zumindest zeitweise **Zerschneidungen** von Lebensräumen auf, wenn eine Erschließungsstraße beispielsweise das Laichgewässer einer Amphibienart von dem üblichen Landlebensraum abschneidet. Trennwirkungen von Lebensräumen treten vor allem bei Tierarten mit ausgesprochenem Mobilitätsverhalten auf (Laichwanderungen, Wildwechsel, usw.).

Einflußzonen ergeben sich aus Stoffverlagerungen, Verlärmung und aus Standortveränderungen durch Grundwasserabsenkungen.

Tab. 9.7: Der Zeitraum des Auftretens von Einzeleffekten (Wirkungen) auf die Lebensfähigkeit von Tier- und Pflanzenpopulationen

Zeitpunkt Einzeleffekt	Bauphase			Kontrollphase	
	Bau- betrieb	Deponie- betrieb	Trans- port	Abfall	Deponie- körper
Bestandsveränderungen	+++	+	+	x	-
Biotopvernichtung	+++	-	+	x	-
Zerschneidungseffekte	++	-	++	-	+
Einflußzone	++	++	++	x	+

Effekte auf Tier- und Pflanzenpopulationen
+   = negative Effekte
++   = starke negative Effekte
+++   = sehr starke negative Effekte
-      = keine Effekte
x   = Gefahren

Die Gefahren sind im einzelnen oft nur sehr schwer oder kaum prognostizierbar und quantifizierbar. Die Eintrittswahrscheinlichkeit hängt von der Zuverlässigkeit der einzelnen Sicherungssysteme ab. Mit Tabelle 9.7 wird versucht, Einzeleffekte und deren zeitliches Auftreten in Beziehung zu setzen. Das Zusammenwirken mehrerer Einzeleffekte ist noch schwieriger zu erfassen.

Bleibende Strukturveränderungen durch Stoffverlagerungen im Zuge des Deponiebaus treten auf durch (vgl. Abb. 1.4):

1. **Abtragen** der Deckschichten bis auf den Ton und seitliche Lagerung neben der Deponiefläche,
2. **Aufbringung** der unteren Tondichtung, Verwendung des anfallenden Bodenaushubes oder Entnahme des Materials an anderer Stelle,
3. **Ablagerung** von Sonderabfällen aus Industriebetrieben usw.,
4. zunächst **Einschnitt** im Gelände, mit fortlaufendem Deponiebetrieb **Aufschüttung** bis zur endgültigen Form des Haldenkörpers,
5. **Abdeckung** mit einer Tonschicht (schlecht durchwurzelbar), mit einer Deckschicht (gut durchwurzelbar) und Oberboden.

Durch die Rodung von Gehölzbeständen werden die Wuchsbedingungen für freigestellte Bäume beeinträchtigt. Die Stämme von dünnrindigen Bäumen, die in dichten Beständen gewachsen sind, werden durch das Schlagen von Waldrändern und Gehölzbeständen freigestellt. Die meist astlosen Stämme können sich deshalb nicht vor erhöhter Sonneneinstrahlung schützen. Die Folge ist ein Aufplatzen der Rinde (Rindenbrand), das ein Absterben der betroffenen Bäume bewirkt. Diese Schäden treten in Fichten- und Buchenbeständen nur bei sonnenseitiger Ausrichtung der Verlichtung bis zu einer Tiefe von 20 m auf.

Die geräumten Flächen begünstigen die Beschleunigung des Windes (Düsenwirkung). Ältere Bestände und flachwurzelnde Baumarten (Birke, Buche) können dabei vom Wind umgeworfen werden. Besonders betroffen sind Lagen senkrecht zur Hauptwindrichtung.

EMPFINDLICHKEIT AUF IMMISSIONEN

Lärm

Hier geht es um die Frage, ob der mit der Abfalldeponie im Normalfall entstehende Lärm Auswirkungen auf die Tier- und Pflanzenwelt an den Standortalternativen haben kann. Zu dieser Frage liegen jedoch keine verwendbaren Untersuchungen vor.

Zwar wird es im Einzelfall und beim ersten Auftreten von Lärm zu Empfindlichkeitsreaktionen von Tieren kommen, doch gibt es offensichtlich Gewöhnungseffekte an ständige Lärmquellen (siehe Tiere an Autobahnen und in Einflugschneisen). Ob darüber hinaus Tiere durch Lärm allein in ihrem Verhalten beeinträchtigt werden können (z. B. Schlaflosigkeit, gesteigerte Mortalität), ist noch ungenügend belegt, wird aber zum Beispiel von ELLEN-BERG (1981) für Straßenränder angegeben. Als wesentlich wird hilfsweise angenommen, daß von der Lärmquelle keine unmittelbare und erkennbare Bedrohung bzw. Schädigung auf die Fauna ausgeht.

sonstige Immissionen

Unter sonstigen Immissionen sind Stoffverlagerungen zu verstehen, die während des Deponiebetriebes über Luft und Wasser auftreten können sowie Sikkerwässer, die auch in der Kontrollbetriebsphase vorkommen können. Beim Bau der Deponie sind umfangreiche Erdbewegungen erforderlich. Bei trockenem Wetter und Wind kann es daher auch zu Staubentwicklung kommen. Die mutmaßlichen Auswirkungen auf Flora und Fauna und damit die Veränderung von Biotopen sollten soweit möglich in Beurteilungen einbezogen werden. Da die Sachverhalte noch nicht genauer erfaßt werden können, wird zur Beurteilung die Empfindlichkeit von Lebensräumen von Tieren und Pflanzen herangezogen.

Bei der Bewertung bleibt das Augenmerk auf die Gefährdungspfade Luft und Wasser sowie die Anreicherung in Pflanzen gerichtet. Besonders gefährdet für Anreicherungen von z. B. Schwermetallen sind vor allem Wald-, Grünland- und Wasserflächen.

Das Wirkungsgefüge aus unterschiedlichen Böden, stoffabhängiger Empfindlichkeit, verschiedenen Nutzungen und deren Veränderbarkeit sowie die unvollständige Datenlage und fehlende ökotoxikologische Erkenntnisse macht eine Beurteilung sehr problematisch. Die hier in Frage kommende Emission im Extremfall sollte als nicht regelmäßig auftretendes Ereignis gesondert untersucht werden.

Die Mobilität von Stoffen und damit die Aufnahmemöglichkeit durch Pflanzen ist in sandigen Böden relativ größer. Doch werden die Schadstoffe dadurch auch leichter ausgewaschen, der Pflanzenernährung entzogen und können so ins Grundwasser gelangen. Die Schadstoffe werden entweder in tieferen Bodenschichten angereichert oder erreichen über Quellen oder Grundwassergewinnung wieder die Oberfläche.

Lehmböden haben ein größeres Rückhaltevermögen als Sandböden. Moore sind in der Regel nährstoffarm und in den vorliegenden Ausbildungen extrem sauer und daher als besonders empfindlich einzustufen.

Dauerhaft begrünte Standorte - Grünland und Wald - bieten ein größeres Rückhaltepotential für Schadstoffe, da sich Schadstoffe an die Pflanzenoberflächen anlagern und über Fraß- oder Berührungskontakte in Tiere übergehen können. Die angesprochenen Lebensräume sind im Vergleich zu Ackerflächen basenärmer und daher weniger in der Lage, Schadstoffe abzupuffern. Die nachfolgende Matrix setzt verschiedene Parameter zur Beurteilung von Empfindlichkeiten zu unterschiedlichen Nutzungsarten in Verbindung. Vom Acker über Grünland zu Wald nimmt die Empfindlichkeit zu (Tab. 9.8).

Tab. 9.8: Empfindlichkeiten von Landnutzungen auf Stoffeinträge

Nutzungen	Acker		Grünland		Wald
Vegetationsdauer	kurz	→	mittel	→	lang
schutzwürdiger Artenbesatz	gering	→	mittel	→	hoch
Azidität des Bodens	basisch	→	neutral	→	sauer
Bodenmelioration	hoch	→	mittel	→	gering

BEEINTRÄCHTIGUNG VON LEBENSRÄUMEN FÜR AMPHIBIEN, VÖGEL UND PFLANZEN

Mit Beginn des Deponiebaus wird wahrscheinlich die gesamte Fläche in Beschlag genommen, so daß es dort zu einer Biotopvernichtung kommt.
Während des Deponiebetriebes, wenn einzelne Deponierungsabschnitte verfüllt und rekultiviert wurden, setzt eine Wiederbesiedlung ein, die gemäß den Sukzessionsgesetzen der Ökologie sehr lange andauern kann und durch die Pflege und Instandhaltung der Deponieoberfläche zeitlich beeinflußt wird.
Abbildung 9.11 macht nur indirekt eine Angabe über die Qualität der Besiedlung.

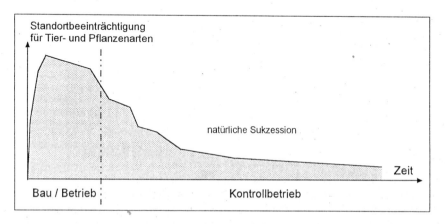

Abb. 9.11: Zeitliche Entwicklung der Standortbeeinträchtigung für Tier- Pflanzenarten durch Deponien

Es kann angenommen werden, daß bei störungsfreiem Kontrollbetrieb die gesamte Halde und Deponiefläche wieder begrünt wird. Je nach Nutzung und strukturellen Bedingungen können es aber z. T. andere Arten sein, über deren ökologische Bedeutung hier nichts ausgesagt werden kann. Daher geht die Kurve nicht auf den ursprünglichen Bestand zurück - das Ergebnis ist offen.

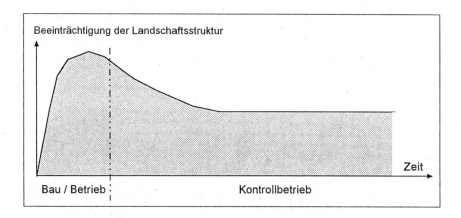

Abb. 9.12: Zeitlicher Verlauf der Beeinträchtigung der Landschaftsstruktur durch eine Deponie (Prinzip)

Amphibien

Amphibien sind spezialisierte Lebewesen, die ein bestimmtes Angebot an Lebensraumqualität benötigen. Für viele Amphibien sind Laichgewässer und entsprechende Landlebensräume von Bedeutung. In den Frühjahrsmonaten finden alljährlich Wanderungen zu den Laichgewässern statt.

Tab. 9.9: Erhebungsmerkmale für Amphibien an Standorten für alle angetroffene Arten und Laichplätze

mögliche Bestandsänderung	Gefährdungsgrad	räumlicher Bezug
– Biotopvernichtung – Zerschneidungseffekt – Einflußzone	– A1=vom Aussterben bedroht – A2=stark gefährdet – A3=gefährdet	– (pot.) Standortfläche – nahes Umfeld (bis etwa 200 m – weites Umfeld (bis etwa 500 m) – fernes Umfeld (bis etwa 1000 m)

Zu den bevorzugten Landlebensräumen von Erdkröte, Grasfrosch und Moorfrosch zählen alle Bereiche, die ganzjährig eine Vegetationsdecke aufweisen, da diese Amphibien sehr empfindlich auf Austrocknung reagieren. In Tabelle 9.9 sind einige Erhebungsmerkmale angegeben worden.

Außer der direkten Lebensraumvernichtung sollen bei dem Bewertungsschritt "Amphibien" vor allem Zerschneidungseffekte und mögliche Veränderungen von Wasserlebensräumen Berücksichtigung finden. So kann beispielsweise eine zu errichtende Deponiezufahrt einen Lebensraum unbewohnbar machen. Wenn auch damit zu rechnen ist, daß angrenzende Teiche und Feuchtgebiete im Falle der Realisierung einer Sonderabfalldeponie erhalten bleiben, so sind dennoch Gefährdungen wie Gewässerverschmutzung, Absenkung des Grundwasserspiegels usw. nicht auszuschließen.

Vögel

Die erhobenen Arten sollen einen Überblick über den Charakter der Standorte ermöglichen ohne Anspruch auf Vollständigkeit zu erheben. Tabelle 9.10 enthält einige Erhebungsmerkmale.

Tab. 9.10: Erhebungsmerkmale für Avifauna an Standorten

Arten	Gefährdungsgrad	räumlicher Bezug
vorzugsweise Rote-Liste und Charakterarten	– A2=stark gefährdet – A3=gefährdert – A4=pot. gefährdet	– (pot.) Standortfläche – nahes Umfeld (bis etwa 200 m) – weites Umfeld (bis etwa 500 m) – fernes Umfeld (bis etwa 1000 m) – bei Bedarf im Einzelfall auch weiter

Pflanzen

Tab. 9.11: Erhebungsmerkmale für Pflanzen an Standorten

Arten	Gefährdungsgrad	räumlicher Bezug
Rote-Liste und seltene Kulturpflanzen	– A1=vom Aussterben bedroht – A2=stark gefährdet – A3=gefährdert – A4=pot. gefährdet – V =Vorwarnliste	– (pot.) Standortfläche – nahes Umfeld (bis etwa 200 m) – weites Umfeld (bis etwa 500 m) – fernes Umfeld (bis etwa 1000 m)

Gefährdungen in diesem Bereich sind denkbar durch die völlige Inanspruchnahme von Flächen, durch Störungen und sonstige Veränderungen und durch
Stoffeinträge. Tabelle 9.11 enthält einige Erhebungsmerkmale.

9.4.4 VERKEHR

Die Auswirkungen der Deponie auf den Problembereich Verkehr können
standort- und transportbezogene Komponenten betreffen, die für die
Standortalternativen betrachtet werden müssen. Dazu gehören:

– die Beseitigung vorhandener Wegeverbindungen,
– die Beeinträchtigung der Verkehrssicherheit,
– der Aufwand für die Erschließung der Deponie, unterschieden nach Straße
  und Schiene,
– das Unfallrisiko bei Transporten, ebenfalls unterschieden nach Straße und
  Schiene.

WEGEVERBINDUNGEN

Zu den möglichen standortbezogenen Auswirkungen bei Einrichtung einer
Deponie gehört die **Beseitigung vorhandener Wegeverbindungen.** Die Beseitigung solcher Verbindungen greift in das örtliche Wegenetz ein, kann Er-
reichbarkeiten verändern und das Verkehrsverhalten beeinflusssen. Die Beseitigung kann durch das Anlegen der Deponie oder auch durch die Anlage
von Deponiezufahrten erfolgen.
Die auf den untersuchten Standortflächen vorhandenen Wege und die Zufahrten übernehmen in erster Linie die Funktion der Erschließung der land- und
forstwirtschaftlichen Nutzflächen. Die Wege haben darüber hinaus Erschlie-
ßungsfunktionen für die Anlieger und Bedeutung für den tendenziell zunehmenden Freizeitverkehr. Welche Bedeutung die an den Standorten jeweils
betroffenen Wegeverbindungen konkret für Anwohner und Landwirte haben,
müssen Detailuntersuchen klären. Bei dem deponiebedingten Entzug von
Wegeverbindungen kann es sich zudem um einen vorübergehenden, reversib-
len Eingriff handeln.

VERKEHRSSICHERHEIT

Zu standortrelevanten Auswirkungen auf den Verkehr kann es aufgrund klimatischer Veränderungen als Folge des Deponiebauwerks kommen. Von der

Halde abfließende Kaltluft sammelt sich am tiefsten Geländepunkt
(MINISTER FÜR UMWELT, RAUMORDNUNG UND BAUWESEN DES
SAARLANDES, 1987). Bei entsprechenden Luftfeuchtigkeits- sowie Tempe-
raturverhältnissen (Herbst/Winter) besteht die Gefahr von Nebel- und Frost-
bildung, die die Verkehrssicherheit direkt angrenzender Straßen beeinträchtigen können. Der räumliche Wirkungsbereich ist eng auf den Bereich um die
Halde begrenzt.

Die Beeinträchtigung der Straßenverkehrssicherheit in unmittelbarer Nähe der
Deponiestandorte wächst mit steigender Haldenhöhe (Kaltluftströme u. a.),
kann aber durch rechtzeitiges und geeignetes Bepflanzen der Fläche zwischen
Deponie und Straße kompensiert werden.

ERSCHLIESSUNGSAUFWAND

Weitere Auswirkungen am Standort ergeben sich aus der Depo-
nieerschließung. In jedem Falle ist eine Deponiezufahrt über die Straße
(Baubetrieb, Beschäftigte etc.) erforderlich. Beurteilungsgrundlage für den
Erschließungsaufwand an den Standortalternativen ist die Länge der notwen-
digen Zufahrt zum übergeordneten Straßennetz (Bundes-/Landes-
/Kreisstraße).

Für den **Abfalltransport über die Straße** ist für den Ausbau der Begeg-
nungsfall LKW/LKW maßgeblich (vgl. FORSCHUNGSGESELLSCHAFT
FÜR STRASSEN- UND VERKEHRSWESEN 1985). Dazu gehört auch eine
entsprechende Sicherung und Befestigung der Seitenstreifen. Der empfohlene
Ausbaustandard für die Zufahrt von Deponien umfaßt in Anlehnung an die
EAE '85 eine 2-spurige Zufahrt sowie eine Fahrbahnbreite von 6,50 plus
2 x 1,50 Bankett incl. Entwässerung und Leiteinrichtung
(HÖSEL/SCHENKEL/SCHNURER, Bd. 3, Kz. 4690). Ein Übertragen dieser
Empfehlungen auf Abfalldeponien erscheint aufgrund des Tranport-
aufkommens zulässig.

TRANSPORT/UNFALLRISIKO

Im Zusammenhang mit den **Transporten** von und zur Deponie sind Unfälle
denkbar. Die Eintrittswahrscheinlichkeit eines Unfalles und seine Schwere
sind u. a. abhängig von der Länge und Unfallträchtigkeit der Fahrroute, der
Häufigkeit der Transportvorgänge sowie der Art des Transportgutes (Abraum,

Abfälle oder Sickerwasser). Eine realistische Beurteilung des Unfallrisikos setzt die Kenntnis bzw. Annahme von Transportrouten voraus.

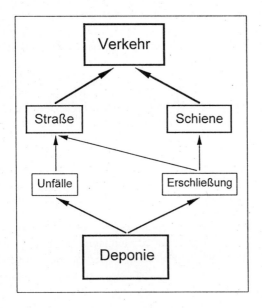

Abb. 9.13: Problembereich Verkehr

Zur Durchführung von Standortbeurteilung werden **Fahrrouten definiert** (Auswahlkriterien: Benutzung leistungsfähiger Straßen, kurze Entfernung, Vermeiden von Ortsdurchfahrten; vgl. RÜCKEL 1987, S. 453; siehe dazu auch Kap. 4). Auf Grundlage dieser Fahrrouten wird das für die Standorte jeweils abzuleitende Unfallrisiko vergleichend beurteilt. Der Schienentransport wird aus Vereinfachungsgründen hinsichtlich des Unfallrisikos bei Transporten nicht weiter betrachtet. Im Vergleich zum Transport über die Straße ist für die Schiene ohnehin ein wesentlich geringeres Unfallrisiko zu verzeichnen (vgl. RETHMANN 1989, S. 81).

Abbildung 9.13 stellt den Problembereich "Verkehr" mit den grundsätzlich zu betrachtenden Kriterien dar.

9.4.5 FREIRAUMNUTZUNGEN

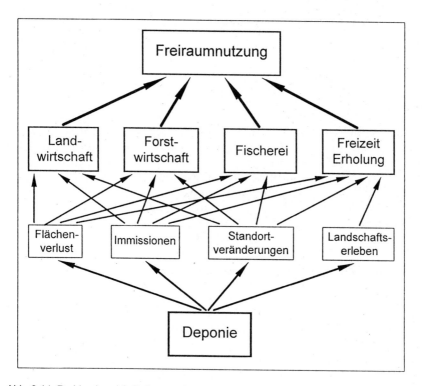

Abb. 9.14: Problembereich Freiraumnutzung

Zu den wichtigsten vertretenen Nutzungen zählen die Land- und Forstwirtschaft sowie die Nutzung zu Freizeit- und Erholungszwecken. Die Freizeit- und Erholungsnutzung überlagert in der Regel die land- oder forstwirtschaftliche Nutzung des Raumes als sog. Sekundärnutzung. Aufgrund von Mehrfachnutzungen kann es vorkommen, daß an den zu betrachtenden Standorten gleichzeitig sowohl die Landwirtschaft als auch die Erholungsnutzung von den Auswirkungen einer Deponie betroffen ist.

Eine Übersicht über Betrachtungsmerkmale des Problembereiches "Freiraumnutzungen" erlaubt Abbildung 9.14.

LAND- UND FORSTWIRTSCHAFT

Ein Zusammenhang zwischen den betrachteten Bereichen Land- und Forstwirtschaft und der Deponie läßt sich über die Kategorien

- **Fläche und**
- **Stoffe**

herstellen.

Durch Deponiebau und -betrieb einschließlich der Transporte gehen Flächen vollständig für die vorhandenen Nutzungen verloren (Flächenverlust), z. B. die Standortfläche selbst und ggf. Flächen für die verkehrliche Erschließung. Diese Flächeninanspruchnahme hat Auswirkungen auf die benachbarten Flächen, so daß es zur Standortveränderung kommen kann. Schließlich besteht die Möglichkeit des Stoffeintrages und damit der qualitativen und quantitativen Beeinträchtigung der Nutzungen, ohne daß die Fläche selbst in ihrer Größe verändert wird.

Die durch die Flächeninanspruchnahme bedingten Auswirkungen auf benachbarte Flächen (z. B. Aufforstung als Ersatz für auf der Standortfläche vernichtete Gehölzbestände; s. auch Kap. 10.4) können vorab nicht prognostiziert werden. Gleiches gilt für die Beeinträchtigung angrenzender Nutzungen infolge von Stoffeinträgen. Anzumerken ist, daß im Normalfall des Deponiebetriebes keine Emissionen von Abfallinhaltsstoffen in die Umgebung auftreten müßten. Unvermeidlich aber begrenzbar sind Zusatzbelastungen durch Deponiebau, Abfalltransporte und Deponiebetrieb (z. B. Abgase), die sich in Böden anreichern können.

Hier geht es also darum, den Verlust von Flächen für die land- und forstwirtschaftliche Nutzung im Bereich der Standortflächen selbst zu beurteilen. Aufgrund des Gefährdungspotentials der Deponie sollte die gewählte Standortfläche für Landwirtschaft auch nach Abschluß der aktiven Deponierungsphase nicht mehr genutzt werden.

Es stellt sich letztlich die Frage nach dem Wert der Flächen, die durch die Deponie der Nutzung entzogen werden.

In Bezug zu der hier zu untersuchende Betroffenheit insbesondere der Landwirtschaft als wahrscheinlich großem Flächennutzer im Bereich von Standorten, kann die Eignung des Bodens als Standort für Kulturpflanzen eine wertbestimmende Größe sein (vgl. GRIMM/SOMMER 1993). Als Grundlage für die Eignungsbeurteilung könnten daher Angaben aus der Bodenschätzung herangezogen werden.

FREIZEIT UND ERHOLUNG

Neben den direkten Auswirkungen auf das für die geplante Deponie bean-
spruchte Areal durch Eingriff in vorhandene Nutzungen bzw. deren Änderung
(Problem gleichwertiger Ersatzflächen für die entfallene Nutzung) sind auch
die indirekten Auswirkungen im weiteren Umfeld der Deponie zu beleuchten
und zu beurteilen. Dazu gehört z. B. die Beurteilung von potentiellen Auswirkungen des Deponiebauwerks (vom Bau bis zum Kontrollbetrieb) auf die
Umgebung des jeweiligen Deponiestandortes, die sich als Träger von Erho-
lungsraumfunktionen auszeichnet.

Zur Beurteilung der möglichen Beeinträchtigungen der Freiraumfunktionen
Freizeit und Erholung können drei Kriterien herangezogen werden. Es handelt
sich um die voraussichtlichen bau- und betriebsbedingten **Lärm- und Ge-
ruchsimmissionen sowie Landschaftsbildbeeinträchtigungen.** Erkenntnisse
auf dem Forschungsgebiet der Landschaftsästhetik sprechen für eine ganz-
heitliche Beurteilung von Landschaft und Landschaftserleben unter Einbeziehung aller aktivierten Sinne (MURL, 1986). Deshalb sollte die Beurteilung
der Deponieauswirkungen nicht anhand der Einzelkriterien, sondern anhand
des Summenkriteriums, das mit **Landschaftserlebnis** bezeichnet wird, erfolgen.

Landschaft wird subjektiv wahrgenommen. Ein individueller landschafts-
ästhetischer Genuß stellt sich ein, wenn einige Kriterien erfüllt sind: **land-
schaftliche Vielfalt, eine die Orientierung erleichternde Landschaftsstruktur (Landschaftsrhythmus, Grundmuster), Natürlichkeit, Eigenart der Landschaft (Geschichte, Identifikation) sowie die Abwesenheit
von Lärm und unangenehmen Gerüchen** (MURL 1986, S. 134 ff).

Zwischen dem Bedürfnis nach Erholung in der Landschaft und Schönheit der
Landschaft besteht ein enger Zusammenhang. Für Erholungssuchende steht
die Landschaft als ästhetisches Objekt im Vordergrund. Das Bild, das sich
Menschen von einer realen Landschaft machen, insbesondere, wenn sie sich
als Erholungssuchende darin bewegen, wird dabei nicht ausschließlich visuell
geprägt. Hinzu kommen die auditive (Hören) und die olfaktische Komponente
(Riechen) (MURL 1986, S. 133). Ganzheitliches Erleben ist somit Voraussetzung für einen ästhetischen Genuß.

Zu den möglichen ästhetischen Beeinträchtigungen eines Deponiekörpers gehören (MURL 1986, S. 231):

- voluminöse Ausprägung (Maßstabsverlust),
- landschaftlich unmotivierte Lage (Strukturverlust),
- landschaftsfremde Ausformung (morphologische Verfremdung),
- Behinderung von Sichtbeziehungen (Vielfaltsverlust),
- Ablagerung toxischer Stoffe (Bedeutungswandel),
- Geruchsbelästigung.

Die Vielzahl der Wirkungen des Großelementes Deponie verändert das landschaftsästhetische Erlebnis. Die Störungen treten dabei im Zeitverlauf unterschiedlich stark in Erscheinung. Das gleiche gilt für den räumlichen Wirkungsbereich.

Zeitliche Entwicklung der Beeinträchtigung des Landschaftserlebnisses

Die Wirkungen unterscheiden sich nach den drei Deponie-Phasen. Tabelle 9.12 gibt Anhaltspunkte zu der zu erwartenden Intensität der Beeinträchtigung im zeitlichen Verlauf.

Für die Beherrschung der **Geruchsemissionen** wird als "Verdünnungsstrecke" ein Abstand vom Rand der Schüttflächen von ca. 500 m empfohlen (STIEF 1987, S. 467). Im Falle der überdachten Deponie ist das Aufreten von Geruchsemissionen eine Frage des Lüftungssystems der Halle.

Die **akustischen Störungen** werden im Rahmen der Bauphasen überwiegen. Sie werden den Landschaftsgenuß Erholungssuchender insbesondere im Nahbereich beeinträchtigen. Von den Erholungssuchenden im direkten Umfeld der Deponie wird die Gruppe der "Langsamfortbeweger", also Wanderer und Radfahrer, wiederum stärker betroffen sein. Die Bauphasen verteilen sich über die gesamte Zeit der Deponieerstellung bis zum Kontrollbetrieb und können auch während des Kontrollbetriebes bei Reparaturen auftreten.

Tab. 9.12: Zeitlicher Verlauf der Landschaftsbeeinträchtigung durch eine Deponie im Flachland

Wirkung	Bauphasen	Betriebsphase	Nachbetriebsphase
visuell	weniger	stärker	weniger
auditiv	stärker	weniger	-
olfaktisch	-	stärker*	-

* ohne Einhausung der Schüttbereiche

Die **visuelle Beeinträchtigung** überwiegt in der Betriebsphase der Deponie. Die kleinteilige Landschaft wird durch das großflächige, wachsende Deponiebauwerk kontinuierlich über einen Zeitraum von mehr als 20 Jahren verändert. Hinzu kommen Nebengebäude und technische Anlagen. Im Falle einer Überspannung der Deponie mit einer Hallenkonstruktion wird sich der Landschaftscharakter ebenfalls stark verändern. Der Wirkungsbereich wächst dabei mit der Höhe der Deponie. Die Beeinträchtigung des Landschaftsgenusses bleibt nicht auf den Nahbereich und somit nicht nur auf Wanderer und Radfahrer beschränkt. Das Bauwerk Deponie wird im Landschaftsraum weithin sichtbar werden. Sichtschutzpflanzungen auf der Standortfläche können die Einsehbarkeit allenfalls im Nahbereich mildern helfen.

Die Reichweite des visuellen Wirkungsbereiches hängt insbesondere von der Höhe des Eingriffsgegenstands ab. Die Deponie wird in ihrer Betriebsphase (geschlossene Hallenkonstruktion) sowie ihrer Nachbetriebsphase (Bepflanzung des Deponiekörpers) die Höhe großer, ausgewachsener Bäume überschreiten. Für Eingriffsobjekte dieser Höhe ist ein Gebiet bis zu 1500 m Entfernung potentiell beeinträchtigt.

Standortbeurteilung

Bei der Suche nach einem geeigneten Ansatz für die Beurteilung der Standorte hinsichtlich des Landschaftserlebnisses bietet sich mangels Angaben über die Zahl der Erholungssuchenden im Umkreis der Standortflächen zunächst die Betroffenheit der Freizeit- und Erholungsinfrastruktur im jeweiligen 1000-m-Radius als Indikator für die Betroffenheit der Freizeit- und Erholungsnutzung an.

In einer Bestandsaufnahme können die in Freizeitkarten und in der Landschaft markierten Rad- und Wanderwege, touristische Autorouten sowie Gasthöfe u. ä. erhoben werden. Sie verdeutlichen, daß sich Standorte hinsichtlich der Dichte des markierten Wegenetzes bzw. der Lage zur Freizeit- und Erholungsinfrastruktur durchaus unterscheiden.

Eine ausschließliche Betrachtung der Beeinträchtigung anhand der Infrastruktur wird aber dem - zunehmenden - Bedürfnis nach naturnaher, stiller Erholung nicht gerecht. "Naturnahe und ruhige Erholung wird als Erholungsform verstanden, deren Erlebniswert hauptsächlich im Natur- und Landschaftskontakt liegt. Sie wird in Ruhe und Zurückgezogenheit ohne besondere technische Ausrüstung ausgeübt und bedarf keiner speziellen Anlagen. Ihren spezifischen Ausdruck findet sie in Aktivitäten wie Wandern, Spazieren und Naturbeobachten" (NETZ 1990).

Zwei wichtige Parameter für die Eignung von Flächen zur stillen Erholung sind

– "... Waldflächen als besonders landschafts- und humanökologisch wirksame wertvolle Landschaftsbestandteile und
– die Natur- und Nationalparke als besonders wichtiges erholungsrelevantes administratives Abgrenzungskriterium" (LASSEN 1990).

Nach Untersuchungen der Bundesforschungsanstalt für Naturschutz und Landschaftsökologie (BFANL) werden "... abgeschiedene ruhige Landschaftsräume ... immer seltener, besonders im Westen der Bundesrepublik Deutschland" (LASSEN 1987). Im Jahre 1977 hat die BFANL erstmals bundesweit Räume erfaßt und dargestellt, die für naturnahe Erholungsformen potentiell geeignet, aber auch landschaftsökologisch beachtenswert sind. Es handelt sich dabei um sog. "unzerschnittene verkehrsarme Räume über 100 km^2 (UZV-Räume)". Diese Räume werden von Eisenbahntrassen sowie von Verkehrsstraßen abgegrenzt, die eine Verkehrsmenge von über 1000 Fahrzeugen im 24-Stunden-Mittel (DTV) aufweisen.

Die Fortschreibung zur Erfassung der UZV-Räume aus dem Jahr 1987 zeigt, daß besonders in Nordrhein-Westfalen ein erheblicher Rückgang dieser Gebiete zu verzeichnen ist. Die insgesamt "geringe Anzahl und Fläche von Räumen, die in diesem Bundesland noch für eine naturnahe und ruhige Erholung besonders geeignet sind, verlangt nach Maßnahmen zum Schutz dieser Landschaftsteile" (NETZ 1990).

9.4.6 PLANUNGEN

Die Sensitivität eines stark und verschieden genutzten Gebietes mit kleinteilig wechselnder räumlicher und naturhaushaltlicher Ausstattung ist erheblich. Eine Entscheidung allein nach regionalen und landesplanerischen Gesichtspunkten, ohne eine feinere Struktur unterhalb dieser Hierarchieebene zu untersuchen, würde standortbezogene Aspekte ausblenden, die ihrerseits dann regionale Entwicklungen beeinflussen oder determinieren könnten. Eine hierarchische Darstellung (Abb. 9.15) verdeutlicht diesen Sachverhalt.

STANDORTEBENE

In kleinteiligen Strukturen kommt es zu einem dichten Nebeneinander von Nutzungen und naturhaushaltlichen Strukturen. Da es für beide Belange in der

Regel keine größeren Puffer- und Ausgleichsflächen gibt, haben sich die Verhältnisse aufeinander eingeregelt. Das bedeutet, daß sich Intensität der anthropogenen Nutzungen und Empfindlichkeiten natürlicher Strukturen ausbalanciert haben bzw. daß sich die natürlichen Verhältnisse den Gegebenheiten angepaßt haben.

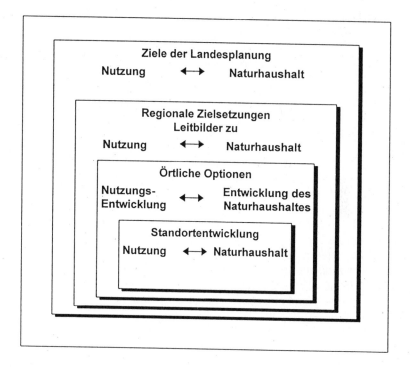

Abb. 9.15: Hierarchie der Wirkungs- und Entscheidungsebenen

Am Beispiel des Nebeneinander von Siedlungen bzw. Wohnnutzungen und einem flächenbezogenen Indikatororganismus des Naturhaushaltes, z. B. dem Großen Brachvogel, soll das Prinzip qualitativ beschrieben werden (vgl. Abb. 9.16).

Das Umfeld von Siedlungen wird mit in der Entfernung abnehmender Intensität genutzt. Dem steht eine mit der Entfernung abnehmende Empfindlichkeit des Indikators Brachvogel gegenüber.

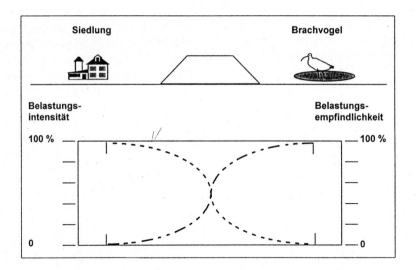

Abb. 9.16: Qualitativer Zusammenhang zwischen Belastung und Empfindlichkeit

Vom Flächenbedarf von Brachvögeln wird angenommen, daß sie um den Brutplatz herum ein freies Sichtfeld von mindestens 140 m benötigen (BLAB 1986), wobei allerdings der verbleibende Sichtwinkel bei einzelnen Sichthindernissen ausschlaggebend sein soll (TÜLLINGSHOFF/BERGMANN 1993). Reviergrößen einzelner Brutpaare werden mit 7 - 38 ha und für Nebenzentren von Wiesenvögelpopulationen mit mindestens 300 ha angegeben (BLAB 1986). Entscheidend ist darin jedoch die Raumausstattung insgesamt (offene Wasserflächen, Feuchtgrünland, Acker, Abstände zu Wald und bewirtschafteten Gebäuden sowie Tourismus und Straßenverkehr; vgl. TÜLLINGSHOFF/BERGMANN 1993).

Wird in diese vorhandene Situation eine großflächige und mit Störungen und sonstigen Veränderungen verbundene Anlage eingefügt, gerät das bis dahin ausbalancierte Verhältnis durcheinander. War der ursprüngliche Abstand zwischen Schutzgut und Nutzungen relativ groß, kann eine optimierte Abgrenzung des Standortes für die geplante Anlage gelingen. Ist das nicht der Fall, was wahrscheinlich häufiger vorkommt, wird eine Optimierung zwischen der neuen Nutzung und den Schutzgütern nicht gelingen, sondern es werden im Gegenteil beide Bereiche (Wohnen und Natur) - möglicherweise irreversibel - geschädigt.

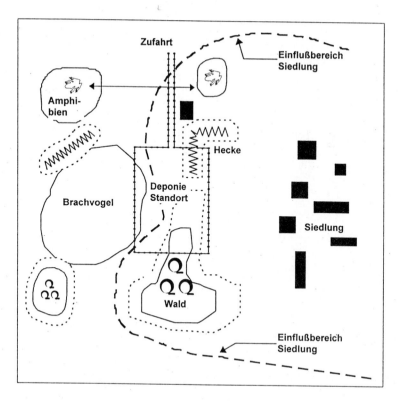

Abb. 9.17: Eingriff einer Deponie in ein Standortsystem

Um dies zu vermeiden wäre eine Prioritätensetzung für oder gegen Wohnen oder das naturhaushaltliche Schutzgut erforderlich, wobei in realen Situation eine einfache Alternative zwischen zwei Variablen nicht gegeben ist (vgl. Abb. 9.17). Dort sind noch eine Reihe weiterer Faktoren wie Acker- und Gründlandnutzung, Freizeit, Amphibiengebiete, Wald und Hecken, ggf. mit weiteren sensiblen und besonders gefährdeten Arten, zu berücksichtigen.

ÜBERÖRTLICHE EBENE

Zwar könnte auf der Standortebene eine Entscheidung getroffen werden, doch könnte diese im Widerspruch zu kommunalen Entwicklungszielen stehen.

Eine Abfallbehandlungsanlage würde mit ihren Einfluß- und Wirkungszonen die Entwicklung einer Gemeinde in eine bestimmte Richtung, die sich ohne die Anlage ergeben hätte, be- oder sogar verhindern (Abb. 9.18), oder sie könnte die Verbindung von zwei Siedlungsbereichen, zwischen denen bisher bereits institutionelle und informelle Beziehungen bestanden, auf absehbare Zeit unterbinden (Abb. 9.19).

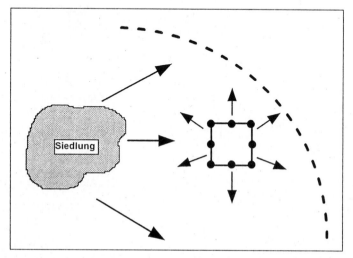

Abb. 9.18: Kommunale Entwicklungsstörung durch eine Abfallbehandlungsanlage

Auf überörtlicher Ebene können darüber hinaus regionale Entwicklungslinien betroffen werden, z. B. die Ausstattung des Gebietes mit bestimmter - sensibler - Infrastruktur, Gewerbe- und Wohnbereichen sowie Freizeit- und Erholungsschwerpunkten, die in der Nähe einer - ggf. emittierenden - Anlage mit negativem Image nicht mehr errichtet werden würden. Es ist in diesem Zusammenhang zu konstatieren, daß die Kriterien, die bei der Standortsuche wesentlich zur Nichteignung von Standorten führten, an dem einmal ausgewählten Standort auf lange Zeit nicht mehr zu den selbstverständlichen Entwicklungsmöglichkeiten des betreffenden Raumes gehören.

Berührt wären hier - so vorhanden - regionale Entwicklungsleitbilder, wie z. B. das der funktionsräumlichen Arbeitsteilung oder das des ausgeglichenen Funktionsraumes. Eine Abfallbehandlungsanlage kann in ihrem Wirkungsbereich entsprechende Entwicklungen hemmen oder fördern.

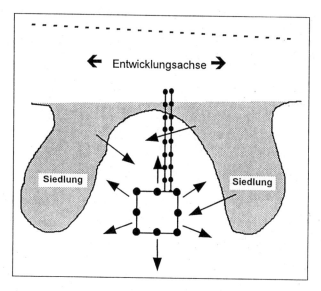

Abb. 9.19: Behinderung der Entwicklung zweier benachbarter Siedlungsbereiche an einer Entwicklungsachse durch eine Abfallbehandlungsanlage

Hinzu kommt der wesentliche Aspekt der Sicherung von potentiell gefährdeten Wasservorkommen, die ein wesentliches Anliegen nicht nur der regionalen, sondern auch der Landesplanung sind. Die regionale Entscheidungsebene ist die letzte Instanz, wo der Verdacht auf eine Gefahr in dieser Richtung noch ohne größere Verfahrensprobleme ausgeräumt werden kann. Auf der Ebene der standortbezogenen Planfeststellung müßte bei der Bestätigung von Gefahren auf frühere Verfahrensstände zurückgegriffen werden, was nach aller Erfahrung erhebliche Probleme und Aufwendungen mit sich bringt.

Im Bereich der umweltbezogenen Planung kann eine örtliche oder regionale Präferierung der anthropozentrischen Kriterien zu einer Wirkung mit regionalen und überregionalen Konsequenzen führen.
Angenommen, es wird angestrebt, eine Biotopvernetzung durch einen Grünzug zu realisieren. Dieser Grünzug ist unterschiedlich gut mit verfügbaren Flächen und Flächenqualitäten ausgestattet (Abb. 9.20). Weiterhin ist der Grünzug - insbesondere an den ohnehin schwachen Stellen - einem erheblichen Nutzungsdruck ausgesetzt.

Wird ein größeres Gebiet, z. B. für eine Deponie, in Anspruch genommen, so könnte die geplante Leistungsfähigkeit dieses Landschaftsteiles an einer bisher noch relativ funktionstüchtigen Stelle in Frage gestellt werden oder die Verbindungswirkung durch die Realisierung der Anlage an einer Schwachstelle auf Dauer unmöglich sein.

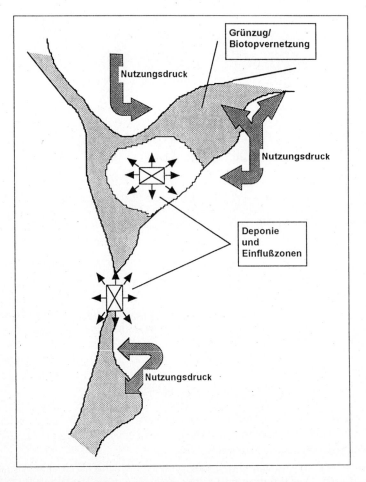

Abb. 9.20: Überörtliche Wirkungen von Deponien im Naturhaushalt

Es wird deutlich, daß in einer mit Nutzungen und naturhaushaltlichen Leistungen vielfältig ausgestatteten Landschaft Sachverhalte, die auf der Stand-

ortebene in einem bestimmten Zusammenhang gesehen werden, auf kommunaler, regionaler und Landesebene in einem jeweils ganz anderen Kontext erscheinen. Weiterhin muß bedacht werden, daß auf regionaler Ebene im Verlauf eines Standortsuchverfahrens ganz wesentliche Weichen gestellt werden,
die im weiterem Verlauf des Verfahrens zumeist nicht reversibel sind
(VOIGT 1993a).

9.5 ZUSAMMENFASSUNG UND STEUERUNGSMÖGLICHKEITEN

Im Mittelpunkt der Ausführungen zu diesem Kapitel steht das Spannungsfeld
der Bewertung von Gefahren und Beeinträchtigungen, die von einer Abfalldeponie ausgehen (können).

Der Kombination von tatsächlichen, latenten und vermuteten Gefahren und
Belastungen stehen unterschiedliche Interessen der Beteiligten und Betroffenen gegenüber, die über diese Probleme unterschiedliche Auffassungen haben. Darüber steht der Druck auf alle Beteiligten, Abfallbehandlung betreiben
zu müssen.

In diesem Spannungsfeld also wird über Verträglichkeit und Zumutbarkeit
entschieden, nachdem über die dabei zu verwendenden Kriterien befunden
wurde. Wie das geschieht, ist auch eine Frage des Planungsprozesses, dessen
sozialverträgliche Gestaltung u. a. nach Kategorien von Transparenz und Partizipation beurteilt werden kann.

Bewertungsmethoden können dazu nur vorbereitenden Charakter haben und
sollen nach Möglichkeit
–   die Vermischung von Sachverhalten und
–   die Vermischung von Werten
vermeiden.

Zu den Sachverhalten wurden einige Ausführungen bzgl.
–   der Menschen,
–   Flora, Fauna und Biozönosen,
–   Wasser, Boden und Luft,
–   der Landschaft,
–   der örtlichen und überörtlichen Planungen

gemacht, die zwangsläufig nur eine Auswahl aus den vielfältigen und komplexen Zusammenhängen ausmachen. Diese Sachverhalte sind notwendig, um zu einer Entscheidung zu kommen; sie sind jedoch nicht hinreichend.

In einer von der menschlichen Gesellschaft geprägten Landschaft sind es vor allem Menschen, die die Bewertungsmaßstäbe für sich und ihre Umwelt setzen.Dieses Problem ist mit den klassischen Mitteln der Steuerung von Systemen wahrscheinlich nicht zu lösen, sondern ist auch eine Frage der (Selbst-)Regulation, d. h. der Beteiligung der Auswirkungs-Betroffenen, deren detaillierte Beantwortung über Umweltverträglichkeitsuntersuchungen hinausgeht.

10   AUSGLEICH

Um das System 'Deponie' zu implementieren, ist es erforderlich, durch Flächeninanspruchnahme, Flächenbelastungen und stoffliche Emissionen in vorhandene Systeme einzugreifen. Was das qualitativ und teilweise auch quantitativ bedeutet, wurde in den Kapiteln 2 bis 9 skizziert. Dabei wurde auch herausgearbeitet, mit wievielen Unwägbarkeiten in Bezug auf das Verhalten und die Auswirkungen des Deponiesystems gerechnet werden muß.

Es hat sich gezeigt, daß die Auswirkungen nicht auf die Pfade Luft und Wasser und die Inanspruchnahme von Flächen zu beschränken sind, sondern daß sich der Kreis der potentiellen Betroffenen über die Pfade Wahrnehmung und Information erweitert - von den Umweltmedien, den Menschen und den Arten am Standort selbst bis hin zu überörtlichen Planungen.

Durch Standortauswahl, Technologie und Deponiesteuerung soll verhindert werden, daß Luft und Wasser beeinträchtigt werden. Es verbleiben jedoch Auswirkungen, die nicht oder nur gering durch Maßnahmen an und mit der Deponie selbst zu minimieren sind. Diese sind möglicherweise durch Maßnahmen im Wirkungs- und Nahbereich der Deponie zu kompensieren.

Der Ausgleich des Eingriffs in den Naturhaushalt ist die örtliche Möglichkeit, Anlage und Standort verträglich als System zu verbinden.

Darüber hinaus stellt sich die Frage, ob diese spezielle Eigenschaft des jeweiligen Standortes nicht als Unterscheidungsmerkmal in einen Standortvergleich einbezogen werden kann. Zum einen geht es also
- um ein Potential, welches der Standort nach Ausschöpfung aller konstruktiven und steuernden Maßnahmen, die ihrerseits bereits auf die Besonderheiten des Standortes zugeschnitten sein sollten (vgl. Kap. 5, 6 und 11), zur Minimierung der Deponieauswirkungen besitzt und zum anderen
- um die Frage, ob sich dieses Potential der Ausgleichbarkeit eines Eingriffs im Zusammenhang mit der vergleichenden Beurteilung von Eingriffsfolgen zum Vergleich von Standorten eignet.

Abbildung 10.1 zeigt das Vorgehen zu diesem Thema.

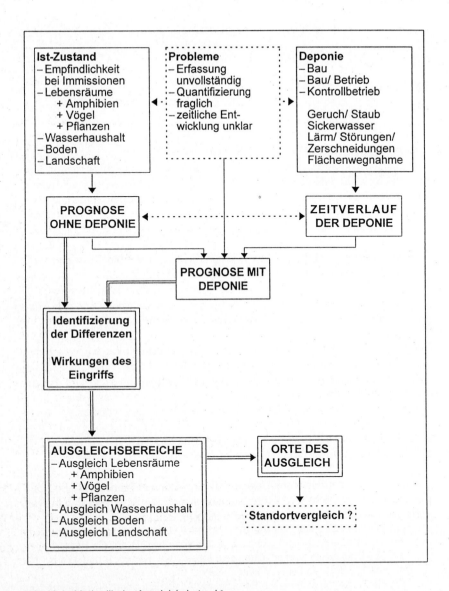

Abb. 10.1: Methodik der Ausgleichsbetrachtung

10.1   NATURHAUSHALT UND EINGRIFFSREGELUNG

"Der Gesetzgeber hat bereits vor 20 Jahren erkannt, daß eine weitere Verschlechterung von Natur und Landschaft nicht hinnehmbar ist und unsere Gesellschaft auch materiell in der Lage ist, diesen Grundsatz zu verwirklichen"
(KOLODZIEJCOK 1992, S. 309). Gemeint ist damit nicht eine "starre Ver-
hinderung von Veränderungen und Entwicklungen und jeglicher Inanspruchnahme von Natur und Landschaft, sondern Erhalt des Gesamtpotentials von
Natur und Landschaft. ... Die Gesamtbilanz muß stimmen" (a. a. O.).

Trotz aller Bemühungen im Naturschutz und in der Landschaftspflege dauert
indes die Entwicklung im Naturhaushalt mit Arten- und Biotopverlusten an.
Es besteht der Eindruck, als sei der flächendeckende Erhalt natürlicher Systeme nach den Zielen des Bundesnaturschutzgesetzes (§ 1) in der Praxis
nicht relevant (vgl. NIEDERSÄCHSISCHES VERWALTUNGSAMT 1991,
nach BREUER 1992a, S. 12). Der Gegensatz zwischen diesen Zielen und dem
realen Zustand von Natur und Landschaft wächst - räumlich differenziert -
mehr oder weniger schnell.

Zwischen 1979 und 1985 wurden täglich etwa 144 ha freie Fläche zur unmittelbaren Nutzung (z. B. Siedlungs- und Abbauzwecke) in Anspruch genommen (SRU 1987b, S. 13). Nicht einbezogen sind die von diesen Flächen und
den sie verbindenden Verkehrswegen ausgehenden dauernden und temporä-
ren Wirkungen und Belastungen.
Seit Mitte der 80er Jahre ist dieser Landschaftsgebrauch auf etwa 90 ha pro
Tag gesunken (BUNDESUMWELTMINISTERIUM 1992, S. 7). Die allgemeinen Entwicklungstendenzen lassen aber vermuten, daß dieser Wert - vor
allem auch in den Beitrittsgebieten - wieder ansteigen wird.

Bezüglich ihrer potentiellen Auswirkungen noch viel zu wenig beachtet werden die in den Naturhaushalt kontinuierlich eingetragenen - ebenfalls räumlich differenzierten - Stoffe aus Industrie, Verkehr und sonstigen Emissions-
quellen. Damit verbunden ist eine dauerhafte Veränderung der chemischen
Zusammensetzung der Biosphäre, die nur in Einzelfällen regelmäßig und intensiver untersucht wird (wie z. B. Waldschäden und Gewässerbelastungen),
ansonsten aber eine eher noch unbekannte Entwicklung darstellt.

Dem flächendeckenden Rückgang von wildlebenden Arten stehen lediglich
1,9 % der Fläche als Naturschutzgebiete gegenüber. 30 - 50 % dieser Arten
sind in ihrer Existenz bedroht (SRU 1987b, S. 13; vgl. auch die "Rote Liste"
sowie die Längsschnittstudien SUKOPP 1978 und KORNECK/SUKOPP

1988). Von diesen werden in etwa 5000 Naturschutzgebieten nur 35 - 40 % erfaßt. Die Naturschutzgebiete sind - auch wegen der Degradierung der übrigen Flächen - einem erheblichen Freizeit- und Erholungsdruck ausgesetzt und teilweise aufgrund der geringen Flächengröße (15 % unter 5 ha, SRU 1987b) nicht in der Lage, vollständige ökosystemare Wirkungen zu entfalten.

Die Hoffnungen, die mit der Landschaftsplanung und der Eingriffsregelung bei der Novellierung des Bundesnaturschutzgesetzes (BNatSchG) 1976 verbunden waren, nämlich mindestens den vorhandenen ökologischen Status erhalten zu können, sind verflogen. Nach Auffassung des SRU (1987b) haben beide praktisch keine Wirkung erzielt. Einen erschreckenden Mangel am Vollzug konstatiert auch BREUER (1992a, S. 12).

Der Nicht-Wirkung der Eingriffsregelung nach § 8 BNatSchG stehen erhebliche Bemühungen für die Durchführung von diesbezüglichen Tagungen, für die Erstellung von Schriften sowie für die Entwicklung von Methoden zur Bestimmung des erforderlichen Ausgleichs eines Eingriffes in den Naturhaushalt gegenüber. Die Methoden (vgl. z. B. ADAM/NOHL/VALENTIN 1987, FROELICH/SPORBECK 1988) haben teilweise einen hohen Formalisierungsgrad erreicht und lassen sich in ihrer Abstraktion kaum noch mit den Schutzgütern, für die sie eigentlich wirksam werden sollen, in Beziehung bringen.
Darüber hinaus werden die Probleme der Erhebung und Bewertung nur unzureichend berücksichtigt. Damit wird eine Exaktheit vorgetäuscht, der die erhebbaren Daten nicht entsprechen können und die so dem Gegenstand nicht angemessen ist (vgl. u. a. EBERLE 1981, IFR 1981, VOIGT 1992b).

Die Öffentlichkeit, der sich diese Fachdiskussion sowohl allgemein als auch in den jeweiligen Projekten wenig erschließt, nimmt eher mit Erstaunen zur Kenntnis, daß Ausgleichs- zu Ersatzmaßnahmen bzw. nicht selten - zunehmend regelmäßiger - zu rein monetären Größen werden.

10.2   RECHTLICHE UND METHODISCHE GRUNDLAGEN

Nach § 8 (1) des Bundesnaturschutzgesetzes (BNatSchG) sind "Eingriffe in Natur und Landschaft ... Veränderungen der Gestalt oder Nutzung von Grundflächen, die die Leistungsfähigkeit des Naturhaushaltes oder das Landschaftsbild erheblich oder nachhaltig beeinträchtigen können."

Absatz 2 des § 8 BNatSchG verpflichtet die Verursacher eines Eingriffes, "vermeidbare Beeinträchtigungen von Natur und Landschaft zu unterlassen sowie unvermeidbare Beeinträchtigungen innerhalb einer zu bestimmenden Frist auszugleichen, soweit es zur Verwirklichung der Ziele des Naturschutzes und der Landschaftspflege erforderlich ist." Weiter heißt es, daß ein Eingriff dann als ausgeglichen gilt, wenn nach seiner Beendigung keine erhebliche oder nachhaltige Beeinträchtigung des Naturhaushaltes zurückbleibt und das Landschaftsbild landschaftsgerecht wiederhergestellt oder neu gestaltet ist.

Ein vollständiger Ausgleich von Eingriffen ist im naturwissenschaftlichen Sinne nicht zu erreichen und, mit Hinweis auf die Möglichkeit der Neugestaltung des Landschaftsbildes, offensichtlich auch nicht unter allen Umständen gewollt.

Ausgleichsmaßnahmen sollen räumlich, zeitlich und inhaltlich mit dem Eingriff im Zusammenhang stehen. Alle anderen Maßnahmen, die die Nachbildung des beeinträchtigten Systems nicht zum Ziel haben (vgl. BAUM 1992), sind keine Ausgleichsmaßnahmen (MADER 1983, S. 118).

Leitlinie für die Landschaftsplanung und die Eingriffsregelung sind die Ziele des Naturschutzes und der Landschaftspflege nach § 1(1) BNatSchG: "Natur und Landschaft sind im besiedelten und unbesiedelten Bereich so zu schützen, zu pflegen und zu entwickeln, daß

1. die Leistungsfähigkeit des Naturhaushaltes,
2. die Nutzungsfähigkeit der Naturgüter,
3. die Pflanzen und Tierwelt sowie
4. die Vielfalt, Eigenart und Schönheit von Natur und Landschaft

als Lebensgrundlage des Menschen und als Voraussetzung für seine Erholung in Natur und Landschaft nachhaltig gesichert sind".

In § 2 BNatSchG werden die maßnahmeorientierten Kategorien 'schützen', 'pflegen' und 'entwickeln' der Ziele des Naturschutzes und der Landschaftspflege nach § 1 mit Grundsätzen konkretisiert. Sie beziehen sich auf den Naturhaushalt als Ganzes sowie auf seine Bestandteile (Wasser, Boden, Luft, Klima, Vegetation, Tiere) und auf deren Nutzungen (Bodenschätze, Erholung).
Das Landschaftsgesetz von NRW (MURL 1990a) hat diese Grundsätze übernommen und konkretisiert, was als Eingriff im Sinne des Gesetzes anzusehen ist, z. B.:

- Aufschüttungen ab 2,0 m Höhe auf einer Grundfläche von mehr als 400 m^2,
- die Errichtung oder wesentliche Erweiterung von ... Mülldeponien,
- die Errichtung oder wesentliche Umgestaltung von Schienenwegen und Straßen sowie die Errichtung von Gebäuden im Außenbereich, ...
- der Ausbau von Gewässern, ...
- das Verlegen oberirdischer Versorgungs- oder Entsorgungsleitungen im Außenbereich,
- das Verlegen unterirdischer Versorgungs-, Entsorgungs- oder Materialtransportleitungen im Außenbereich,
- die Umwandlung von Wald,
- die Beseitigung von Hecken soweit sie prägende Bestandteile der Landschaft sind ... .

Ist ein Eingriff unvermeidlich und auch nicht an Ort und Stelle ausgleichbar, so können nach nordrhein-westfälischem Landschaftsgesetz (§ 5) "Maßnahmen des Naturschutzes und der Landschaftspflege an anderer Stelle in dem durch den Eingriff betroffenen Raum" durchgeführt werden, "die nach Art und Umfang geeignet sind, die durch den Eingriff gestörten Funktionen des Naturhaushaltes oder der Landschaft gleichwertig wiederherzustellen (Ersatzmaßnahmen)".

Da ein Eingriff in einen ökologischen Zusammenhang im naturwissenschaftlichen Sinne nicht ausgeglichen werden kann (vgl. u. a. KÖHLER 1992) und eine noch so gut gemeinte Maßnahme nicht 'gleich' dem ursprünglichen Zustand, sondern nur ein 'Äquivalent' sein kann, führt der Begriff vom tatsächlich Erreichbaren weg. Dies Erreichbare mündet häufig genug in einen 'wertgleichen' Ersatz. Über diesen Wert muß entschieden werden - er ist keine wissenschaftliche Kategorie.

Um den Zielvorgaben des Gesetzes bzw. den Intentionen des Gesetzgebers (vgl. Kap. 10.1) so nahe wie möglich zu kommen, scheint eine funktionale Bindung der Ausgleichsmaßnahme (z. B. Entsiegelung gegen Versiegelung, Heckenanpflanzung gegen Heckenwegnahme) ein gangbarer Weg zu sein, da keine Bewertungen und "schein"mathematischen Beziehungen aufgestellt werden. Der Naturhaushalt als das Wirkungsgefüge der biotischen und abiotischen Faktoren der Natur bietet bisher allerdings noch nicht viele Anhaltspunkte dafür, ob seine Gestaltbarkeit beliebig gelingen kann (vgl. u. a. RIECKEN 1992a). Das Zusammenwirken von biotischen und abiotischen Faktoren von Organismen, z. B. Symbiosen, trophische Beziehungen, Parasitismus, Einflußmaßnahmen des Menschen auf der Basis von Wasser, Stoffen und Klima, kann sich für hochspezialisierte Arten - um die es ja hilfsweise im Naturschutz häufig geht - in unmittelbarer Nachbarschaft zum früheren Standort auch unter Einbeziehung der strukturellen Gegebenheiten doch so weit verändert haben, daß eine Ausgleichsmaßnahme scheitert, obwohl die Gründe nicht eindeutig ersichtlich sind.

Der Begriff "Landschaft" kann in diesem Zusammenhang verschieden verwendet werden:

– **als strukturelle Basis für Lebensräume von Flora und Fauna,**
– **im Sinne von Heimat im Wohnumfeld und**
– **als Erlebnisraum für Freizeit und Erholung.**

Während die strukturelle Basis auch in möglichen Folgen wie Verarmung, Verinselung und Verkleinerung enthalten ist (Leistungsfähigkeit des Naturhaushaltes, s. u.), wird die Frage nach Heimat und Erlebnisraum als "Schönheit von Natur und Landschaft" (§ 1 (1) Zi. 4 BNatSchG) häufig über das Landschaftsbild (§ 4 (1) und § 6 (5) LG NRW) erfaßt. Diese anthropozentrische Definition von Landschaft unterliegt im Gegensatz zur strukturellen Basis von Lebensräumen gesellschaftlich historischen Werthaltungen und ist mit wissenschaftlichen Kriterien nur auf der Basis jeweiliger Konsensbildung zwischen den Beteiligten bearbeitbar.

Ausgleichs- und Ersatzmaßnahmen können schon vor dem Eingriff durchgeführt oder begonnen werden. Bei Ausgleichsmaßnahmen wird i. d. R. sogar die Notwendigkeit bestehen, diese im Vorgriff durchzuführen, damit der sachliche Zusammenhang gewahrt bleibt. Mit Zusammenhang ist z. B. die Aufrechterhaltung einer ununterbrochenen Generationenfolge einer Art gemeint.

Ausgeschlossen werden sollen die dauerhaften Folgen eines Eingriffes wie:
– genetische Verarmung
– Verinselung des Lebensraumes
– Verkleinerung einer Population, in deren Folge periodisch auftretende natürliche Populationseinbrüche nicht verkraftet werden können.

Da im Rahmen einer Umweltverträglichkeitsuntersuchung ein vollständiges Arteninventar eines Gebietes nicht erhoben werden kann, wird man sich in der Praxis auf erhebbare Flächen- und Strukturparameter, Funktionszusammenhänge und ausgewählte Arten (seltene Arten und Arten mit Schlüsselfunktionen im Ökosystem) konzentrieren, soweit diese ermittelt werden können.

Zu deren Beurteilung können je nach Erhebbarkeit u. a. herangezogen werden:

Für Tiere

- Trittsteinbiotope
- Nahrungsfunktion
- Einflüsse auf das Mikroklima
- Flächenangebote für saisonale oder aperiodische Wanderungen, Erhaltung der Durchlässigkeit für wandernde Tierarten (Funktionsausgleich), Brut- und Laichbiotope, Rastbiotope.

Kleinste Flächeneinheiten sind z. B.
- Minimumareal für das Einzelindividuum bzw. Brutpaar
- Minimumareal einer Population
- Minimumareal für eine Tierart.

Bei Verlust des Gesamtareals einer Population/Tierart muß die Ausgleichsfläche von der betroffenen Population genutzt werden können, also im räumlich Bezug zu ihr stehen. Der Erfolg dieser Maßnahme ist zu kontrollieren.

Für Pflanzen

- Erhalt der Standortvoraussetzungen, Wasser und Nährstoffe
- gleichbleibende Bewirtschaftung bzw. Konkurrenzdruck
- Bestäubung durch Pflanzen benachbarter Biotope (genetischer Austausch)
- Einflüsse auf das Mikroklima.

Arten sind in der Regel in Bezug auf einzelne Flächen- und Strukturparameter sowie Funktionszusammenhänge in Grenzen flexibel, so daß es letztlich auf die Gesamtausstattung des Lebensraumes ankommt. Die o. g. Beispiele geben daher nur eine grobe Orientierung zu dem Problem. Zu bedenken ist bei dem Vorschlag von Ausgleichsmaßnahmen, daß diese unter Umständen selbst einen Eingriff in den vorhandenen Naturhaushalt bedeuten können, der im Zweifelsfall auch als solcher zu untersuchen ist.

Schließlich muß gefragt werden, ob das lokale Problem überhaupt auf dem richtigen Hierarchieniveau betrachtet wurde. Lokal mag in der Nähe eines Eingriffs ein Ausgleich möglich sein. Auf regionaler Ebene können jedoch funktionale Zusammenhänge wie
- die Leistungsfähigkeit einer Biotopvernetzung (z. B. Grünzug, Fließgewässer mit Aue),
- eine Reihung von Trittsteinbiotopen,
- die Vernetzung von Naturräumen,
trotz des lokal als sinnvoll erachteten Ausgleichs beeinträchtigt sein oder unterbunden werden (vgl. Abb. 9.20). Einen funktionalen Ausgleich auch hier zu schaffen, muß ebenfalls bedacht werden.

Beispiele für Funktionszusammenhänge und deren Ausgleich

Graureiherkolonie (nach MADER 1983, S. 118), Radius ca. 20 km:

1. Die Graureiherkolonie befindet sich 20 km von ihrem Nahrungsgewässer entfernt, das durch eine Baumaßnahme zerstört wird. Die Graureiherkolonie wird aufgegeben.
2. Ein anderes Gewässer wird entsprechend eingerichtet und soll den Verlust des Nahrungsgewässers zum Zeitpunkt der Baumaßnahme ausgleichen. Der Ausgleich ist erfüllt, wenn die Graureiherkolonie das andere Gewässer angenommen hat und dort genügend Nahrung findet.

Großer Brachvogel, Radius ca. 200-400m:

1. Dem Brachvogel wird ein Teil seines Nahrungsbiotops - feuchtes Grünland - durch eine Baumaßnahme entzogen. Der Brachvogel findet nicht mehr genug Nahrung und verläßt daher diesen Standort oder verendet.
2. Das Nahrungsbiotop wird durch Neuansaat auf einer ehemaligen Ackerfläche erweitert oder vorhandene Grünlandnutzung wird in Teilen extensiviert, so daß das Nahrungsangebot für den Brachvogel zum Zeitpunkt des Eingriffs in ausreichender Menge bereit steht. Ein Ausgleich ist gegeben, da der Brachvogel an anderer Stelle ein ausreichendes Nahrungsangebot vorfindet und im Bereich des Standortes verbleibt.

Grasfrosch/Erdkröte u. a., Radius 800 - 2200 m (Entfernungsangaben nach BLAB 1986, S. 22):

1. Ein Laichgewässer von Amphibien wird durch eine Baumaßnahme zerstört. Die Amphibien haben keine Möglichkeit, in ein anderes Laichbiotop auszuweichen. Die Amphibienpopulation erlischt.
2. Ein Ersatzlaichgewässer wird (3 Jahre) vor der Errichtung der Deponie angelegt. Nach einigen Jahren hat sich in dem neuen Laichgewässer eine neue Population angesiedelt. Das Laichgewässer ist ersetzt und die Population bleibt erhalten.

10.3 PROGNOSE VON IST-ZUSTAND UND EINGRIFF

Auf welchen Zustand der Umwelt allgemein und des Planungsraumes insbesondere soll sich die Beurteilung der Ausgleichbarkeit des Eingriffs beziehen? Welches ist der maßgeblich Referenzzustand des Ortes ohne Deponie und welches das zugehörige Stadium des Eingriffs bzw. der geplanten Anlage?

Einleuchtend erscheint, daß der heutige Zustand nur eine Momentaufnahme in einem zeitlichen Kontinuum bedeutet, über dessen vorangegangene Zustände wir - mit unterschiedlichem Detaillierungsgrad - mehr wissen, als über die zu erwartenden Zustände. Gleichwohl befindet sich der heutige Zustand quasi in der Erwartung der weiteren lokalen Gestaltung sowie der zunächst kontinuierlich verlaufenden Entwicklung der vorangegangenen - auch überregionalen - Zustände.

Diese beiden Komponenten der zeitlichen Entwicklung sind - mit abnehmender Genauigkeit - prognostizierbar. Andere - überraschende und kleinräumige - Ereignisse entziehen sich einer einfachen Fortschreibung und würden daher höherer Prognosemethoden bedürfen (rechnerische Variation von Variablen, Szenarien u. a.).

Wenn aus Gründen der praktischen Handhabbarkeit auf diese Methoden verzichtet werden soll, wird sich eine Prognose des Ist-Zustandes des Planungsortes ohne Deponie auf
- die Fortschreibung allgemeiner - überregionaler - Umweltzustände und
- die Berücksichtigung der vorhandenen - konkreten - Planungen am Standort
beschränken müssen.

Zu beiden Aspekten sind - zeitlich begrenzt - Aussagen möglich. Im allgemeinen/überregionalen Bereich können diese Aussagen auf Prognosen zur Entwicklung von Verkehr, Freizeit, Landwirtschaft, Klima und Schadstoffbelastung der Luft und daraus abzuleitenden Auswirkungen für den Planungsraum beruhen.

Als vorhandene Planungen können Planungen auf Bundesebene, der Landes- und Regionalplanung sowie örtliche Planungen und Fachplanungen herangezogen werden, soweit sie Aussagen über den Planungsraum enthalten. Für beide Aspekte ist es wegen der Laufzeit der Planungen realistisch, einen Zeitraum von etwa zehn Jahren anzunehmen.

Wenn nicht eine umfassende Änderung von Umweltpolitik und Umweltverhalten eintritt, kann in Kenntnis der Entwicklung in den vergangenen Zeiträumen mit einer allgemeinen Verschlechterung der Umweltqualität gerechnet werden (s. Kap. 10.1). Unterstellt, dies gelte auch für die konkreten Standorte, gäbe es für die Ausgleichsbetrachtung Konsequenzen (s. Abb. 10.2).

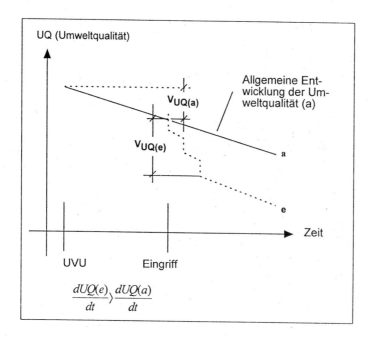

Abb. 10.2: Zeitliche Aspekte von Eingriff und Ausgleich

In der Zeit zwischen der Standortuntersuchung und dem Beginn des Eingriffs hat entsprechend der allgemeinen Tendenz (a) ein Verlust an Umweltqualität ($V_{UQ(a)}$) stattgefunden. Der Eingriff bedeutet einen zusätzlichen Verlust ($V_{UQ(e)}$) und verstärkt die allgemeine Tendenz des Qualitätsverlustes. Für die Kompensation gibt es daher folgende Möglichkeiten:

1. Wenn nach dem Willen des Gesetzgebers (s. o.) ein Qualitätsverlust in der Umwelt nicht mehr hingenommen werden soll, so müßte nicht nur der **Eingriff** ausgeglichen werden, sondern auch der zwischen der Untersuchung und dem Eingriff stattgefundene **Qualitätsverlust**. Zusätzlich müßten Maßnahmen im Umfeld des Standortes einen Teil dazu beitragen, daß die allgemeine **Tendenz** aufgehoben wird.

2. Eine Zwischenlösung bestünde in dem Ausgleich des **Qualitätsverlustes** aus dem **Eingriff** und $V_{UQ(a)}$ zum Zeitpunkt des Eingriffs, um zumindest auf dem Umweltqualitätsniveau des Planungszeitraumes mit dem Eingriff zu beginnen (Begründung für eine tendenzielle Überkompensation des Eingriffs). Dies wäre zusätzlich auch dann sinnvoll, wenn aufgrund der Kenntnis der zu erwartenden Maßnahme eine umweltbezogene Degradierung des Standortes

durch stark belastende Maßnahmen stattfindet (z. B. Aufgabe von Pflege und nachfolgend zerstörerische Nutzungen).

3. Schließlich bliebe der alleinige Ausgleich des Eingriffs mit dem Ziel, wenigstens Anschluß an die herrschende Tendenz des Verlustes von Umweltqualität zu halten.

Systematisch unberücksichtigt bleiben Pläne von Grundstückseignern und -nutzern im Standortbereich der geplanten Anlage selbst. Dies geschieht u. a. aus folgenden Gründen:

– Es müßte eine Erhebung bei diesem Personenkreis vorgenommen werden, deren Aufwand erheblich sein kann und deren Daten häufig dem Datenschutz unterliegen.
– Planungen auf individueller Ebene sind von vielen Unwägbarkeiten abhängig, können sich schnell ändern - sind also nicht valide.
– Schließlich müßte der Grund für eine Befragung geheim bleiben, da dessen Kenntnis sonst die Antworten beeinflussen würde.

Während die Laufzeiten vorhandener Planungen bekannt sind, ist diese Kenntnis bei geplanten Anlagen nicht in gleichem Maße gesichert. Allein die Betriebszeiten sind in der Regel länger als der hier zugrundeliegende Prognosezeitraum von zehn Jahren, und eine Deponie - insbesondere eine Sonderabfalldeponie - muß ihre Funktion praktisch unbefristet erfüllen. Sodann gibt es für die Umwelt unterschiedliche relevante Zustände der Anlage:

– Am Beginn steht die Wegnahme der Fläche aus dem bisherigen naturhaushaltlichen Zusammenhang bzw. aus der bisherigen Nutzung.
– Die bauliche Ausbildung von Deponieteilen kann Lärm, Staubemissionen sowie hohes Verkehrsaufkommen bedeuten.
– Der eigentliche Betrieb birgt die Gefahr der Emissionen von Abfallinhaltsstoffen und zusätzlich Gefahren bei Abfalltransporten sowie dem Transport von kontaminiertem Sickerwasser aus der Deponie.
– Die - wachsende - Halde verändert Kleinklima und Landschaftsbild.
– Der Austritt von kontaminiertem Sickerwasser wird im Laufe der Zeit immer wahrscheinlicher.

Diese Auswirkungen variieren in der Zeit. Zusätzlich entstehen neue Standortbedingungen für Arten und Biotope.

Zu beachten ist weiterhin, daß bei technischen Systemen mit nicht planmäßigen Betriebszuständen zu rechnen ist (Störfälle, Unfälle), die natürlich auch Eingriffe in den Naturhaushalt darstellen, jedoch nicht prophylaktisch ausgeglichen werden können.

An diesen Fällen zeigen sich Defizite und Grenzen der Diskussion über die Ausgleichbarkeit von Eingriffen in Natur und Landschaft. Defizite und Grenzen ergeben sich jedoch bereits bei den grundlegenden Voraussetzungen jeder Behandlung der Eingriffsregelung nach dem Bundesnaturschutzgesetz. Nachfolgende Ausführungen gelten sowohl für die Erhebung des Ist-Zustandes und dessen Fortschreibung als auch für die Deponie und deren zeitliche Entwicklung.

1. Die Erfassung der naturhaushaltlichen Situation im Planungsstand ist aus Gründen des personellen und sachlichen Aufwandes und der zur Verfügung stehenden Zeit von i. d. R. nicht mehr als einer Vegetationsperiode sowie aus den zur Verfügung stehenden Kenntnissen über ökosystemare Zusammenhänge zwangsläufig unvollständig. Daraus folgt, daß auch eine Prognose nicht genauer sein kann.

2. Eine technische Anlage hingegen ist mit ihren materiellen Elementen bekannt und ihr Verhalten bzgl. der Konstruktion zugrundeliegender Belastungsfälle auch berechenbar.
    Die Belastungsfälle sind jedoch bei einer Deponie angesichts der Vielfalt der einzulagernden Abfallinhaltsstoffe und der unvollständigen Kenntnisse über das Verhalten der Sicherheitskonstruktionen gegenüber diesen Stoffen nicht im gleichen Maße bekannt.

3. Nicht alle erfaßbaren Sachverhalte sind im gleichen Maße zu quantifizieren. Während die Schallpegelbelastungen an Straßen noch berechnet werden können, sind Veränderungen des Kleinklimas, die Entwicklung der Grundwasserbewegungen und insbesondere das Verhalten von Arten, Biotopen und Ökosystemen zunehmend nur noch qualitativ abschätzbar.

4. Wie oben gezeigt, treten Eingriffe zeitlich versetzt und mit wechselnder Intensität auf. Hinzu kommt, daß die betrachteten Zustände unvollständig erhoben werden und selbst die bekannten Effekte und Erfahrungen unterschiedlich genau quantifizierbar sind. Daraus läßt sich keine genaue zeitliche Entwicklung des Eingriffs ableiten, was aber erforderlich wäre, wenn das Maximum des Eingriffs ausgeglichen werden soll.

Resümierend ist festzustellen, daß der Prognosehorizont aus
–   allgemeiner Umweltentwicklung,
–   vorhandener Planung für den Bereich des Standortes und
–   einer Bestandserhebung vor Ort am Beginn des Prognosezeitraumes
    ohne Deponie
mit
–   unterschiedlichen Zuständen des gleichen Raumes **mit** Deponie und
–   unterschiedlichen Arten und Intensitäten des Eingriffes
verglichen werden muß, um eine Aussage über die Ausgleichbarkeit des Eingriffes machen zu können (s. Abb. 1.3). Dieses Kunstbild entwickelt einen fiktiven Zustand des jeweiligen Standortes und dient dazu, die Planungsaufgabe zu lösen.

10.4   DER GEGENSTAND DES AUSGLEICHS

Bei allen Schwierigkeiten mit Erhebung, Beschreibung und Prognostik läßt sich doch ein holzschnittartiges Bild von zukünftigen Zuständen des Standortes mit und ohne technische Anlage machen. Dabei versteht es sich von selbst, daß sich diese grobe Differenz zwischen unscharfen Bildern nur an den Sachverhalten festmachen läßt, die in der Bestandsaufnahme erhoben bzw. in der Prognose berücksichtigt wurden.

Grundlagen für die Zusammenstellung der Unterschiede sind (vgl. Abb. 5.1.4)
–   der Zustand des Planungsraumes zum Zeitpunkt der Bestandsaufnahme,
–   der Zustand des Planungsraumes am Ende des Prognosehorizontes ohne Deponie,
–   verschiedene qualitativ und quantitativ vorhersehbare maximale deponiebedingten Belastungssituationen (ohne Störfälle) am Standort.

Tabelle 10.1 gibt exemplarisch das Prinzip für die wichtigsten Unterscheidungen mit und ohne Anlage (Deponie) wieder und benennt mögliche Ausgleiche.

Tab. 10.1: Ausgleichsmöglichkeiten deponiebedingter Eingriffe

Ohne Anlage	Mit Anlage	DIFFERENZ
LANDSCHAFTSWASSERHAUSHALT		
Grundwasser		
Beschreibungsmerkmale: Grundwasserstand, Flurabstand, Grundwasserleiter, Fließrichtung, Grundwasserqualität, entsprechend den örtlichen Werten von Niederschlag, Evaporation, Transpiration, Versickerung, Bodenbeschaffenheit, Geologie, Flächennutzung; absehbare Entwicklung	temporäre Grundwasserabsenkungen in Baubetriebsphasen; Unfälle mit Grundwasserverunreinigungen Veränderung der Standortmerkmale ohne Anlage: Grundwasserstand, Flurabstand, Grundwasserleiter, Fließrichtung, Grundwasserqualität	beschleunigte Entwässerung im Einflußbereich des Ringgrabens; Grundwasserneubildung wird im Bereich der Halde und der (bau-) betrieblich genutzten Flächen unterbunden, Veränderung des Direktabflusses und der Verdunstung, Veränderung des Gebietswasserhaushaltes und der Abflußcharakteristik; Unfälle mit Grundwasserverunreinigung; Austritt und Versickerung von kontaminiertem Sickerwasser, Unfälle beim Transport von kontaminiertem Sickerwasser

Ohne Anlage	Mit Anlage	DIFFERENZ

AUSGLEICH GRUNDWASSER
- Erhöhung der flächenhaften Infiltration mit Bodenspeicherung im Einzugsgebiet.
- Ableiten von Abfluß in Versickerungsanlagen.
- Anpflanzungen zur Klimaverbesserung.
- Oberflächenrückhalt mit Teilinfiltration.Verzögerung und Rückhalt des Oberflächenabflusses (nach MOCK 1993, S. 151).
- Kein Ausgleich für Einzelereignisse außerhalb des Normalbetriebes.
- Bei Absenkung kein Ausgleich, wenn dauerhafte Folgen vermieden werden können
- Kein Ausgleich für Unfälle

Oberflächenwasser		
Beschreibungsmerkmale: Abfluß, Gerinne, Wasserqualität absehbare Entwicklung	Versiegelung durch Änderung der Flächennutzung; Unfälle beim Transport von kontaminiertem Sickerwasser; Aufnahme von kontaminiertem Sickerwasser, Transport des Sickerwassers; Absetzen von Schadstoffen auf dem Gewässerboden.	veränderter Abfluß und veränderte Abflußcharakteristik; Veränderung der Wasserqualität

AUSGLEICH OBERFLÄCHENWÄSSER
siehe Grundwasser

KLEINKLIMA		
Beschreibungsmerkmale: Temperatur, Luftfeuchte, Windgeschwindigkeit, Sonnenscheindauer, jahreszeitlicher Ablauf, Verschattung; Luftbelastung; absehbare Entwicklung	Schattenwurf der Halde, Kleinklima im Einflußbereich der Halde; Emissionen aus Deponiebau und -betrieb.	Veränderung von Temperatur, Luftfeuchte, Windgeschwindigkeit, Sonnenscheindauer entsprechend der zeitlichen Entwicklung der Deponie; Veränderung der Luftqualität

Ausgleich Kleinklima
Kein Ausgleich
Maßnahmen zur Milderung der Eingriffswirkungen möglich.

BODEN		
Beschreibungsmerkmale: Bodenaufbau, Bodenwert, Bodennutzung, Bodenbelastung; absehbare Entwicklung, Planungen.	Inanspruchnahme von Flächen für die Deponie; Entfernung der quartären Deckschicht für die Halde; Verdichtung und Versiegelung des Oberbodens durch Nutzungen	Abtrag von Boden, Einbau von Baumaterial, Zerstörung des Bodengefüges; Immissionen aus Deponiebau und -betrieb. Wegfall landwirtschaftlicher Nutzungen

Ohne Anlage	Mit Anlage	DIFFERENZ

AUSGLEICH BODEN
Kein Ausgleich.
Maßnahmen zur Milderung der Eingriffswirkungen möglich.
Für Landwirtschaft: Ausgleich durch Flächen von vergleichbarem Wert und mit gleicher Nutzungseignung in akzeptabler Entfernung.

FLORA UND FAUNA

Empfindlichkeit gegenüber Immissionen

vorhandenes Arten- und Biotopinventar und vorhandene Belastungen; absehbare Entwicklung	Immissionen (Stäube und kontaminiertes Sickerwasser) durch Verkehr und unplanmäßige Betriebsfälle	zusätzliche Immissionen

KEIN AUSGLEICH
Maßnahmen zur Milderung der Eingriffswirkungen möglich

Lebensräume

Flora allgemein Beschreibungsmerkmale: Arten, Pflanzengesellschaften, Besonderheiten; potentielle natürliche Vegetation absehbare Entwicklung	Inanspruchnahme von Flächen durch die Deponie	Verlust der vorhandenen Vegetation auf der Standortfläche und ggf. bei der Erweiterung der Zufahrt

AUSGLEICH LEBENSRÄUME FLORA ALLGEMEIN
entsprechende qualitative und quantitative Anreicherung der Vegetation im Umfeld und Aufforstung vor Beginn des Deponiebaus

Der Bereich **Lebensräume Flora** kann weiter spezifiziert werden, wenn es erforderlich ist, z. B. in: **Grünland, nährstoffarme Standorte des Grünlandes und von Feuchtgebieten, Wald, Hecken, Säume, Uferböschungen, Stillgewässer.**

Fauna allgemein unterschiedliche Ausstattung der Landschaftsräume, vgl. Flora	Inanspruchnahme von Flächen, Auswirkungen auf das Umfeld	Zerstörung und Beeinträchtigung von Lebensräumen, Trennwirkung durch Straßenverkehr, Verlust vor allem an stenöken Arten

Ausgleich Fauna allgemein
Erhalt und Schutz von Funktionszusammenhängen, Schaffung und Verbesserung der Lebensbedingungen im Umfeld der Anlage

Ohne Anlage	Mit Anlage	DIFFERENZ
Amphibien Erdkröte, Grasfrosch Vorkommen entsprechend der Landschaftsausstattung	Inanspruchnahme von Flächen, Auswirkungen auf das Umfeld	verringerte Landlebensräume, Verlust von Laichgewässern, Beeinträchtigung von Wanderungen durch Straßenverkehr, Zerschneidungseffekte
Ausgleich Amphibien vor Baubeginn Anlage von Laichgewässern im Umfeld, Nutzungsextensivierung von Grünland, Anpflanzung von Hecken und Wald, ggf. Anlage von Amphibienschutzzäunen und Amphibientunnel		
Vögel allgemein unterschiedliche Ausstattung der Landschaftsräume, vgl. Flora	Inanspruchnahme von Flächen, Auswirkungen auf das Umfeld	Zerstörung bzw. Beeinträchtigung des Lebensraumes, Störungen im Umfeld; Zunahme ubiquitärer u. Verlust stenöker Arten; nach Rekultivierung der Halde Wiederbesiedlung, ggf. Ansiedlung neuer Arten
Ausgleich Vögel allgemein Schaffung von Lebensräumen im Umfeld , z. B. durch Extensivierung; Beruhigung der Landschaft, z. B. durch Rückbau von Verkehrswegen		

Der Bereich **Lebensräume Vögel** kann weiter spezifiziert werden, wenn es erforderlich ist, z. B. in **Brachvogel, Dorngrasmücke, Baumfalke, Neuntöter.**

LANDSCHAFTSBILD		
Landschaftsbild allgemein Strukturmerkmale des Landschaftsraumes Parameter aus Natürlichkeit und Landschaftstypus	Halde und Deponiefläche in vorhandener Landschaft	Veränderung der Parameter und Strukturmerkmale bis zum völligen Maßstabs- und Strukturverlust
Ausgleich Landschaftsbild allgemein Ausgleich als landschaftliche Ganzheit im Flachland nicht möglich		
Landschaftserleben vorhandene Nutzung mit Landschaftserleben	Halde und Deponiefläche in vorhandener Landschaft	Beeinträchtigung des Landschaftserlebens, Verfremdung des Landschaftsbildes, Vielfaltsverlust durch Behinderung der Sichtbeziehungen, Bedeutungswandel durch Ablagerung toxischer Stoffe; Immissionen (Lärm, Staub, Geruch); Zerschneidung von Wegeverbindungen

Ohne Anlage	Mit Anlage	DIFFERENZ

Ausgleich Landschaftserleben
Kein Ausgleich in Bezug auf den Landschaftsraum; teilweise Ersatz möglich, z. B. durch
Anreicherung der Landschaft mit typischen Strukturelementen,
Änderung der Wegeführung.

10.5   ORTE DES AUSGLEICHS

Die Erhebung des Ist-Zustandes sollte problembezogen entsprechend Zweck und Wirkung der Anlage erfolgen. Zusätzlich erfolgt eine flächendeckende Kartierung auf der jeweiligen Standortfläche und im Bereich von 1000 m um die Standortfläche herum (vgl. Optimierungsgrundsatz nach TRENT 1987).

Dies entspricht dem, was im Rahmen einer Umweltverträglichkeitsuntersuchung in der Praxis leistbar ist, und es genügt in der Regel zur Ermittlung der Sachverhalte, anhand derer ein Standortvergleich durchgeführt werden kann. Damit sind auch wesentliche und für diesen Verfahrensschritt entscheidungsrelevante örtliche Merkmale bekannt.

Bei Einbeziehung der Ausgleichbarkeit des Eingriffs in die Standortentscheidung müssen die Untersuchungen ggf. dann erweitert werden, wenn es Hinweise dafür gibt, daß weitergehende ökosystemare Beziehungen bestehen (siehe das Beispiel der Graureiher und Amphibien, Kap. 10.2). Hinzu kommt, daß es nicht mehr genügt, das Vorhandensein von Arten zu ermitteln und darzustellen. Vielmehr muß jetzt auch erkundet und beurteilt werden, ob es im Nahbereich Flächen und Naturraumausstattungen für die Habitatansprüche von ausgewählten Arten gibt, die für einen Ausgleich herangezogen werden könnten.

Weiterhin muß untersucht werden, ob im Nahbereich Flächen vorhanden sind, auf denen Landschaftselemente angelegt werden können, die auf der Standortfläche entfallen müßten. Hierin ist ggf. eine Abwägung eingeschlossen, ob die Inanspruchnahme von Flächen für Ausgleichsmaßnahmen nicht wiederum einen Eingriff bedeutet, der auszugleichen wäre (vgl. Kap. 10.2).
Damit diese Betrachtungsweise nicht eine endlose Kette von Eingriffs- und Ausgleichuntersuchungen nach sich zieht, könnten folgende Möglichkeiten diskutiert werden:

- der ursprüngliche Eingriff wird dann als nicht ausgleichbar deklariert, wenn der Ausgleich an einem benachbarten Ort einen Eingriff nach sich zieht
- die Ausgleichsbetrachtung wird auf einer höheren räumlichen Hierarchiestufe fortgesetzt.

Die erste Möglichkeit würde dann Ersatzmaßnahmen - entsprechend dem Landschaftsrecht von Nordrhein-Westfalen - im Kreisgebiet bzw. im Bereich der zuständigen Unteren Landschaftsbehörde nach sich ziehen.

Im zweiten Fall wäre die übergeordnete Funktion des Naturraumes, in dem der Eingriff erfolgen soll, Gegenstand der Ausgleichsbetrachtung. Ein überregionaler Grünzug, der durch den Eingriff in seiner Funktion beeinträchtigt wäre, müßte dann durch geeignete Maßnahmen ertüchtigt werden (vgl. Abb. 9.19). Diese Betrachtungsweise empfiehlt sich auch bei allen anderen Eingriffsfragen, wenn den Intentionen des Gesetzgebers bzgl. der Stimmigkeit der Gesamtbilanz Genüge getan werden soll.

Es zeigt sich also, daß zwar generell die Orte des Ausgleichs von Eingriffen in deren unmittelbarer Nachbarschaft zu suchen sind. Dies muß jedoch nicht zu einem akzeptablen Ergebnis führen; sogar Fehler können die Folge sein, wenn die Hierarchieebene der Ökosystemkomplexe nicht berücksichtigt wird. Für die Regionalplanung kann dies entscheidend sein.

Die Suche nach Orten des Ausgleichs kann in dieser Phase des Verfahrens in der Regel Besitzverhältnisse und Verfügbarkeit von Flächen nicht berücksichtigen. Angesichts der Bedeutung des Ausgleichs für den Naturhaushalt kann es sogar von Belang sein, bestehende Nutzungen für diesen Zweck zur Disposition zu stellen. Wie weit dies erfolgen könnte, muß im Einzelfall bestimmt werden. Die Untersuchung weist daher nur die Möglichkeit aus, daß ggf. ein Ausgleich in Frage kommt, nicht jedoch genau abgegrenzte Flächen.

10.6 AUSGLEICHBARKEIT UND STANDORTUNTERSCHEIDUNG

In Kapitel 9.3 wurde eine Bewertungsmethode erläutert. Ein Vergleich von Standorteigenschaften ergibt sich nach diesem Ansatz daraus, ob für ein Kriterium Belastungen, Veränderungen oder Mängel höher oder geringer als bei den anderen Standorten diagnostiziert werden bzw. ob sich diese im Vergleich zu anderen Standorten eher im mittleren Bereich bewegen.

Entsprechend dieser Negativ-Formulierung der möglichen Anlagenaus-
wirkungen müßte sich die hier diskutierte Bewertung auf einen **Mangel an
Ausgleichsmöglichkeiten** beziehen. Zu fragen ist zunächst, ob es sinnvoll ist,
eine Gesamtaussage über die Ausgleichbarkeit des Eingriffs je Standort vorzunehmen.

Eine Gesamtaussage würde eine Aggregation aller Teilbereiche, wie sie in
Kapitel 10.4 (Tabelle) beispielhaft aufgeführt wurden, zur Folge haben. Man
erkennt an der unterschiedlichen Betroffenheit der verschiedenen Umweltmedien und -indikatoren, daß sich eine Zusammenfassung nicht anbietet. Es
stellt sich sogar die Frage nach der Tiefe der Desaggregation, da es z. B. bereits im Bereich der Avifauna zu erheblichen Unterschieden bzgl. des Ausgleichs bei den verschiedenen Vogelarten kommen kann.

Ein pauschaler Standortvergleich würde mit einem formalisierten Verfahren
als Ergebnis von Rechenoperationen einen Wert, z. B. Ausgleichsflächengrö-
ßen, erzeugen (vgl. ADAM/NOHL/VALENTIN 1987, FROEHLICH/SPOR-
BECK 1988 u. a.). Eine Qualifizierung von Flächen oder die Berücksichtigung der betroffenen Arten und Artengruppen wäre damit nicht zu erreichen.

Das Ergebnis eines Standortvergleiches bzgl. der Ausgleichbarkeit des Eingriffes nach TRENT (s. Kap. 9.3) wäre also eine verbal-argumentative Beschreibung der einzelnen Standorte und ein bewertender Vergleich nach den
Kategorien: der Mangel an Ausgleichsmöglichkeiten ist am jeweiligen Standort zu einer bestimmten Eingriffswirkung in Bezug zu den anderen Standorten
'geringer', 'höher' oder 'mittel'.

Ein völliger Mangel an Ausgleichsmöglichkeiten hätte danach in der Kategorie 'höher' zu erscheinen. Für diesen Fall wäre zusätzlich zu entscheiden, ob
der Eingriff trotzdem zugelassen werden kann. Die Möglichkeit eines relativ
vollständigen Ausgleichs würde in der Kategorie 'geringer' berücksichtigt.

Sprachlich wäre eine weitere Differenzierung nicht möglich, denn entweder
gelingt ein Ausgleich oder er gelingt nicht. Das Problem des Ausgleichs ist
jedoch so komplex, daß es zwischen diesen Extremwerten eine Reihe von
Zwischenschritten gibt, die ein 'besser' oder 'schlechter' ermöglichen. Zum
Beispiel kann für eine betroffene Art nach dem Eingriff in der Umgebung nur
wenig mehr als ein Minimumareal mit schlechter Prognose übrigbleiben,
während ein anderer Standort größere Ausweichmöglichkeiten bietet. In beiden Fällen kann der Ausgleich gelingen - die Unsicherheit darüber ist jedoch
am ersten Standort größer. Für solche Fälle könnte im Vergleich die Kategorie 'mittel' verwendet werden.

Die Unsicherheit des Gelingens eines Ausgleichs ist größer als die Vorhersage über Stärke und Verlauf eines Eingriffs. Der Ausgleich eines Eingriffs soll jedoch dessen Wirkung nach Möglichkeit aufheben. Da es in der Regel kaum möglich ist, zielsicher den Ausgleich eines Schadens oder einer Veränderung herbeizuführen, **ist es fraglich, ob ein Vergleich der Eingriffe mit den Ausgleichen methodisch richtig vorgenommen werden darf.**

Auch der Ausgleich kann unterschiedlich beurteilt werden. Einerseits kann angenommen werden, daß die Herstellbarkeit des Ausgleichs von Eingriffen in den Naturhaushalt dort am wahrscheinlichsten ist, wo ein großflächiges und leistungsfähiges naturhaushaltliches Potential vorhanden ist. Es existieren genügend Pufferflächen, in die betroffene Arten ausweichen können, und es sind genügend benachbarte Flächen vorhanden, die sich für die Besiedlung der durch die Anlage verdrängten Arten herrichten ließen. Ein Standort wäre also dann günstig, wenn er ein gutes naturräumliches Potential aufweist, das einen Eingriff absorbieren könnte. Dies könnte eine systematische Verlagerung von Eingriffen in Gebiete mit großem naturhaushaltlichen Potential zur Folge haben, bevor diese Gebiete unter Schutz gestellt werden könnten. Angesichts der wenigen geschützten Flächen in der BRD und der geringen Wirksamkeit dieses Schutzes würde dieser systematische Fehler zu einer zusätzlichen Inanspruchnahme des Naturhaushaltes führen, was durch eine Umweltverträglichkeitsuntersuchung gerade vermieden werden sollte.

Demgegenüber kann andererseits die Auffassung vertreten werden, daß in einem naturhaushaltlich leistungsfähigen Gebiet ein Eingriff nicht ausgeglichen werden kann, weil dies im Nahbereich des Eingriffs nur zu Lasten anderer optimierter Lebensräume erfolgen könnte.

Ein weiterer Unterschied zwischen Eingriff und Ausgleich liegt in dem Grad der Umkehrbarkeit bzw. der Veränderbarkeit des jeweiligen Prozesses. Wenn mit Bau und Betrieb der Deponie begonnen wurde, läuft der Prozeß mit zunehmender Wahrscheinlichkeit bis zum Kontrollbetrieb ab. Die Menge der Entscheidungsmöglichkeiten nimmt ab, Irreversibilität und Bestimmbarkeit des Eingriffes nehmen zu (vgl. Abb. 11.1).

Dies ist beim Ausgleich des Eingriffs nicht im gleichen Maße der Fall. Es bestehen in jedem Stadium die Entscheidungsmöglichkeiten, den Ausgleich festzusetzen, ihn zu beenden und zu verändern. Schließlich ist nicht ausgeschlossen, daß ein Ausgleich zu einem späteren Zeitpunkt selbst zum Gegenstand eines Eingriffs wird. Der Ausgleich bleibt also reversibel und unbestimmt.

Es zeigt sich, daß der Vergleich von Standorten bzgl. des Ausgleichs von Eingriffen fragwürdig ist. Voraussetzungen, Fragestellung und Wirkungen sind jeweils unterschiedlich, so daß letztlich die Grundlagen für einen Vergleich nicht gegeben sind.

Soll trotzdem die Frage der Ausgleichbarkeit von geplanten Eingriffen in einer Umweltverträglichkeitsuntersuchung behandelt werden, so kann dies sachlich und methodisch begründet nicht im Rahmen des Standortvergleichs selbst geschehen, sondern wäre Gegenstand einer gesonderten Betrachtung. Dabei sind in der Vorbereitung einer Entscheidung im Raumordnungsverfahren insbesondere auch überörtliche Probleme der Eingriffsregelung zu berücksichtigen (vgl. VOIGT 1993a).

10.7 PRAKTISCHES VORGEHEN

Nachdem sich herausgestellt hat, daß die Ausgleichbarkeit von Eingriffen nicht für einen Vergleich von Standorten geeignet ist, verbleibt die Frage nach der praktischen Handhabung der Eingriffsregelung in einer vergleichenden Umweltverträglichkeitsuntersuchung. Aufgrund der vorliegenden Abhandlung der Probleme bestehen folgende grundsätzliche Möglichkeiten:

1. **Festlegung über den Zustand von Natur und Umwelt, der der Eingriffsregelung zugrunde gelegt werden soll.** Dies könnte sein:
   - der Ist-Zustand, wie er erhoben wurde
     + zusätzlich Überkompensation für die allgemeine Tendenz der Verschlechterung der Umweltqualität
   - der prognostizierte Zustand zu verschiedenen Zeitpunkten des Eingriffs
     + zuzüglich der Kompensation für den Verlust an Umweltqualität seit der Erhebung des Ist-Zustandes
     + zuzüglich Überkompensation für die allgemeine Tendenz der Verschlechterung der Umweltqualität
   - verbindlich festgelegte Umweltqualitätsziele für den Standort in einem Umweltplan, Landschaftsrahmenplan, Flächennutzungsplan sowie anderen Plänen und Programmen.

2. **Ermittlung der Differenz zwischen dem gewählten Referenzzustand von Natur und Umwelt** nach 1. und den größten Intensitäten des Eingriffs. Zugrunde liegt die Erhebung des Ist-Zustandes am Standort sowie die Prognose des Verhaltens der Anlage aufgrund eines Modells.

3. **Beschreibung der erforderlichen Ausgleichsmaßnahmen** bzw. Angaben über die Ausgleichbarkeit in der Nachbarschaft des Standortes, die selbst keinen Eingriff in den dortigen Naturhaushalt darstellen.

Damit ist gewährleistet, daß die Handhabung der Eingriffsregelung so erfolgt, daß sie auf den jeweiligen Standort zugeschnitten ist und dessen Besonderheiten berücksichtigt. Eine weitergehende Aufbereitung der Sachverhalte für einen Standortvergleich sollte nicht erfolgen.

10.8 ZUSAMMENFASSUNG UND STEUERUNGSMÖGLICHKEITEN

Es wurde gezeigt, daß der Ausgleich eines Eingriffs in den Naturhaushalt mit vielen Unwägbarkeiten verbunden ist. Zwar lassen sich aus der Änderung von Sachverhalten zwischen Zuständen vor dem Eingriff und prognostizierten Zuständen danach Ansätze für einen Ausgleich identifizieren und dafür auch potentielle Areale finden, doch bleibt unklar, ob alle maßgebenden Faktoren erhoben wurden, die den Arten und Populationen am bisherigen und zukünftigen Standort eine Existenz sichern.

Der Ausgleich eines Eingriffs soll dessen Wirkung nach Möglichkeit aufheben. Es ist jedoch in der Regel kaum möglich, zielsicher den Ausgleich eines Schadens oder einer Veränderung herbeizuführen.

Umfang und Bedeutung des Eingriffs lassen sich - bei allen Problemen - abschätzen, weil sie sich auf konkrete Sachverhalte am Standort beziehen und mit großer Wahrscheinlichkeit stattfinden werden. Der Ausgleich des Eingriffs ist dagegen nicht im gleichen Maße prognostizierbar wie der Eingriff.

Weiterhin könnte die Aussicht auf eine mögliche heilende Wirkung des Ausgleichs eine systematische Verlagerung von Eingriffen in Gebiete mit großem naturhaushaltlichen Potential zur Folge haben, und ein künstlich herbeigeführter Ausgleich kann für die dafür in Anspruch genommenen Flächen selbst einen Eingriff bedeuten, der auszugleichen wäre.

Schließlich kann ein einmal durchgeführter und erfolgreicher Ausgleich zu späteren Zeiten bei der weiteren Entwicklung des jeweiligen Standortes wieder zum Gegenstand eines irreversiblen Eingriffs werden.

Der reversible Ausgleich eines irreversiblen Eingriffs in den Naturhaushalt eignet sich also weder für eine Standortbeurteilung noch für einen Standortvergleich.

Damit die Ausgleichsregelung die mit ihr verbundenen Erwartungen erfüllen kann, sollten mindestens folgende Steuerungsmöglichkeiten berücksichtigt werden:

- Geldzahlungen statt eines realen Ausgleichs völlig unterbinden
- den Eingriff im sachlichen und funktionalen Zusammenhang ausgleichen
- wegen der allgemeinen Tendenz der Natur- und Umweltdegradierung Eingriffe überkompensieren
- die Ausgleichsmaßnahmen unter wirksamen und dauerhaften Schutz stellen
- den Bilanzraum sachangemessen wählen
- eine konzeptionelle umweltbezogene Planung betreiben.

Damit wird auch gewährleistet, daß der funktionale Zusammenhang des jeweiligen Standortes und dessen Besonderheiten gewahrt bleiben.

11   DAS GESAMTSYSTEM

Die in den vorangegangenen Kapiteln dieser Systemanalyse beschriebenen
Deponie-Komponenten fügen sich zum Gesamtsystem 'Abfalldeponie' zusammen, welches mehr ist, als die Summe seiner Teile und durch seine
Wechselwirkungen zwischen den verschiedenen Komponenten ein eigenes
Systemverhalten aufweist. Diese Wechselwirkungen zwischen den Teilen des
Systems sollen sich nicht zufällig einstellen, sondern planmäßig, kontrollierbar und beeinflußbar ablaufen. Zu dem System gehören auch seine Umgebung sowie die zeitlich vorgelagerten Prozesse des Entstehens und der Behandlung von Abfällen. Letztere sind nicht Gegenstand dieser Untersuchung.

Eine Abfalldeponie als Bauwerk aufzufassen, als Anlage, die wie andere technische Anlagen gesteuert werden muß. Die Steuerung betrifft das koordinierte
Zusammenwirken der Komponenten des Systems für die definierten Anlage-
ziele.

Diese Ziele sind:

**Das Konzentrieren von Abfällen, die z. T. ein hohes Gefährdungspo-
tential haben können und in einem Bauwerk von der Biosphäre abgeschlossen und unbegrenzt gelagert werden sollen. Die Ziele beziehen sich
auf alle Phasen der Deponie, also auf Planung, Bau- und Deponiebetrieb
und den Kontrollbetrieb nach der Beendigung der Einlagerung von Stoffen.**

Häufig verbindet sich mit diesen Zielen der Begriff 'Endlager' als einem Ort,
in dem schadensfrei endgültige Ablagerungen von Abfällen vorgenommen
würden, deren Langzeitsicherheit vor Einlagerungsbeginn für die Lebensdauer aller einzulagernden Stoffe wissenschaftlich nachzuweisen sei. Wegen der
langen Zeiträume müsse ein Endlager ohne Kontrolle, Wartung und Reparatur
funktionieren, die eingelagerten Stoffe seien nicht rückholbar (LANGER
1987, S. 346; vgl. auch APPEL 1989a, S. 186). Andererseits müsse die Anlage solange gesteuert werden, wie die Stoffe ihr Gefährdungspotential beibe-
halten (vgl. auch Abb. 1.3). "Sonderabfalldeponien mit anorganischen Abfällen unterliegen keinen biochemischen Abbauprozessen, d. h. das Gefährdungspotential bleibt langfristig bestehen" (HOFFMANN 1984 S. 53).

Es liegt in der Eigenart dieser Form von Deponie, daß Steuerungsprozesse im Laufe der Zeit unterschiedlicher Wirksamkeit unterliegen (vgl. Abb. 11.1). Im Planungsprozeß sind - zumindest theoretisch - alle Entscheidungen zur Deponie einschließlich des Standortes umkehrbar; die Spielräume - d. h. die Anzahl der Handlungsmöglichkeiten - sind am größten. Nach Aufbereitung des Deponieuntergrundes, der Erstellung des Planums und dem Einbau von Basisabdichtung und -dränung werden diese Deponieteile praktisch zunehmend einem Steuerungseingriff entzogen, wenn damit begonnen wird, den Abfall einzulagern. Der Einbau des Abfalls schränkt abschnitts- und lagenweise die gezielten Zugriffsmöglichkeiten ein. Es sind de facto irreversible Prozesse, selbst wenn theoretisch die Möglichkeit besteht, Abfälle durch Nachgraben wieder herauszuholen oder Basisabdichtung und -entwässerung freizulegen.

Dies ist jedoch nicht der Zweck eines Endlagers und wird im Laufe der Zeit wahrscheinlich gänzlich unmöglich, wenn die Informationen über die Lage der Abfälle nicht mehr (vollständig) verfügbar sind. Für den zeitlich nicht definierten Kontrollbetrieb verbleibt letztlich die Revision der Oberflächenabdichtung als Steuerungsmöglichkeit.

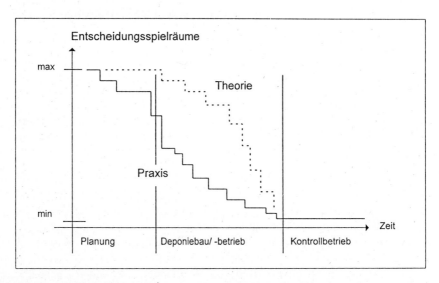

Abb. 11.1: Entscheidungsspielräume bei der Entwicklung des Deponiesystems

Insgesamt wird also die Zahl der Entscheidungs- und Handlungsmöglichkeiten geringer und der Zwang, bestimmte Dinge zu tun, wird größer.

Die Aspekte der Steuerung einer Deponieanlage sind bisher nicht ausreichend Gegenstand staatlicher Abfallkonzepte oder der TA Abfall geworden. Dies ist ein Zeichen dafür, daß ein industrieller und ingenieurwissenschaftlicher Standard für Planung und Betrieb von Deponien noch nicht erreicht ist. Die gesamte Deponieplanung beruht mehr als alles andere, was sonst in der Industrieplanung gemacht wird, auf Annahmen (vgl. STIEF 1987, S. 754; vgl. auch BOMHARD 1988, S. 1009).

STIEF verweist zum Vergleich auf den Bau einer Schokoladenfabrik; dort sei vorher bekannt, was in der Anlage passieren wird. Er hält demzufolge Deponien unzweifelhaft für potentielle Schadstoffquellen ... "Durch die Deponietechnik kann nur beeinflußt werden, wie schnell Schadstoffe aus den abgelagerten Abfällen freigesetzt werden und sich wieder in der Umwelt verteilen" (1989a, S. 380) und bestätigt damit Erfahrungen, die mit Deponiekonzepten in der Praxis gemacht werden, wie auch das nachfolgende Beispiel zeigt.

Die Anlage folgen dem Prinzip des vollständigen Einschlusses der Abfallstoffe durch Ton. WIEDEMANN (1988a, S. 969-970) schreibt dazu:

"Was ist aus dem Prototyp der Sonderabfalldeponie nach dem Konzept des vollständigen Einschlusses geworden, eben jener Chemie-Deponie Bonfol im Schweizer Jura, die vor zwanzig Jahren als ausgesprochen modern vorgestellt wurde? - Eine Altlast, die nie zur Ruhe gekommen ist und für deren Sicherung (nicht Sanierung!) die in der Verantwortung stehende Basler Chemieindustrie vorerst 9 Millionen Franken aufbringen muß. Die Deponie wurde 1961-1975 mit überwiegend organisch-chemischen Abfällen beschickt, 1976 plangemäß mit etwa 2 m Ton und 0,5 m kulturfähigem Boden abgedeckt und dann aufgeforstet, das heißt man glaubte an die Eingliederbarkeit dieses monströsen Fremdkörpers in den Naturhaushalt. Aber der Einschluß erwies sich nicht als ausreichend dicht. Der Flüssigkeitsspiegel in den Kontrollbrunnen stieg und ließ bisweilen verunreinigtes Sickerwasser austreten. Ab 1980 wurde laufend Deponiewasser abgepumpt und in Kläranlagen von Basler Chemieunternehmen abgefahren, 1982 erst 800 m^3, 1984 schon rund 2000 m^3. Auch die Gasentwicklung wurde messend verfolgt und widerlegt die früher vertretene Auffassung, daß Sonderabfalldeponien mangels größerer Anteile biologisch abbaubarer organischer Stoffe keine relevanten Gasemissionen produzieren könnten, ein Irrtum, wie wir auch aus Gasmessungen auf der niedersächsischen Sonderabfalldeponie Münchehagen lernen müssen."

Wenn an dieser Stelle auch anzumerken ist, daß die vorliegenden Deponiekonzeptionen eine Weiterentwicklung darstellt und ein Vergleich deshalb problematisch ist, bleiben doch gewisse systemtypische Nachteile erhalten. Die wichtigsten systemtypischen Merkmale einer Haldendeponie können in folgenden Punkten zusammengefaßt werden:

1. **Zeitlich begrenzte Standzeit der technischen Barrieren, insbesondere der Oberflächenabdichtung.**
2. **Zeitlich begrenzte Durchführbarkeit betrieblicher Maßnahmen wie z. B. Sickerwasserfassung.**
3. **Fehlende Unabhängigkeit wichtiger Barriereteile (insbes. Oberflächenabdichtung, Deponieseiten, Basiabdichtung).**
4. **Geringer Abstand zwischen Abfall und Schutzgütern.**
5. **Die Haldenform selbst.**

Den oben erwähnten Vorstellungen über ein Endlager steht insgesamt das Naturgesetz der Entropie in seiner gegenüber dem 2. Hauptsatz der Thermodynamik erweiterten Form entgegen. Konzentrationen, Niveauunterschiede, ungleiche elektrische Ladungen usw. unterliegen in unterschiedlichen zeitlichen Dimensionen dem Ausgleich, dem Abbau, der Vermischung mit ihrer Umgebung. Diese Prozesse sind irreversibel, wenn ihnen nicht durch ständige Zufuhr von Materie und Energie entgegengewirkt wird.

"Geht man davon aus, daß eine Deponie ein nach unten dichtes Gebilde ist, das nach seiner Verfüllung auch nach oben hin wirksam gegen Oberflächenwasser abgeschlossen wird, und setzt man voraus, daß das austretende Sickerwasser gefaßt und behandelt wird, solange es anfällt, so kann man die Errichtung von Deponien aus fachlicher Sicht vertreten" faßt BECKERATH (1984, S. 9) zusammen.

11.1 MÖGLICHES VERHALTEN DES GESAMTSYSTEMS IM NORMALFALL

Um die Bedeutung der Frage nach der Notwendigkeit von längerfristiger Systemsteuerung näher zu erläutern, wird nachfolgend versucht, auf der Basis eines Deponiemodells (z.B. Abb. 11.2) ein mögliches Deponieverhalten im Normalfall zu beschreiben, welches für diesen Deponietyp als typisch angesehen werden kann. Andere Problemfälle können erst dann untersucht werden, wenn die Details zu Bau und Betrieb vorliegen und ein Sicherheitsnachweis erarbeitet werden muß.

"Grundlage des Sicherheitsnachweises muß ein Sicherheitsplan sein, der die zu beachtenden Gefährdungsmöglichkeiten ... Bauausführung, Betrieb und Nachbetriebsphase analysiert und die dazu gehörenden gefahrenabwendenden Maßnahmen festlegt. Kontrollpläne sind ebenfalls Bestandteil des Sicher-

heitsplanes; sie bestimmen, welchen Gefährdungen durch Überwachungsmaß-
nahmen begegnet werden soll. Sofern im Sicherheitsplan bestimmte Gefahren
als 'Rest'-risiko akzeptiert werden, ist dies mit Begründung zu doku-
mentieren" (LANGER 1987, S. 339).

Um eine angemessene Standortauswahl treffen bzw. einen vorhandenen
Standort beurteilen zu können, ist es erforderlich, sich einen Überblick über
die Langzeitsicherheit zu verschaffen. Probleme bei Bau und Betrieb werden
im Vergleich dazu für beherrschbarer gehalten.

In Kapitel 1.2 wurde für eine Gefahrenabschätzung zwischen 4 Fällen unterschieden:

1.	Normalfall	↘	**Normalfall**
2.	Ausfall	↗	
3.	Störfall	↘	**Extremfall**
4.	Unfall	↗	

Für die nachfolgende Betrachtung werden **Normalfall und Ausfall** von Systemteilen aufgrund von z. B. Belastbarkeitsgrenzen, Materialalterung oder
Herstellungsfehlern zum Normalfall zusammengefaßt und genauer betrachtet.

Es wird vorausgesetzt, daß das jeweilige Deponiemodell entsprechend den
Technischen Anleitungen realisiert wird. Zusätzlich wird angenommen, daß -
abweichend von der herkömmlichen Planung - eine geschlossene Halle für
den Einbau der Abfälle sowie für die Herstellung der Basis- und der Oberflächenabdichtung verwendet wird. Dadurch wird unter Berücksichtigung der
unter 2 - 4 aufgeführten Steuerungsmöglichkeiten während der Bau- und Betriebszeit das Gefährdungs- und Belästigungspotential des Deponiesystems
minimiert.
Weiterhin wird unterstellt, daß keine sicherheitsrelevanten Baufehler vorkommen. Daß dies angesichts der Baupraxis eine relativ günstige Annahme
ist, soll hier in Kauf genommen werden. Schließlich wird angenommen, daß
alle zulässigen Abfälle eingebaut werden.

Auf der Grundlage dieser Annahmen lassen sich - qualitativ - wesentliche
Problemfelder ermitteln, deren Quantifizierung im Planfeststellungsverfahren
vorgenommen werden müßte.

In der Zeit bis zum Abschluß des Einlagerungsbetriebes wird es im Normalfall aufgrund der o. g. Annahmen zu keinen regelmäßigen Gefährdungen und
Belästigungen der Umwelt kommen, die über das hinausgehen, was durch die
Beanspruchung der Fläche durch Bau und Betrieb sowie durch das erforderliche Verkehrsaufkommen zu erwarten ist.

Nach Abschluß des Betriebes ist das Bauwerk vollständig vorhanden, und es
beginnt die Kontrollphase, die sich im wesentlichen auf den Wasserpfad und
die damit in Zusammenhang stehenden Bereiche, aber - je nach Deponietyp -
auch auf den Luftpfad beziehen muß.
Zu Beginn diese Kontrollbetriebes arbeiten möglicherweise noch alle System-
teile wie vorgesehen. Das eindringende Niederschlagswasser versickert - soweit es nicht oberirdisch abfließt und von der Bepflanzung aufgenommen und
transpiriert wird - bis zur Oberflächendränung und Entwässerung und wird
abgeleitet. Ein tieferes Eindringen von Wasser ist bei funktionsfähiger KDB
und Entwässerung nicht möglich.

Nach herrschender Meinung (vgl. Kap. 6) kann aber mit unbegrenzter Haltbarkeit von Kunststoffdichtungsbahnen und Entwässerungssystemen auch
ohne außergewöhnliche Belastungen nicht gerechnet werden. Hinzu kommen
- unvermeidliche ungleichmäßige - Setzungen, die sich bei der Oberflächenabdichtung aus Setzungsbewegungen von Untergrund und Abfallkörper zusammensetzen. Diese Setzungen können Gefügeveränderungen in der Tonschicht und eine örtliche Erhöhung der Durchlässigkeit der Tonschicht bewirken. Durch kapillaren Aufstieg verliert die mineralische Oberflächenabdichtung Wasser, was zu Schrumpfung und Rißbildung und damit zu erhöhter
Wasserwegsamkeit führen kann.

Schließlich ist die Oberflächenabdichtung noch anderen Belastungen ausgesetzt, die insbesondere über längere Zeit wirksam sind. Dies sind kontinuierlich Effekte aus Klima, Oberflächenbewuchs, Fauna, nachlassenden Kontrollen usw.

Damit kann zum Normalfall werden, was bis dahin als Extremfall anzusehen
war, nämlich das Eindringen von Wasser in den Abfallkörper (BOMHARD
1988, S. 1009: "Übergang vom Umschließungsprinzip zum Verdünnungsprinzip"). Welche Wassermengen in welcher Zeit in diesem Fall eindringen können, muß durch zusätzliche quantifizierende Untersuchungen
sowie aus vorliegenden Erfahrungen ermittelt werden. Es darf aber begründet
vermutet werden, daß sich die eindringende Wassermenge dem Wert des auf
der Halde versickernden Wassers annähert. ÖKO-INSTITUT u. a. (1992)
rechnen mit maximal 26,5 % des Niederschlages.

Da das Wasser aufgrund des relativ dichten und mächtigen Untergrundes auch ohne funktionsfähige Folie nur sehr langsam abfließen kann, wenn die Dränung nicht mehr ordnungsgemäß arbeitet, staut sich das Wasser in der Halde. Es verbindet sich zunächst mit dem trockenen Abfall und könnte im Laufe der Zeit zu einem geschlossenen Wasserkörper akkumulieren. Damit verbunden wäre ein Auslaugen der Abfallinhaltsstoffe.

Der Zutritt von (saurem) Niederschlagswasser und Sauerstoff begünstigt neben chemischen Prozessen auch Alterung und Verwitterung (vgl. Kap. 5). Dies könnte auch einen Abbau der vielleicht vorhandenen Inertisierung und Konditionierung von Abfällen bewirken, bei denen z. Z. noch nicht sicher ist, über welchen Zeitraum und unter welchen Bedingungen sie wirksam bleiben.

Unsicher ist das Verhalten der Abfälle und der Abfallinhaltsstoffe, wenn nach einer entwässernden Konsolidierungsphase der chemische und physikalische Prozessor "Wasser" wieder ausreichend zur Verfügung steht. Das Wasser löst und transportiert bei seinem Weg durch den Abfallkörper Stoffe, die sich im unteren Teil der Halde in wahrscheinlich größeren Konzentrationen sammeln, als in den Eluatkriterien der TA Abfall bzw. Siedlungsabfall beschrieben ist.

Da die Identität der nach Anhang B, Zi. 3.2, der TA Abfall angelieferten Abfälle - mit den in der Verantwortlichen Erklärung beschriebenen Eigenschaften des Abfalls, die den Analysewerten des Anhanges D entsprechen - noch als nachgewiesen gilt, wenn diese Werte bis zum zweifachen überschritten werden, und wenn man zusätzlich berücksichtigt, daß der nach TA Abfall/-Siedlungsabfall vorzunehmende Eluattest nicht die tatsächlichen Bedingungen in einer Deponie berücksichtigt, kann mit einer höheren Schadstoffbelastung des Sickerwassers gerechnet werden.

Wegen des relativ hohen Anteils an organischem Material (Glühverlust bis 10 %) ist das Repertoire an chemischen Reaktionen in sonderabfalldeponien groß und auch Gasbildungen sind nicht ausgeschlossen. Auch bei Hausmülldeponien vorhandenen Types wird Gasbildung über einen langen Zeitraum stattfinden. Gas in geringen Konzentrationen könnte bei Kaltluftabfluß von der Halde in deren Nähe zu einer Dauerbelastung der Anwohner führen, über deren Folgen derzeit wenig bekannt ist.

Da ein Abfließen des im Laufe der Zeit angestauten Wassers in den Untergrund aufgrund des natürlich anstehenden Tones von großer Mächtigkeit nur sehr langsam geschieht, können sich andere Pfade für das Wasser bilden. Zu denken wäre insbesondere an die Bereiche des **Böschungsfusses** und der **Böschungsflanken**.

Die Tonschicht ist hier im Vergleich zum Untergrund relativ dünn, und es ist ein hydrostatischer Druck vorhanden, der die Strömung durch die Tonschicht der Oberflächenabdichtung von innen nach außen in Gang setzt - eine Bewegungsrichtung, für die diese Abdichtung nicht bemessen wird.

Dieser Prozeß kann noch durch Gefügelockerungen begünstigt werden, die sich durch den Auftrieb, der sich in den durchströmten Schichten bildet, ergeben können. Da dieses Sickerwasser mit Abfallinhaltsstoffen belastet ist, kommt es auch zu Wechselwirkungen mit der mineralischen Oberflächenabdichtung mit schwer vorhersehbaren Auswirkungen, z.b. auch Standsicherheitsproblemen. Der hydrostatische Druck kann auch im Zusammenwirken von Rekultivierungsschicht und Oberflächenabdichtung eine Rolle spielen. Je dicker die Rekultivierungsschicht ist, desto höher auch die Wassersäule, die sich über der Tonschicht aufbauen kann, wenn die Dränung nicht mehr funktioniert. Dies kann zu einer Beschleunigung der Durchströmung der Oberflächenabdichtung von außen nach innen führen.

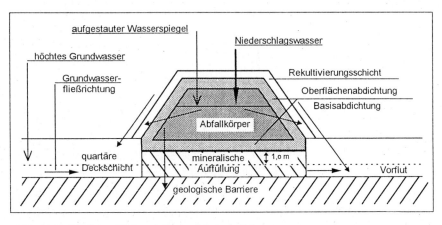

Abb. 11.2: Mögliche Pfade von kontaminiertem Sickerwasser

Hat das kontaminierte Sickerwasser die Tonschicht verlassen, kann es wegen der dann herrschenden relativ großen Durchlässigkeit vergleichsweise schnell die Rekultivierungsschicht und die quartäre Deckschicht um die Halde herum durchströmen und in einen Vorfluter gelangen, da eine flächenhafte Verbreitung der geologischen Barriere ein tieferes Versickern behindert. Der geschilderte Vorgang ist in Abbildung 11.2 skizziert.

Welche Mengen an kontaminiertem Sickerwasser in welcher Zeit die Halde verlassen würden und wie stark die Kontamination sein könnte, muß einer eingehenden quantifizierenden Untersuchung vorbehalten bleiben.

Wahrscheinlichkeit und Zeitraum des Eintretens des hier geschilderten Falles können ohne genauere Analyse nicht bestimmt werden. Die Wahrscheinlichkeit kann jedoch unter Berücksichtigung des Entropiegesetzes als hoch angesehen werden, wenn die getroffenen Annahmen eintreten.

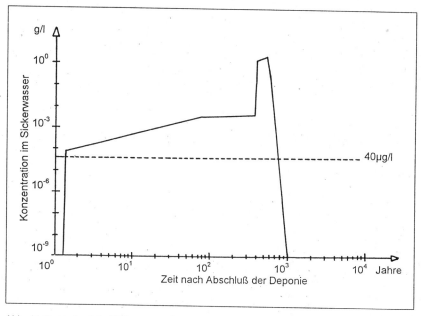

Abb. 11.3: Verlauf der Sickerwasserkonzentration in Abhängigkeit von der Zeit am Beispiel Blei (ÖKO-INSTITUT DARMSTADT u. a. 1992); stilisiert

Mit Hilfe des von der US-amerikanischen Umweltbehörde EPA entwickelten Rechnerprogrammes HELP (Hydrologic Evaluation of Landfill Performance; vgl. SCHROEDER u. a. 1984 und MARQUARDT 1989) wurden 1992 zwei Deponieplanungen bzgl. der möglichen Versickerungs- und Auslaugungsvorgänge untersucht. ÖKO-INSTITUT u. a. (1992) untersuchten die Planung für eine Industrieabfalldeponie in Luxemburg und das ÖKO-INSTITUT (1992) verwendete das Modell noch einmal für eine geplante Sonderabfalldeponie im Regierungsbezirk Arnsberg.

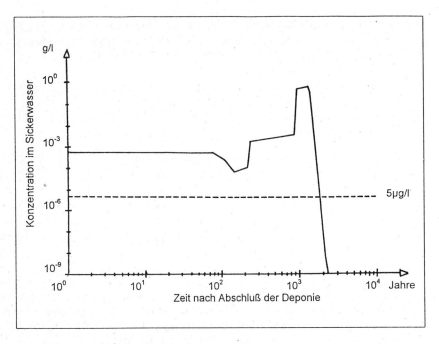

Abb. 11.4: Modellierter Verlauf der Eluierung von Cadmium aus der geplanten SAD Arnsberg (ÖKO-INSTITUT DARMSTADT u. a. 1992); stilisiert

Als Schadstoffe wurden die Schwermetalle Blei, Cadmium, Chrom-III, Nickel
und Zink betrachtet. Die Sickerwasserbelastung lag bei allen Metallen über
den Grenzwerten der Trinkwasserverordnung (TVO). Durch ein kontinuierli-
ches Absinken des pH-Wertes nimmt die Auslaugung zu und erreicht nach
etwa 1000 Jahren ein Maximum. Danach nimmt die Belastung schnell ab,
weil keine mobilisierbaren Schwermetalle mehr vorhanden sind (vgl. Abb.
11.3 und 11.4). Das Modell berechnet eine vertikale Durchsickerung des Abfallkörpers, gibt allerdings keine Auskunft über den Schadstofftransport durch
den Deponieuntergrund oder die Deponieflanken. Es vermittelt aber eine
Vorstellung über die zeitlichen Dimensionen einer Sonderabfalldeponie.

Es ergibt sich also folgendes Bild:

1. **Die vollständige massive Einkapselung und hohe Anforderungen an die Technik verschieben die Probleme lediglich in der Zeit.**
2. **Technische Sicherungssysteme sind keine Hilfsmittel auf Dauer, sondern müssen gewartet und erneuert werden.**
3. **Die Oberflächenabdichtung ist die zentrale Sicherungskomponente.**
4. **Das Verhalten des eingelagerten Abfalls muß beschreibbarer werden.**
5. **Der Informationsstrom bzgl. der Deponie darf nicht zum Stillstand kommen.**

Deutlich geworden ist zudem:

Das Sicherungssystem einer Deponie ist nicht - wie in anderen technischen Anlagen - redundant, d. h. der Ausfall eines Sicherungselementes wird nicht durch ein anderes Element mit gleicher Funktion ersetzt. Das Durchsickern einer Barriere ist irreversibel und der Stoffstrom staut sich vor der nächsten Barriere.

Es ist daher erforderlich, von der Vorstellung Abschied zu nehmen, eine SAD sei ein Endlager im Sinne des "Vergrabens und Vergessens" und einmal errichtet hätte die Gesellschaft das Ihre getan. Mit dieser Logik wäre es auch nicht möglich, Deiche, Talsperren oder Atomanlagen zu bauen.

Eine Deponie ist ein Endlager, welches diese Funktion nur dann erfüllen kann, wenn es sich am richtigen Standort befindet, richtig konstruiert wurde und entsprechend lange kontrolliert und gewartet wird.

Um eine Deponieanlage langfristig steuern zu können, wie eine technische Anlage, die sie auch ist, bedarf es eines entsprechenden Konzeptes, welches in der Planungsphase erarbeitet werden muß und zur Planfeststellung vorliegen sollte. Nur in dieser Phase besteht noch weitgehende Handlungsfreiheit - vom Zwang zur Abfallentsorgung abgesehen.

Wegen der großen Zeiträume ist zu der Steuerung eine Einbindung der Deponie in gesellschaftliche Strukturen und Prozesse erforderlich, wie dies bei den o. g. Anlagen erfolgt ist oder gefordert wird (vgl. POSNER 1990), denn eine Steuerung im kybernetischen Sinne kann nur durch eine steuernde Instanz erfolgreich durchgeführt werden.

11.2   STEUERUNGSMÖGLICHKEITEN

Im Anschluß an die Kapitel 2 - 9 befindet sich jeweils eine Zusammenfassung des Kapitels, die auch wesentliche Steuerungsmöglichkeiten bzgl. der jeweiligen Systemkomponente enthält. Infolgedessen wird hier nur noch auf jene Steuerungsmöglichkeiten hingewiesen, die das Gesamtsystem betreffen, wie es sich als sog. Endlager darstellt. Eine zusammenfassende Darstellung der Steuerungsmöglichkeiten aus den Kapiteln 2 - 4 enthält Abbildung 11.5.

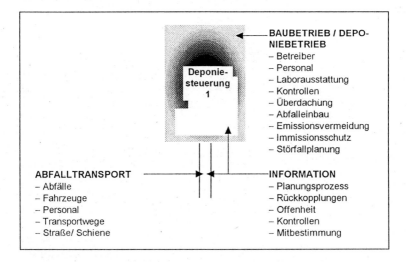

Abb. 11.5: Steuerungsmöglichkeiten für Bau und Betrieb der Deponie

Damit eine Deponie als System funktionieren kann, müssen ihre Teile zusammenwirken, und sie muß von ihrer Umgebung abgegrenzt werden können. Mit Umgebung sind hier

–   **das gesellschaftliche Umfeld und**
–   **der betroffene Naturhaushalt**

gemeint.

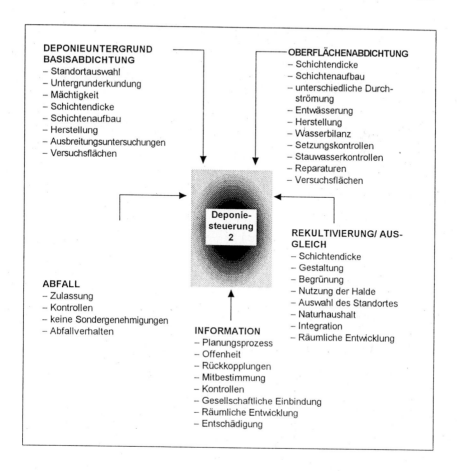

Abb. 11.6: Steuerungsmöglickeiten für die Deponie als fertiges Bauwerk

Der Deponieuntergrund hingegen ist - wie ein Baugrund - bereits ein konstruktiver Bestandteil der Deponie. Neben dem

–   **Deponieuntergrund sind**
–   **Basisabdichtung,**
–   **Abfall,**
–   **Oberflächenabdichtung,**
–   **Rekultivierung und Ausgleich sowie**
–   **Infrastruktur (gesellschaftliche Einbindung)**

die Variablen, die aufeinander zu beziehen sind. Jede dieser Variablen hat ihre spezifischen Eigenschaften und Leistungsfähigkeiten im Gesamtsystem.

Je nach Belastbarkeit und Pufferfähigkeit der Systemumgebung sind Systemgröße und Gefahrenpotential zu dimensionieren. Ausbreitung, Mächtigkeit und Aufnahmefähigkeit des Untergrundes gelten als Sicherheit, falls die Funktionstüchtigkeit und Leistungsfähigkeit der anderen Deponieteile **unbemerkt** überschritten werden.

Der Schichtenaufbau der Basisabdichtung orientiert sich an den zurückzuhaltenden Abfallinhaltsstoffen, wie sich der einzubringende Abfall an den Möglichkeiten der nachfolgenden Barrieren orientieren muß.

Barriere nach außen kann bei Rückstau im Abfallkörper auch der untere Teil der Oberflächenabdichtung sein, obwohl sie als "Dach" der Deponie nur das Eindringen von Niederschlagswasser verhindern soll.

Die Rekultivierung regelt den Wasserhaushalt, schützt die Deponieoberfläche und leistet einen Beitrag für die Leistungsfähigkeit des Naturhaushaltes, wie auch der Ausgleich für den Eingriff in den Naturhaushalt im Nahbereich der Deponie.

Entsprechend der Gestaltung einer Variablen sind die anderen Variablen anzupassen. In Abbildung 11.6 sind diese Aspekte mit wesentlichen Steuerungsmöglichkeiten aufgeführt. Die meisten Einzelmöglichkeiten werden mehr oder weniger bei der Planung "moderner" Deponien berücksichtigt. In weit geringerem Maße findet eine systemorientierte und standortbezogene Verknüpfung statt.

GEOLOGISCHE STANDORTBEDINGUNGEN UND BASISABDICHTUNG

Eine mineralische Basisabdichtung kann nach dem jeweiligen Kenntnisstand durch ihren Schichtenaufbau auf ihre Belastung durch Abfallinhaltsstoffe hin in wesentlichen Bereichen bemessen, und ihre Herstellung kann kontrolliert werden.

Letzteres ist beim natürlichen Untergrund nicht möglich, und ein Bezug zu den Abfallinhaltsstoffen ist nur relativ grob herstellbar.
Beide Deponieteile sollen auf jeden Fall so wirksam sein, daß sich ein Sickerwasseraustritt zuerst an der Oberfläche zeigt, bevor der Untergrund von

Sickerwasser ins Grundwasser durchsickert wird. Der Untergrund ist dabei
eine letzte Sicherung und soll zusätzlich verhindern, daß das Sickerwasser,
welches an der Oberfläche austritt, neben der Deponie in den Untergrund ver-
schwindet. Diese letzte Sicherung soll für den Fall bereitstehen, wenn sich
niemand mehr um die Deponie kümmert und diese durch das oberflächlich
austretende Sickerwasser auf sich aufmerksam macht. Der oberflächliche
Austritt von Sickerwasser und seine Ausbreitung in den oberflächennahen
Schichten um die Deponie herum sind somit langfristig wesentliche Anhaltspunkte für die Durchlässigkeit der Oberflächenabdichtung (Langzeitdetektor).

Steuerbar ist hier die Auswahl des Standortes unter geologischen und
geochemischen Gesichtspunkten, die Erkundung des Untergrundes sowie die
Bemessung und Kontrolle der Herstellung der mineralischen Dichtungsschichten. Kunststoffdichtungsbahnen und Entwässerungseinrichtungen sollten wegen ihrer zeitlich begrenzten Funktionstüchtigkeit für Langzeituntersuchungen nicht herangezogen werden, wenngleich sie einen wichtigen Beitrag
zur Entwässerung des Abfalls nach dem Einbau der Abfälle leisten können.

Mit **Ausbreitungsuntersuchungen** können vorab wesentliche Schadensfälle
nach dem Stande der Wissenschaft untersucht werden.
Versuchsflächen für die Basisabdichtung auf dem Deponiegelände können
zusätzlich einen gewissen Aufschluß über das Langzeitverhalten der Abdichtung bringen.

ABFALL

Der Abfall ist die maßgebliche Komponente aber auch Variable für die Deponie und deren Umgebung. Nach ihm sollten sich im Idealfall praktisch alle
konstruktiven und betrieblichen Maßnahmen richten. Praktisch wird es jedoch
häufig darum gehen, die Abfallinhaltsstoffe entsprechend den Möglichkeiten
von Deponieumgebung und -untergrund nach Art und Menge zu begrenzen.

Extremfall ist das Einlagern der gesamten zulässigen Abfallstoffe + diverser
Mengen an unbeabsichtigten Fehlchargen und illegalen Abfällen + ggf. durch
Sondergenehmigung zusätzlich eingelagerte Abfallstoffe, z. B. aufgrund eines
akuten Entsorgungsnotstandes.

Je mehr Stoffe abgelagert wurden, desto weniger gelingt die Prognose des
Deponieverhaltens und desto schwieriger ist die Bemessung und Steuerung
der Anlage. Selbst, wenn die Zuordnungswerte der TA Abfall/Siedlungsabfall
eingehalten werden, ergibt das nur einen Ausschnitt aus dem Stoffaufkom-

men, und es fehlt noch der Nachweis, was z. B. die Eluatkriterien im Fall des Austritts von Sickerwasser für die Umwelt bedeuten. Dabei ist zu bedenken, daß die möglichen langfristigen Reaktionen von Ton mit gelösten Abfallinhaltsstoffen noch nicht vollständig geklärt sind.

Mit dem Zulassen von Abfallstoffen wird auch über die Gefahrenpotentiale der Deponie entschieden. Deshalb sollten zu dieser zentralen Steuerungsmöglichkeit ausführliche Untersuchungen durchgeführt werden. Entscheidungen werden innerhalb des folgenden Spannungsfeldes zu treffen sein:

1. Es werden nur Abfälle eingelagert, deren Langzeitverhalten allein und in Wechselwirkung mit anderen Stoffen und mineralischen Dichtungen und in ihren umwelttoxikologischen Wirkungen vorhersagbar sind. Dann kann von einem Endlager nach o. g. Definition gesprochen werden.

2. Es werden alle Abfälle nach TA Abfall/Siedlungsabfall zugelassen. Dann werden auf unbestimmte Zeit Kontrollen zu gewährleisten und regelmäßige Reparaturen bzw. Neubauten, z. B. der Oberflächenabdichtungen, vorzunehmen sein. Von einem Endlager, welches sich selbst überlassen werden kann, sollte dann nicht mehr gesprochen werden.

Punkt 1 erscheint angesichts der Vielfalt möglicher Stoffeinlagerungen heute noch illusorisch, es sei denn, man will erheblich mehr Stoffe in Untertagedeponien einlagern und über Tage nur in ihrem Verhalten prognostizierbare Stoffe deponieren.

Im zweiten Fall steht, wie oben bereits behandelt, der Begriff Endlager in der heute für Deponien verwendeten Weise zur Disposition, und eine Sonderabfalldeponie wird zu einer unbegrenzt zu überwachenden Anlage.

OBERFLÄCHENABDICHTUNG

Die Oberflächenabdichtung ist von zentraler Bedeutung für das Trockenhalten der Deponie und zugleich die empfindlichste und am meisten gefährdete Deponiekomponente. Sie muß die Summe der gesamten Setzungsbewegungen aufnehmen und ist den Einflüssen des Klimas ausgesetzt. Im unteren Bereich der Halde kann der Fall eintreten, daß aufgestautes Sickerwasser aus der Deponie die Abdichtung ungeplant von innen nach außen durchströmt und Abfallinhaltsstoffe zurückgehalten werden müssen.

Diese Wechselbeanspruchungen aus unterschiedlichem Durchströmen werden konstruktiv bisher nicht ausreichend berücksichtigt.

Nach Unwirksamwerden der Kunststoffdichtungsbahnen kann es durch kapillaren Aufstieg zum Austrocknen und zur Rißbildung in der mineralischen Abdichtung kommen, was den Eintritt von Niederschlagswasser erheblich verstärkt.

Wenn nach Beendigung des Deponiebetriebes insgesamt und des Betriebes in Teilabschnitten sofort die Oberflächenabdichtung (und die Rekultivierungsschicht) aufgebracht wird, muß die Oberflächenabdichtung die gesamten Setzungsbewegungen aus Untergrund, Abfall und Belastung aus der Rekultivierungsschicht mitmachen. Dies könnte dadurch berücksichtigt werden, daß zunächst eine weniger mächtige Tonschicht aufgebracht und stattdessen eine leicht kontrollierbare und mehrfache Entwässerung (Redundanz) eingebaut wird.

Wenn die Setzungsbewegungen abgeklungen sind und mehr über das Verhalten der Deponie bekannt ist, kann darüber entschieden werden, welche Rolle die Oberflächenabdichtung haben soll: **leichte Zugänglichkeit und Reparierbarkeit oder mächtige und dauerhafte Einkapselung.**

Solche Entscheidungen sind bereits bei der ursprünglichen Deponiekonstruktion zu berücksichtigen, da je nach Wahl der Böschungsneigung auch eine Entscheidung über die Verwendung von bestimmten Entwässerungssystemen (z. B. über kapillarbrechende Schichten, die eine große Böschungsneigung erfordern) getroffen wird.

Der Problematik der Oberflächenabdichtung und den daraus erwachsenden Folgen kann u. a. auch mit konstruktiven Mitteln begegnet werden. Das "Erdhügelspeicher-Konzept" (vgl. NEFF und NEFF/BLINDE 1987; s. Abb. 11.7) gibt Anregungen für weitere Überlegungen über Deponiearchitektur zur Berücksichtigung des unter 11.1 beschriebenen langfristigen Verhaltens der Deponie (vgl. Abb. 11.2).

Sie beginnen bei einer Erweiterung der Tonauffüllung über die Deponiefläche hinaus, um einen Übergang des Sickerwassers aus den Flanken in die quartären Deckschichten zu verzögern und außerdem eine erweiterte Detektionsstrecke zu erhalten (vgl. Abb. 11.8a). Dieser Ansatz ließe sich zu einer wannenartigen mineralischen Abdichtung um die Halde herum weiterentwickeln (vgl. Abb. 11.8b) und/oder mit dem Stützdammkonzept nach Abbildung 11.7 verbinden (vgl. Abb. 11.8c).
Nachteilig ist dabei der höhere Bedarf an mineralischem Abdichtungsmaterial.

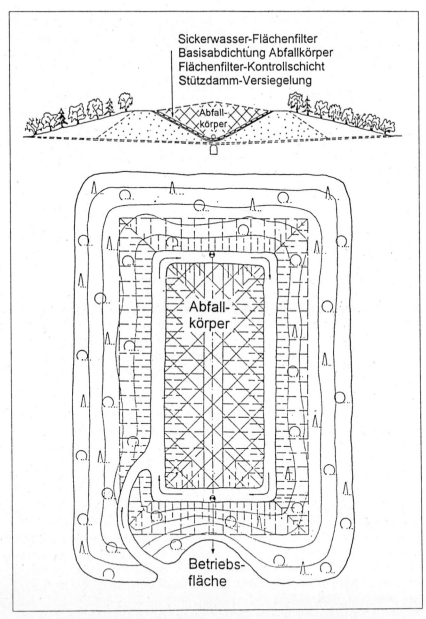

Abb. 11.7: Erdhügelspeicherkonzept - Grundriß und Querschnitt (NEFF 1987)
1- Stützdamm   2- Landschaftsdamm

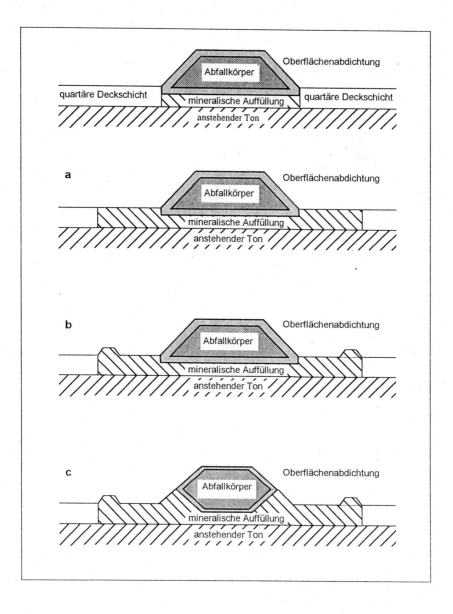

Abb. 11.8: Abdichtungsvarianten zum Schutz der quartären Deckschichten

REKULTIVIERUNG UND NATURHAUSHALTLICHER AUSGLEICH

Im Zusammenhang mit der Oberflächenabdichtung wurden oben auch Hinweise auf die Aufgaben der Rekultivierung gegeben. Die Rekultivierung hat neben dem Schutz der Oberflächenabdichtung wesentliche wasserhaushaltliche Bedeutung. Je nach Mächtigkeit hat sie Speicher- und Verdunstungs- und damit auch Rückhaltemöglichkeiten und kann auch den kapillaren Aufstieg beeinflussen. Andererseits kann sich bei großer Schichtdicke auch eine größere Wassersäule aufbauen und damit das Durchströmen der Oberflächenabdichtung begünstigen.

Da eine Rekultivierung einerseits durch ihre Auflast Setzungen beeinflußt, andererseits sie selbst durch Setzungen verformt wird, sollte bis zum Abklingen der größten Setzungen daher nur eine relativ dünne Rekultivierungschicht als Schutz der Oberflächenabdichtung erstellt und entsprechend provisorisch begrünt werden. Danach ist zu entscheiden, welche Rolle diese Schicht übernehmen soll.

Auf einer dicken Rekultivierungsschicht kann sich - bei nachlassender Pflege - eine Vegetation entwickeln, die langfristig das Vergessen der Deponie fördert und selbst, z. B. durch Windwurf, zur Beschädigung der Deponieoberfläche beitragen kann.

Zur Rekultivierung gibt es unterschiedliche Auffassungen. MÜLLER (1987, S. 444) bezeichnet sie als "ökologisches Feigenblatt". Nach seiner Auffassung sollten Deponien auch bei der Nachfolgenutzung als Deponien erhalten bleiben und überwacht werden.
Hingegen berichtet RÜCKEL (1987, S. 456), daß zwar landwirtschaftliche Nutzung und Bebauung ausscheiden, jedoch forstwirtschaftliche Nutzung zulässig sei und die Sonderabfalldeponie Schwabach als öffentliche Grünanlage genutzt werden soll.

Die Folgenutzung der Halde ist ein wichtiges Element, die potentiellen Gefahren durch die Deponie in kollektiver Erinnerung zu halten. Die Gestaltung und Nutzbarkeit der Rekultivierungsschicht ist daher von wesentlicher Bedeutung. Die Errichtung einer Deponie ist ein massiver Eingriff in den Naturhaushalt sowie in die örtliche und regionale Entwicklung. Ein richtig betriebener Ausgleich, der sich auf den konkreten Verlust bezieht, kann zumindest im Naturhaushalt eine Kompensation erbringen.

Schwieriger ist das wahrscheinlich bei der örtlichen und regionalen Entwicklung. Ein echter Ausgleich für die Belastung von einzelnen Menschen und sozialen Beziehungen sowie für die Behinderung örtlicher und regionaler Entwicklung wird wahrscheinlich nicht zu leisten sein. Hier müßte nach möglichen Entschädigungen und anderen Kompensationen dafür gesucht werden, daß eine Belastung von wenigen akzeptiert werden mußte, gleichzeitig aber die Allgemeinheit entlastet.

INFORMATION

Wenn erkannt wird, daß die Technik allein für ein Problem nur begrenzte und zeitlich befristete Lösungen anbieten kann, so muß die Gesellschaft, die diese Technik verwendet, die technischen Defizite mit den ihr eigenen Mitteln lösen. Konstituierendes Merkmal einer Gesellschaft und ihrer Teilsysteme ist die Kommunikation. Nur Dinge, über die kommuniziert wird, werden für die Gesellschaft operabel (vgl. LUHMANN 1986).

Die bisher verbreitete Vorstellung über ein Endlager von Abfällen im Sinne des "Vergrabens und Vergessens" hatte den Effekt, die Deponie aus der Kommunikation herauszunehmen. Auch die TA Abfall/Siedlungsabfall enthält noch die Vorstellung, den Betreiber aus der Nachsorgepflicht zu entlassen - ohne Vorstellungen darüber, was danach mit der Deponie und ihren persistenten Abfallinhaltsstoffen geschehen soll.
Das ist zumindest nicht Stand der Erkenntnisse, denn nur durch die Installation ausreichender Informationsstrukturen kann die Sicherung der Deponie organisiert werden.

Sie beinhaltet eine offene Planung, Rückkopplung zwischen Beteiligten und Betroffenen, vielfältige und mehrfache Kontrollmöglichkeiten, die institutionelle Sicherung des Kontrollbetriebes und auch die langfristige Sicherung der Deponie als Kontrollobjekt.

Dies muß bereits im Planungsverfahren Gegenstand der Erörterungen sein. Dazu ist es erforderlich, die betroffenen Anwohner und Gemeinden nicht nur zu beteiligen, sondern ihnen auch Mitentscheidungsmöglichkeiten über das "Wie" von Deponieplanung und -kontrolle einzuräumen.

Zu regeln sind Verantwortlichkeiten und Zuständigkeiten. Dazu genügt es nicht, eine überörtliche Instanz mit der Erarbeitung und Durchführung eines Deponieüberwachungsplanes zu beauftragen (vgl. z. B. NIEDERSÄCHSISCHES LANDESAMT 1991). Vielmehr müssen Betroffene aus dem unmittelbaren Deponieumfeld auf Dauer beteiligt werden (vgl. die Einrichtung eines Deponierates aus Betreiber und den anliegenden Kommunen der SAD Hünxe).

Problematisch ist aber selbst bei Berücksichtigung der o. g. Punkte die langfristige Sicherung des Informationsflusses um die Deponie. Vielfach wird bezweifelt, daß dies überhaupt möglich ist. Eine bewußte Nutzung der Halde wäre vielleicht ein Weg, den Prozeß des Vergessens aufzuhalten. Auf jeden Fall sollten im weiteren Verfahren hierzu Überlegungen angestellt werden und in der Planfeststellung enthalten sein.

11.3   SICHERHEITSZONEN

Sicherheitszonen um emittierende oder potentiell emittierende Anlagen sind grundsätzlich nichts Neues. Abstandsregelungen und Schutzabstände unterschiedlichster Art werden in der planerischen Praxis für verschiedene Objekte, Anlagen und Schutzgüter verwendet (vgl. MURL 1990b). Zweck solcher Entfernungsangaben ist es,

–   Emissionen auf dieser Strecke zu vermindern bzw. zu verdünnen bis sie als Immissionen bei den Schutzgütern in "akzeptabler" Form ankommen
–   Zeit für Handlungen zur Schadensabwehr bzw. -verminderung zu gewinnen.

Zu Deponien werden in der Literatur ganz unterschiedliche Angaben gemacht, z. B.
–   Mindestabstand zur Wohnbebauung: 1000 m (MÜLLER 1987)
–   Abstand zu Siedlungen: > 300 m (RÜCKEL 1987)
–   Abstand zu Siedlungen mind. 500 m (STIEF 1987)
–   Sicherheitsstreifen: 300 m (STIEF 1987)
–   NRW-Abstandserlaß für Deponien: 500 m
–   Abstand zu Siedlungen entsprechend Gebietsentwicklungsplan: 1000 m (Optimierungsgrundsatz TRENT 1987)
–   Schutz vor Asbest-Emissionen: 2000 m (MARFELS u. a. 1988).

Die Werte beziehen sich sehr weitgehend auf den Bereich Siedlungen nach GEP odere anderen Planungen. Bei anderen Wohnbereichen muß im konkreten Fall über die Zumutbarkeit des Nebeneinander von emittierender Anlage und Wohnbebauung entschieden werden, wobei auch die o. g. Entfernungsangaben zur Orientierung herangezogen werden könnten.

Wenn im vorliegenden Zusammenhang von Sicherheitszonen gesprochen wird, so ist damit ein räumlicher Bereich gemeint, der praktisch noch zum Betriebsgelände der Deponie gehört - in abgeschwächter Form -, in dem Überwachungseinrichtungen untergebracht sein können, in dem Nutzungen, die durch Emissionen der Deponie geschädigt werden könnten, vorsorglich entfallen und in dem der o. g. Zeitgewinn realisiert wird. Dabei wird unterstellt, daß durch geeignete Maßnahmen (z. B. eine geschlossene Halle) im Normalbetrieb Emissionen über den Luftpfad praktisch ausgeschlossen werden können.

Die Sicherheitszone gilt daher eher für eine langsame Entwicklung des Gefahrenpotentials über den Pfad Wasser und dient insofern auch als Detektionsstrecke für den Zeitraum nach der Entlassung des Betreibers aus seiner Nachsorgeverpflichtung nach TA Sonderabfall, die nicht geregelt ist. Wenn keine systematischen Überwachungen mehr stattfinden, so muß die Emission räumlich bemerkbar werden, damit die Nachbarschaft aufmerksam wird.

Das NIEDERSÄCHSISCHE LANDESAMT FÜR BODENFORSCHUNG und das NIEDERSÄCHSISCHE LANDESAMT FÜR WASSER UND AB-FALL (1991) schlagen als maximale Detektionsstrecke die 200-Tage-Linie vor, also die Fließwegslänge, die Grundwasser in 200 Tagen durchströmen kann. Begründet wird die Entfernung mit möglichen Überwachungshäufigkeiten von Grundwasserbeobachtungsbrunnen (2 mal pro Jahr). Je nach Durchlässigkeit der quartären Deckschicht kann die Fließstrecke einen Wert von schätzungsweise 150 bis 300 m erreichen.

Die niedersächsischen Behörden schlagen zusätzlich vor, daß diese sog. "innere" Überwachungszone frei von Nutzungen zu halten sei, die durch die Deponie beeinträchtigt werden könnten. Diese Forderung geht über die in den o. g. Abständen genannten Schutzgüter hinaus. Schließlich halten es die niedersächsischen Behörden für erforderlich, daß sich dieses Gebiet in der Verfügung des Deponiebetreibers befinden sollte.

Für die Größe der Sicherheitszonen lassen sich noch weitere Aspekte heranziehen, wie der Einfluß der Halde auf das Windfeld mit etwa dem 10-fachen der Haldenhöhe (hier also > 250 m). Die Lärmemissionen verringern sich über eine Entfernung von 200 bis 300 m vom Rande der Deponie ohne besondere Schutzmaßnahmen auf einen für Wohnbebauung zulässigen Wert. Die Beeinträchtigung der Straßenverkehrssicherheit in unmittelbarer Nähe der Deponie wächst mit steigender Haldenhöhe (Kaltluftströme, Nebelbildung u. a.). Der Nahbereich der visuellen Einwirkung der Deponie beträgt nach MURL (1986) 200 m. Dies ließe sich noch fortsetzen.

Für eine Beurteilung sind für den hier beabsichtigten Zweck zwei Aspekte zu berücksichtigen:

1. die erforderliche Größe der Sicherheitszone = Abstand zwischen der äußeren Haldenabmessung bzw. dem eigentlichen Deponiebetriebsgelände und der nächstgelegenen durch die Deponie beeinträchtigten Nutzung
2. die vorhandene und zukünftige Eignung dieser Fläche für eine Sicherheitszone bzw. die Möglichkeit der Herstellung einer Sicherheitszone durch die Wegnahme oder Änderung der vorhandenen Nutzungen.

Für diese Aspekte wird der Standortvergleich wie folgt vorgenommen:
Als erforderliche Größe der Sicherheitszone wird ein Bereich von 300 m bis (eingeschränkt) 200 m als Schluß aus den oben angeführten Aspekten gewählt.

Als geeignet für die Einrichtung von Sicherheitszonen werden Flächen angesehen, auf denen sich keine langfristig angelegten Nutzungen befinden. Als ungeeignet sind daher z. B. anzusehen: Wohnbereiche, Gewerbeeinrichtungen, Infrastruktureinrichtungen und Wasserschutzgebiete. Diese Einteilung dient der Standortunterscheidung. Grundsätzlich läßt sich Eignung für eine Sicherheitszone bei nahezu allen Nutzungen herstellen, z. B. durch Umsiedlung von Anwohnern, Verlegung von Straßen oder Aufgabe von Wasserschutzgebieten. Innerhalb der Sicherheitszone sollen alle Nutzungen entfallen, die durch die Deponie beeinträchtigt werden könnten, z. B. Haus- und Weidebrunnen, Gartennutzungen etc.

Die vergleichende Bewertungsaussage ist "Der Mangel an Sicherheitszonen ist höher oder geringer als an anderen Standorten oder im mittleren Bereich liegend" (vgl. Kap. 9.3). Darüber hinaus könnte bei der Beurteilung einer vorhandenen Anlage das Vorhandensein oder die Herstellbarkeit einer Sicherheitszone über deren betrieblichen Weiterführung entscheiden oder mitentscheiden.

11.4   ZUR NOTWENDIGKEIT EINES DEPONIEKONZEPTES

Mit der Analyse des gegebenen Deponiesystems wurde versucht, dessen Belastungs- und Gefahrenpotential allgemein, d. h. ohne unmittelbare Bezüge zu einem konkreten Standort, zu ermitteln, zu beschreiben und Hinweise für den Umgang mit diesen Problembereichen zu geben. Grundlage ist die gegebene Belastungssituation, d. h. die Menge und Zusammensetzung der einzulagernden Abfälle. Insofern hat diese Analyse nur den Abschnitt des Stoffstromes erfaßt, der sich unmittelbar mit dem Bauwerk 'Deponie' verbinden läßt.

Das Ermitteln und Zusammenstellen von Steuerungsmöglichkeiten für die einzelnen Deponieteilsysteme und das Deponiesystem insgesamt waren wesentliche Ziele dieser Untersuchung, um nicht bei einer reinen Gefahrenbetrachtung stehen zu bleiben, und es hat sich gezeigt, daß es zahlreiche Gestaltungsmöglichkeiten gibt. Vieles davon wird in den maßgebenden Richtlinien - TA Abfall/Siedlungsabfall - berücksichtigt, einiges geht aufgrund der hier vorgenommenen spezifischen Herangehensweise darüber hinaus.

Zu den Bereichen Deponiebaustelle, Deponiebetrieb und Abfall- sowie Sickerwassertransporte bestehen schon heute so weitgehende Gestaltungsmöglichkeiten, daß die Gefahren nicht zwangsläufig über das Maß eines gut geführten Industriebaus und -betriebes hinausgehen müssen. Emissionen aus dem Deponiebetrieb, die über den Luftpfad auch mit Schadstoffen belastet sein könnten, lassen sich im Normalbetrieb völlig vermeiden, und auch bei den Abfall- und ggf. auch Sickerwassertransporten läßt sich unter Ausschöpfung der Möglichkeiten bei Routenwahl, Fahrzeugtechnik und Personal ein hoher Sicherheitsstandard erreichen.

Bezüglich des Zusammenwirkens von Standort, Abfall und Dichtungen als Bauwerk Deponie hingegen ist vieles noch in der Entwicklung begriffen, wird aber für die jetzt in Planung und Verfahren befindlichen Anlagen in Anbetracht der Zeit, die dafür benötigt wird, noch zur Anwendung kommen müssen.

Die TA Abfall/Siedlungsabfall haben aus dieser Sicht eher den Charakter eines Statusberichtes des Jahres 1990 bzw. 1993 als den einer technischen Vorschrift. Es fehlen darin die erforderlichen systemorientierten Betrachtungsweisen von der Stimmigkeit zwischen Belastung und Konstruktion als einer typischen ingenieurwissenschaftlichen Arbeitsweise.

Je nach eingelagertem Abfall sind der natürliche Untergrund und die Basisabdichtung bestimmten Belastungen ausgesetzt, die aufgenommen werden können oder auch nicht. Die dazu erforderlichen Rückkopplungen sind die Auswahl eines passenden Standortes und eine entsprechende Konstruktion der mineralischen Basisabdichtung oder Beschränkungen der Abfallinhaltsstoffe auf die Tragfähigkeit der nachgeordneten Barrieren.

Vorsorge, daß der Belastungsfall nicht eintritt, ist durch die Abdeckung der Abfälle mit Oberflächenabdichtung und Rekultivierung zu treffen. In Anbetracht der nicht absehbaren Zeiträume, in denen eine Abfalldeponie ihre Funktionen zu erfüllen hat, kann nicht mit einer endgültigen Abdeckung gerechnet werden.

Hemmend auf die Entwicklung der Deponieplanung wirkt sich aus, daß ein Endlager für Abfälle immer noch im Sinne von "Vergraben und Vergessen" begriffen wird. Angemessener scheint die Metapher von einem Deich, der solange funktionsfähig bleibt, wie er beobachtet und gepflegt wird. Dieses ist nur mit der dauerhaften Einbindung in örtliche und überörtliche gesellschaftliche Strukturen möglich, die auch den Planungsprozeß, die Belastungen aus der Deponie, den Ausgleich des Eingriffs in den Naturhaushalt sowie planerische Konsequenzen tragen müssen.

Ein an diesen Kriterien zu messendes Deponiekonzept steht noch aus.

LITERATUR

8. MÜLLTECHNISCHES SEMINAR (1985): Umwelteinflüsse von Abfalldeponien und Sondermüllbeseitigung. (Ber. aus Wassergütewirtschaft und Gesundheitsingenieurwesen, Nr. 58), Inst. f. Bauingenieurwesen V, TU München, Lehrstuhl f. Wassergütewirtschaft und Gesundheitsingenieurwesen, Prof. Dr.-Ing. W. Bischofsberger.

ADAM, K./NOHL, W./VALENTIN, W. (1986): Bewertungsgrundlagen für Kompensationsmaßnahmen bei Eingriffen in die Landschaft. Hrsg.: Minister für Umwelt, Raumordnung und Landwirtschaft des Landes Nordrhein-Westfalen.

AEW PLAN GMBH (1988a): Verbunddeponie Bielefeld-Herford. Planungsblock A: Abfallvorbehandlung, Zuordnung zu Einbaubereichen, Einbauverfahren. Aug. 1988. Auftraggeber: Zweckverband Verbunddeponie Bielefeld-Herford.

AEW PLAN GMBH (1988b): Verbunddeponie Bielefeld-Herford. Planungsblock B: Basisabdichtung, Sickerwasser, Oberflächenabdichtung, Überdachung, Betrieb, Gasfassung. Kurzfassung, Dez. 1988. Auftraggeber: Zweckverband Verbunddeponie Bielefeld-Herford.

AEW PLAN GMBH (1989a): Verbunddeponie Bielefeld-Herford. Planungsblock C: Rekultivierung, Oberflächenentwässerung. Kurzfassung, Febr. 1989. Auftraggeber: Zweckverband Verbunddeponie Bielefeld-Herford.

AEW PLAN GMBH (1989b): Verbunddeponie Bielefeld-Herford. Planungsblock D: Sickerwasseraufbereitung. April 1989.
Auftraggeber: Zweckverband Verbunddeponie Bielefeld-Herford.

AHU - BÜRO FÜR HYDROGEOLOGIE UND UMWELT (1988): Umweltverträglichkeitsprüfung für die geplante Verbunddeponie Bielefeld-Herford. Vorabzug, Aachen.

AHU - BÜRO FÜR HYDROGEOLOGIE UND UMWELT (1989a): Umweltverträglichkeitsprüfung für die geplante Verbunddeponie Bielefeld-Herford. Systemempfehlung zu den Planungsblöcken A und B. Aachen, 28. 2. 1989.

AHU - BÜRO FÜR HYDROGEOLOGIE UND UMWELT (1989b): Umweltverträglichkeitsprüfung für die geplante Verbunddeponie Bielefeld-Herford. Ökologische Risikostudie zur Deponievorplanung Teilbereiche A und B. Kurzfassung, Apr. 1989.

AHU - BÜRO FÜR HYDROGEOLOGIE UND UMWELT/IWS-INSTITUT FÜR WASSERGEFÄHRDENDE STOFFE AN DER TECHNISCHEN UNIVERSITÄT BERLIN (1990): Standortgutachten Deponie Weeze-Wemb - Teil 3: Risikoanalyse Grundwasser - Abschlußbericht. Im Auftrag der Gemeinde Weeze.

AKADEMIE FÜR NATURSCHUTZ UND LANDSCHAFTSPFLEGE (Hrsg., 1985): Rechts- und Verwaltungsaspekte der naturschutzrechtlichen Eingriffsregelung. (Laufener Seminarbeiträge 1/85), Laufen/Salzach.

ALSEN, C./WASSERMANN, O. (1986): Die gesellschaftliche Relevanz der Umwelttoxikologie. Wissenschaftszentrum Berlin, Internationales Institut für Umwelt und Gesellschaft (IIUG), Berlin.

APPEL, D. (1987): Deponierung von Sonderabfällen. Statement zur Expertenanhörung "Sonderabfallentsorgung in Niedersachsen" v. 5. - 7. 5. 1987, Hannover, S. 363-384.

APPEL, D. (1989a): Multibarrieren - Qualität durch Quantität? Das Multibarrierenkonzept bei oberflächennahen Sonderabfalldeponien, in: Müll und Abfall, Nr. 4, S. 182 - 196.

APPEL, D. (1989b): Abschließende Erwiderung auf K. Stief, in: Müll und Abfall, Nr. 7, S. 381.

APPEL, D. (GEOWISS. BÜRO PANGEO) (1987): Stellungnahme in: NIEDERSÄCHSI-SCHES UMWELTMINISTERIUM 1987

APPEL, D./KREUSCH, J. (1986): Qualitative Bewertung von Deponierungsstrategien unter Berücksichtigung des Langzeitaspektes, in: Müll und Abfall, Nr. 9, S. 348-357.

ARBEITSGEMEINSCHAFT FRANCOP (1986): Schlickablagerungen in Francop, Bd. 1: Vergleichende ökologisch/gestalterische Alternativbeurteilung, Hamburg

AUGUST, H. (1986): Untersuchung zur Wirksamkeit von Kombinationsdichtungen, in: FEHLAU/STIEF (Hrsg.): Fortschritte der Deponietechnik.

AUGUST, H. (1988): Anforderungen an Kunststoffdichtungsbahnen in Deponieabdichtungssystemen, in: FEHLAU/STIEF (Hrsg.): Fortschritte der Deponietechnik.

AUGUST, H. u. a. (1985): Deponiebasisabdichtung mit Kunststoffdichtungsbahnen. Beiheft zu Müll und Abfall, H. 22.

AUGUST, H./HOLZLÖHNER, U. (1989): Begutachtung von Deponieabdichtungssystemen als Grundlage für eine Zulassung, in: FEHLAU/STIEF 1989, S. 125-139.

AUGUST, H./HOLZLÖHNER, U./TATZKY, R. (1987): Durch die Kombinationsdichtung zum absoluten Grundwasserschutz, in: Beiheft zu Müll und Abfall, H. 24, S. 65-68.

AUGUST, H./TATZKY, R. (1985): Ermittlung und Beurteilung von Restdurchlässigkeiten bei Kunststoffdichtungsbahnen, in: AUGUST u. a. 1985, S. 75.

AUGUST, H./TATZKY-GERTH, R. (1992): Neue Forschungsergebnisse aus Langzeituntersuchungen an Verbunddichtungen als technische Barriere für Deponien und Altlasten, in: THOMÉ-KOZMIENSKY 1992, S. 273-283.

AUGUST, H./TATZKY-GERTH, R./PREUSCHMANN, R./JAKOB, I. (1992): Permeationsverhalten von Kombinationsdichtungen bei Deponien und Altlasten gegenüber wassergefährdenden Stoffen. Bundesanstalt für Materialforschung und -prüfung (BAM) Berlin im Auftrag des Umweltbundesamtes.

AURAND, KARL u. a. (1984): Vergleichende Untersuchung an langfristig mit Abwasser belasteten Böden zur Beurteilung der Reinigungsvorgänge durch den Untergrund bei der künstlichen Grundwasseranreicherung, -Institut für Wasser-, Boden- und Lufthygiene des Bundesgesundheitsamtes Berlin.

AXETELL, K. (1978): Survey of Fugitive Dust from Coal Mines. EPA-PB 283162, Febr.

BACCINI, P. (Ed.,)1989): The Landfill-Reactor and Final Storage Lecture Notes, in: Earth Sciences 20, Berlin: Springer

BALFOUR, W. D. (1985): Evaluation of Air Emissions from Hazardous Waste Treatment, Storage and Disposal Facilities. PB85-203792, EPA/600/2.85/057, Mai 1985.

BALFOUR, W.D. u. a. (1984): Field Verification of Air Emission Models for Hazardous Waste Disposal Facilities. Land Disposal of Hazardous Waste, 10th Annual Research Symposium, 3.-5.4.84; PB84-177799, EPA/600/9-84-007, S. 197.

BAM - BUNDESANSTALT FÜR MATERIALFORSCHUNG (1984): Untersuchung zum Permeationsverhalten von handelsüblichen Kunststoffdichtungsbahnen als Deponiebasisabdichtung gegenüber Sickerwasser, organischen Lösungsmitteln und deren wässrige Lösungen. UBA-Forschungsbericht 10302208.

BARKOWSKI, D. (INST. F. UMWELT-ANALYSE) (1987): Stellungnahme, in: NIEDER-SÄCHSISCHES UMWELTMINISTERIUM 1987.

BAUMGARTER, P./FÜHRLINGER, W. (1987): Systematische Suche nach bau- und hydrogeologisch geeigneten Deponiestandorten. Österreichische Wasserwirtschaft, 39, Nr. 11/12, S. 269-273.

BECKERATH, K. v. (1984): Die Beseitigung von Sondermüll: Beurteilung und Einteilung von Abfällen der gewerblichen Wirtschaft unter Berücksichtigung der Behandlungs- und Beseitigungsmöglichkeiten im Hinblick auf die TA Abfall, in: Beiheft zu Müll und Abfall, H. 20, Berlin.

BECKERATH, K.v. (1982): Erfahrungsbericht Deponie Gallenbach, in: FEHLAU/STIEF (Hrsg.) 1982.

BEGEMANN, H. (1990): Die ökologische Krise ist eine Krise unserer Gesellschaft. Volkszeitung Nr. 25, S. 6.

BEIDATSCH, A. (1974): Besonnung der Wohnung, in: Kurzberichte aus der Bauforschung 15 (1974), Nr. 10, S. 202-221.

BELOUSCHEK, P./KÜGLER, J.-U./SCHÜRTZ, J. (1992): Wasserglasvergütete mineralische Dichtsysteme zur Abdeckung von Deponien und Altlasten unter dem Gesichtspunkt der aktiven Rißsicherung, in: THOMÉ-KOZMIENSKY, S. 227-247.

BILITEWSKI, B. u. a. (1987): Anforderungen an die Sonderabfall-Deponie der Zukunft, in: THOMÉ-KOZMIENSKY (Hrsg., 1987a).

BLAB, J. (1984): Grundlagen des Biotopschutzes für Tiere. Ein Leitfaden zum praktischen Schutz der Lebensräume unserer Tiere, Schriftenreihe für Landschaftspflege und Naturschutz, Heft 24; Bundesforschungsanstalt für Naturschutz und Landschaftsökologie.

BLAB, J. (1986a): Biologie, Ökologie und Schutz von Amphibien, 3. erweiterte und neubearbeitete Auflage; Schriftenreihe für Landschaftspflege und Naturschutz, Heft 18; Bundesforschungsanstalt für Naturschutz und Landschaftsökologie.

BLAB, J. (1986b): Grundlagen des Biotopschutzes für Tiere. Greven: Kilda.

BLAB, J./BRÜGGEMANN, P. (1991): Tierwelt in der Zivilisationslandschaft. 2. Raumeinbindung und Biotopnutzung bei Reptilien und Amphibien im Drachenfelser Ländchen, Schriftenreihe für Landschaftspflege und Naturschutz, Heft 34; Bundesforschungsanstalt für Naturschutz und Landschaftsökologie.

BLAB, J./TERHARDT, A/ZSIVANOVITS, K.-P. (1989): Tierwelt in der Zivilisationslandschaft. 1. Raumeinbindung und Biotopnutzung von Säugetieren und Vögeln im Drachenfelser Ländchen, Schriftenreihe für Landschaftspflege und Naturschutz, Heft 30; Bundesforschungsanstalt für Naturschutz und Landschaftsökologie.

BÖTTCHER, B. u.a. (1973): Zum Problem der Temperaturverteilung in Abfalldeponien. Hinweise zur Ursache der Selbstentzündung. Zbl. Bakt. Hyg.

BOMHARD, H. (1988): Die Deponieaufgabe - Probleme und Lösungen der Abfallagerung, in: THOMÉ-KOZMIENSKY (Hrsg., 1988b), S. 1002 ff.

BOTHMANN, O. (1989): Anforderungen an die Sanierung von Schadensfällen an Entwässerungssystemen von Deponien - Übersicht über Sanierungsverfahren, in: FEHLAU/STIEF (Hrsg., 1989), S. 49-64.

BOTHMANN, P. (1986): Langzeituntersuchungsprogramm für Deponien, in: FEHLAU/STIEF (Hrsg.), S. 315.

BRACKE, R./HAGEMANN, H.W./ECHLE, W./PÜTTMANN, W. (1991): Geochemische Veränderungen in der Tonbasisdichtung der Deponie Geldern-Pont nach 8jährigem Deponiebetrieb, in: Müll und Abfall, H. 7.

BRECHTEL, H.-M. (1984): Beeinflussung des Wasserhaushaltes von Mülldeponien. Müll-Handbuch, Loseblattsammlung 5/84. Berlin: E. Schmidt.

BREUER, W. (1992a): Grundzüge und Bedeutung der naturschutzrechtlichen Eingriffsregelung, in: Naturschutzrecht 4/92.

BREUER, W. (1992b): Die Beziehung zwischen Eingriffsregelung und UVP, in: Naturschutzrecht 5/92.

BRÜGMANN, L. (1993): Meeresverunreinigung. Berlin: Akademie Verlag.

BUNDESFORSCHUNGSANSTALT FÜR NATURSCHUTZ UND LANDSCHAFTSÖKO-
LOGIE (Hrsg., 1991): Landschaftsbild - Eingriff - Ausgleich. Handhabung der naturschutzrechtlichen Eingriffsregelung für den Bereich Landschaftsbild. Bonn-Bad Godesberg.

BUNDESMINISTER FÜR UMWELT, NATURSCHUTZ UND REAKTORSICHERHEIT
(1989): Entwurf: Dritte Allgemeine Verwaltungsvorschrift zum Abfallgesetz (TA Sonderabfall); Technische Anleitung zur Lagerung, chemi-
schen/physikalischen/biologischen Behandlung, Verbrennung und Ablagerung von
Sonderabfällen. Stand: Nov. 1989.

BUNDESRAT (1989a): Verordnung der Bundesregierung zur Bestimmung von Abfällen
(Sonderabfallbestimmungs-Verordnung; SAbfBestV); BR-Drucksache 357/89 vom
30.6.1989

BUNDESRAT (1989b): Verordnung der Bundesregierung über das Einsammeln und Be-
fördern sowie über die Überwachung von Abfällen und Reststoffen (Abfall- und
Reststoffüberwachungs-Verordnung; AbfRestÜberwV); BR-Drucksache 359/89 vom
30.6.1989

CORD-LANDWEHR, K. (1986): Stabilisierung von Mülldeponien durch eine Sickerwas-
serkreislaufführung. Veröff. Inst. Siedl.wasserw. u. Abf.technik, Univ. Hannover, H.
66.

CZURDA, K. A. (1990): Funktion geologischer und mineralogischer Barrieren im Deponiebau, in: Seminar über multi-mineralische Basisabdichtungen, Bingen-Rüdesheim.
Geologisches Landesamt Rheinland-Pfalz (Hrsg.), Mainz.

CZURDA, K. A. (1992): Die Frostempfindlichkeit mineralischer Deponieabdichtungen, in:
THOMÉ-KOZMIENSKY (1992), S. 159-182.

CZURDA, K. A./WAGNER, J.-F. (1988b): Verlagerung und Festlegung von Schwermetallen in tonigen Barrieregesteinen, in: CZURDA/WAGNER (Hrsg., 1988a), S. 225.

CZURDA, K.A./WAGNER, J.F. (Hrsg.; 1988a): Tone in der Umwelttechnik. Jahrestagung
der Deutschen Ton- und Tonmineralgruppe in Karlsruhe. Schriftenreihe Angew.
Geologie Karlsruhe, Lehrstuhl f. Angew. Geologie, Univ. Karlsruhe.

DBAG - Deutsche Bahn AG (1994a): Beschreibung von Transportsystemen für Müllver-
kehr - Entsorgungstransporte im Raum Höxter/Lippe über die Schiene. Stuttgart.

DBAG - Deutsche Bahn AG (1994b): Standortanalyse hinsichtlich ihrer Gleisanschlußfä-
higkeit der Standorte Blomberg, Liege, Lieme. Stuttgart.

DBAG - Deutsche Bahn AG (1994c): Standortanalyse hinsichtlich ihrer Gleisanschlußfä-
higkeit der Standorte Herste, Höxter, Wewer. Stuttgart.

DECKER, J. u. a. (1990): Sozialverträglichkeit und Umsiedlungen. Gutachten zur Beurteilung der Sozialverträglichkeit von Umsiedlungen im Rheinischen Braunkohlen-
revier, Büro Peter Zlonicky u. Partner, Dortmund.

DEGEN, W./HASENPATT, R. (1988): Durchströmung und Diffusion in Tonen, in: CZUR-
DA/WAGNER (Hrsg., 1988a), S. 123-139.

DEMMERT, St./JESSBERGER, H.L. (1990): Konzept zur risikoanalytischen Betrachtung
von Abfalldeponien, in: JESSBERGER, H. L (Hrsg., 1990).

DEUTSCHER STÄDTETAG (1992): Naturschutzrechtliche Ausgleichsregelung in Bauleitplanung und Genehmigungsverfahren, MittDST 6/71-00.

DEUTSCHER WETTERDIENST (o. J.): Klimatische Wechselwirkungen in der Raumplanung bei Nutzungsänderungen. Berichte des Deutschen Wetterdienstes Nr. 171.

DFG - DEUTSCHE FORSCHUNGSGEMEINSCHAFT (1983): Ökosystemforschung als
Beitrag zur Beurteilung der Umweltwirksamkeit von Chemikalien, Weinheim.

DFG (1992): MAK- und BAT-Werte Liste 1992. Hg.: Senatskommission zur Prüfung ge-
sundheitsschädlicher Arbeitsstoffe. Mitt. 28. Weinheim: VCH Verl.

DIERKES, H. (1994): Umsetzung der TA Siedlungsabfall bei Deponien in Nordrhein-Westfalen. In: Dohmann (Hg.).

DIN 18005 (1987): Schallschutz im Städtebau. Berlin, Beuth-Verl.

DOHMANN; M. (Hg.)(1994): Siedlungsabfalldeponien - Oberflächenabdichtung, Sickerwasser. Abfall-Recycling-Altlasten, H. 6. Inst. Siedlungswasserwirtschaft, TH Aachen.

DOPHEIDE, J. W.: Recht und Planungsinstrumente des Naturschutzes und der Landschaftspflege, Hrsg.: Landwirtschaftskammer Westfalen-Lippe, 1991.

DÖRHÖFER (1992): Die Umsetzung der Anforderungen an die Geologische Barriere bei der Einrichtung von Deponien. - Umweltgeologie Heute Heft 1.

DÖRHÖFER (1995): Kategorisierung und Bewertung der geologischen Barriere bei Altlastenverdachtsflächen.- Sanierung von Altlasten. Hrsg. H.L. Jessberger, Balkema, Rotterdam.

DÖRHÖFER, F. (1991): Langzeitverhalten umd Umweltauswirkungen von Deponien, in: Evang. Akad. Loccum (Hrsg., 1990).

DÖRHÖFER, G. (1988): Anforderungen an den Deponiestandort als geologische Barriere, in: FEHLAU/STIEF (Hrsg., 1988), S. 165-191.

DORNBUSCH, J. u.a. (1993): Baubetriebliche Randbedingungen im Deponiebau, in: Wasser und Boden, H. 4.

DPU - DEUTSCHE PROJEKT UNION (1986): Bestimmung eines Standortes für eine allgemein zugängliche Sonderabfalldeponie im Regierungsbezirk Köln. Vergleichende Untersuchung von vier möglichen Standorten unter Berücksichtigung der Umweltverträglichkeit, Essen.

DPU - DEUTSCHE PROJEKT UNION (1987): Die Sonderabfalldeponie "Vereinigte Ville-Hochlage". Die Ermittlung des Standortes. Essen.

DPU - DEUTSCHE PROJEKT UNION (1993): Standortsuche für eine Restmüllverbrennungsanlage in den Kreisen Lippe und Höxter. Endber. Stufen I u. II. Essen.

DPU - DEUTSCHE PROJEKT UNION (1995): Standortsuche für eine Restmüllverbrennungsanlage für das Kooperationsgebiet Ostwestfalen-Süd. Stufe III, Bd. I: Standortvergleichende Untersuchung unter Berücksichtigung der Umweltverträglichkeit, Bd. II: Fachbeiträge zur standortvergleichenden Untersuchung. Essen.

DPU - DEUTSCHE PROJEKT UNION/DBAG - Deutsche Bahn AG (1994): Untersuchungen zur Beurteilung transportlogistischer Aspekte im vorfeld der Standorteignung für eine thermische Abfallbehandlungsanlage für das Kooperationsgebiet Ostwestfalen-Süd. Endber. Essen.

DRESCHER, J. (1985): Ingenieurgeologische Aspekte bei der Sonderabfalllagerung. Ber. 5 Nat. Tag. Ing.-Geol., S. 57-67. Deutsche Gesellschaft für Erd- und Grundbau, Essen.

DRESCHER, J. (1987): Standortanforderungen für Deponien aus geowissenschaftlicher Sicht, in: THOMÉ-KOZMIENSKY (Hrsg., 1987a), S. 235.

DÜLLMANN, H. (1987): Langzeitverhalten von Deponieabdichtungen. Erfahrungsbericht über die Freilegung von Versuchsfeldern auf der Deponie Geldern-Pont, in: Jessberger (Hrsg., 1990), S. 43-72.

DÜLLMANN, H. (1987): Schadensanalyse mineralischer Deponiebasisabdichtungen (Versuchsfelder 1 u. 2. der Deponie Geldern-Pont). Abschlußbericht unveröffentlicht. F+E-Vorh. im Auftrag d. MURL/NRW.

EBERT, R./GNAD, F./STIERAND, R. (1992): Erfahrungen zur Bürgerbeteiligung - Ansätze für Raumordnungsverfahren? Berichte aus dem Institut für Raumplanung 31, Universität Dortmund.

ECHLE, W./CEVRIM, M./DÜLLMANN, H. (1988): Tonmineralogische, chemische u. bodenphysikalische Veränderungen in einer Ton-Versuchsfläche an der Basis der Deponie Geldern-Pont, in: CZURDA/WAGNER (1988), S. 99-121.

EHRESMANN, J. (1987): Betrieb einer Sondermülldeponie, in: THOMÉ-KOZMIENSKY (1987a), S. 864.

EHRIG, H.-J. (1985): Sickerwasseremissionen aus Sonderabfalldeponien, in: Ablagerung umweltbelastender Stoffe, Veröff. d. Inst. f. Stadtbauwesen, H. 38, TU Braunschweig, S. 137.

EHRIG, H.-J. (1986): Untersuchungen zur Gasbildung aus Hausmüll. Müll u. Abfall, H. 5.

EHRIG, H.-J. (1989): Sickerwasser aus Hausmülldeponien - Menge und Zusammensetzung. Müll-Handbuch, Loseblattsammlung 1/89. Berlin: E. Schmidt Verl.

EHRIG, H.-J. (1990): Wasserhaushalt und Lanzeitemissionen von Deponien. In: Wiemer (Hg.).

EIDGENÖSSISCHE KOMMISSION FÜR ABFALLWIRTSCHAFT (1986): Leitbild für die Schweiz zur Abfallwirtschaft, in: Bundesamt f. Umweltschutz (Hrsg.), Schriftenreihe Umweltschutz, Nr. 51.

EIKMANN, T. u. a.(1991): Epidemiologische Untersuchungen im Umfeld von Altlasten, in: FRANZIUS/STEGMANN/WOLF (1991).

EINBRODT, H. J./EIKMANN, Th. (1986): Ergebnisbericht und gutachterliche Stellungnahme zur Reihenuntersuchung der Anwohner der Haus- und Sondermülldeponien in Aichach-Gallenbach (Bayern), Inst. Hygiene u. Arbeitsmed. d. Med. Fak., TH Aachen, Prof. Einbroth, Pauwelstr. (Neues Klinikum).

EKA-EIDGENÖSSISCHE KOMMISSION FÜR ABFALLWIRTSCHAFT (1986): Leitbild der schweizerischen Abfallwirtschaft; Schriftenreihe Umweltschutz (BUS), Nr. 51.

ELLENBERG, H. (1981): Greifvögel und Pestizide. Versuch einer Bilanz für Mitteleuropa. Ökologie der Vögel, Sonderheft.

ELLENBERG, H. u.a. (Hrsg.; 1986): Ökosystemforschung. Ergebnisse des Solling-Projekts, Stuttgart: Ulmer.

EPPLE, K. (1979): Theorie und Praxis der Systemanalyse.

ERBACH, G. (HESSISCHE INDUSTRIEMÜLL GMBH) (1987): Stellungnahme in: NIEDERSÄCHSISCHES UMWELTMINISTERIUM 1987

EVANGELISCHE AKADEMIE LOCCUM (Hrsg.; 1990): Negotiation and Mediation Procedures for the Settlement of Environmental Conflicts. The Case of Conflicts about Hazardous Waste Incineration Facilities. Int. Workshop, 29.4.-1.5.1990, Part I/II.

EWEN, Chr./STRECK, M. (1987): Abdichtungen aus Ton und tonige Gemische bei Deponien und Altlastensanierungen, (Werkstattreihe, Nr. 31), Öko-Inst..

FEHLAU, K.-P./STIEF, K. (Hrsg.,1982): Fortschritte der Deponietechnik 1982.

FEHLAU, K.-P./STIEF, K. (Hrsg., 1985): Fortschritte der Deponietechnik 1985. (Abfallwirtschaft in Forschung und Praxis, Bd. 15), Berlin: E. Schmidt.

FEHLAU, K.-P./STIEF, K. (Hrsg., 1986): Fortschritte der Deponietechnik 1986. (Abfallwirtschaft in Forschung und Praxis, Bd. 16), Berlin: E. Schmidt.

FEHLAU, K.-P./STIEF, K. (Hrsg., 1987): Fortschritte der Deponietechnik 1987. (Abfallwirtschaft in Forschung und Praxis, Bd. 19), Berlin: E. Schmidt.

FEHLAU, K.-P./STIEF, K. (Hrsg.,1988): Fortschritte der Deponietechnik 1988. (Abfallwirtschaft in Forschung und Praxis, Bd. 23), Berlin: E. Schmidt.

FEHLAU, K.-P./STIEF, K. (Hrsg., 1989): Fortschritte der Deponietechnik 1989. Praxis der Abfallablagerung, (Abfallwirtschaft in Forschung und Praxis, 30). Berlin: E. Schmidt.

FERNANDEZ, F./QUIGLEY, R. M. (1985): Hydraulic conductivity of natural clays permeated with simple liquid hydrocarbons. Can. Geotech. J., Vol. 22, 205-213.

FICHTEL/OELTZSCHNER (1979): Die Reinigungswirkung von Lockersedi-menten auf Sickerwässer aus Schlackendeponien, Schriftenreihe Abfallwirt-schaft, Nr. 6 Landesamt für Umweltschutz.

FIETKAU, H.-J. (1984): Bedingungen ökologischen Handelns. Gesellschaftliche Aufgaben der Umweltpsychologie, Weinheim/Basel: Beltz.

FINSTERWALDER (1988): Die Abfall-Lagerstätte für geologische Zeiträume. - Eine innovative Deponielösung. Vortrag, Ruhr-Universität Bochum.

FINSTERWALDER, K. (1988): Die Deponie, eine Abfall-Lagerstätte für geologische Zeiträume, Workshop an der Ruhr-Universität Bochum, 10.11.1988.

FINSTERWALDER, K. (1989): Beurteilungskriterien für mineralische Deponie-Abdichtungen. Berücksichtigung von Konvektion, Diffusion und Sorption, in: FEHLAU, K.-P./STIEF, K. (Hrsg., 1989), S. 103-115.

FINSTERWALDER, K. (1992): Stofftransport durch mineralische Abdichtungen, in: THOMÉ-KOZMIENSKY (1992).

FINSTERWALDER, K./MANN, U. (1990): Stofftransport durch mineralische Abdichtungen. In: Jessberger, H.L. (Hg.): Neuzeitliche Deponietechnik.

FINSTERWALDER, K./MANN, U. (1992): Emissionsabschätzung für Deponien nach dem Entwurf der TA-Siedlungsabfall. wlb Wasser Luft Boden H. 7-8.

FÖRSTNER, U. (1988): Geochemische Vorgänge in Abfalldeponien. Die Geowissenschaften, H. 10.

FÖRSTNER, U. (1989): Geochemical Processes in Landfills. The Landfill, Hg. Peter Baccini, Springer-Verl.

FORRESTER (1972): Grundzüge einer Systemtheorie, Wiesbaden: Gabler.

FORSCHUNGSGESELLSCHAFT FÜR STRASSEN- UND VERKEHRSWESEN (1985): Empfehlungen für die Anlage von Erschließungsstraßen (EAE '85).

FORSCHUNGSGESELLSCHAFT FÜR STRASSEN- UND VERKEHRSWESEN (1990): Richtlinien für den Lärmschutz an Straßen (RLS-90), Ausgabe 1990.

FRANZIUS, V./STEGMANN, R./WOLF, K. (1991): Handbuch der Altlastensanierung, Heidelberg: Decher.

FRECHEN, F.-B./KETTERN, J. T. (1987): Geruchsemissionen aus einer Sonderabfalldeponie und Maßnahmen zu ihrer Minderung - Fallstudie, in: THOMÉ-KOZMI-ENSKY (Hrsg., 1987b), S. 573-584.

FROELICH/SPORBECK (1988): Bewertungsverfahren zur ökologischen Bewertung von Biotoptypen, Landschaftsverband Rheinland, Bochum.

FUCHS, D. (1985): Zusammensetzung der Haus- und Gewerbeabfälle. Müllhandbuch, Berlin: E. Schmidt Verl.

FUCHS, H. (1969): Systemtheorie, in: Grochla, E. (Hrsg.): Handwörterbuch der Organisation, Sp. 1620, Stuttgart.

GAßNER, E. (1995): Standortsuche und Geologie - Anforderungen der TA Siedlungsabfall für Deponien.- Abfallwirtschaftsjournal 7, Nr. 6, S. 400 - 403.

GAßNER, E. (1991):TA Abfall Gesamtfassung der Zweiten allgemeinen Verwaltungsvorschrift zum Abfallgesetz. Teil 1 von Erich Gassner - 1. Auflage - München: Rehm, 1991.

GDA - Empfehlungen des Arbeitskreises "Geotechnik der Deponien und Altlasten" (1993). Hrsg: Deutsche Gesellschaft für Erd- und Grundbau e.V.

GEFFARTH, U. (BAYER AG) (1987): Stellungnahme in: NIEDERSÄCHSISCHES UMWELTMINISTERIUM 1987

GEOLOGISCHES LANDESAMT NRW (1977): Karte zur Bodenschätzung auf der Deutschen Grundkarte von NRW 1:5000, Blatt Klostervenn, Kappenhagen, Külve, Vardingholt, Horner Mark NW, SW, SO.

GILLWALD, K. (1983): Umweltqualität als sozialer Faktor. Zur Sozialpsychologie der natürlichen Umwelt. Frankfurt: Campus.

GLANDT, D. (1979): Beiträge zur Habitatökologie der Zauneidechse und Waldeidechse im nordwestdeutschen Tiefland, Salamandra 15.

GLANDT, D. (1981): Amphibienschutz aus Sicht der Ökologie, Natur und Landschaft 56.

GÖTTNER, J.J. (1985): Mögliche Reaktionen in einer Sonderabfalldeponie. Folgerungen für das Deponiekonzept, in Müll und Abfall, Nr. 2, S. 29-33.

GREINER, B. (1985): Energie und Schadstoffe im Hausmüll - Folgerungen für die Abfallbehandlungsanlagen. Müllhandbuch. Berlin: E. Schmidt Verl.

GREISER, E./LOTZ, I./BRAND, H. (1990): Mögliche Erhöhung der Leukömie-Häufigkeit im Kreis Minden-Lübbecke als Folge der Emission einer Müll-Deponie - Abschlußbericht. Bremer Institut für Präventionsforschung und Sozialmedizin (BIPS), i. A. d. Ministeriums für Arbeit, Gesundheit und Soziales des Landes NW, Bremen.

GRIMM, B./SOMMER, B. (1993): Bewertung von Boden und Bodenverlust im Rahmen der Umweltverträglichkeitsprüfung, in: UVP-report 4/93.

GRIMMEL, E./PALUSKA, A. (1989): Gutachten zur Frage, ob die Sonderabfalldeponie Ochtrup eine Gefahr für die Grund- und Oberflächenwässer sowie die Böden der Umgebung darstellt, Inst. f. Geographie, FB Geowissenschaften, U Hamburg.

GÜDELHÖFER, P./SCHENK, H. (1990): Gerüche objektiv bewerten, Umwelt Bd. 20, Nr. 1/2 - Febr. 1990.

GUDERIAN, R., REIDL, K. (1982): Höhere Pflanzen als Indikatoren für Immissionsbelastungen in terrestrischen Bereichen, in: Decheniana - Beihefte 26, S. 6-22.

GUDERIAN, R./KRAUS, G. H. M./KAISER, H. (1977): Untersuchung zur Kombinationswirkung von schwefeldioxyd- und schwermetallhaltigen Stäuben auf Pflanzen, in: Schriftenreihe der Landesanstalt für Immissionsschutz 40, S. 20-23.

HAFERKAMP, H./SCHULZ, W./WITTE, R. (1989): Technische Anforderungen an Dichtungsbahnen und Geotextilien im Deponiebau, in Müll und Abfall, Nr. 6, S. 324-330.

HALLER, H:/PETRIK, H./REGNER, B. (1986): Demonstration von Untersuchungen des Deponieverhaltens ausgewählter Deponien als Grundlage von Langzeituntersuchungsprogrammen. Ergebnisse F+E-Vorh. 1430/84, UBA.

HAHN, J. (1985): Überlegungen zu neuen Konzepten bei der Lagerung von Sondermüll, in: 8. MÜLLTECHNISCHES SEMINAR, S. 377-396.

HAHN, J. (1987) in: NIEDERSÄCHSISCHES UMWELTMINISTERIUM.

HALBRITTER, G. u. a. (1990): Weiträumige Ausbreitungsrechnungen für Schwefelemissionen, in: Staubreinhaltung der Luft 50 (1990), S. 33-40.

HALBRITTER, G. u. a. (1990): Weiträumige Ausbreitungsrechnungen für Schwefelemissionen, in: Staub-Reinhaltung der Luft 50 (1990), S. 33-40.

HERBELL, J.-D./TRAMOWSKY, B. (1985): Beurteilung von Sonderabfällen in Bezug auf ihre Deponierbarkeit, in: 8. MÜLLTECHNISCHES SEMINAR, S. 57

HERMANN, B. (1994): Belastungspfade im Umfeld von Deponien - Grundwasser- und Oberflächenwasserverunreinigungen. In: Rettenberger u.a. (Hg.)

HERMANN, B. (1994): Erfassung und Beurteilung der Standortempfindlichkeit. In: Rettenberger u.a. (Hg.)

HERMANN, B. (1994): Umweltverträglichkeitsuntersuchung als Instrument für Öffentlichkeitsarbeit. In: Rettenberger u.a. (Hg.)

HEROLD, C. (1994): Vorgehensweise des Deutschen Instituts für Bautechnik (DIBt) bei der Beurteilung der Gleichwertigkeit von Oberflächenabdichtungssystemen nach TA Abfall und TA Siedlungsabfall. In: Dohmann (Hg.).

HERRMANN, H./KÖGLER, A.; GEWOS (1979): Öffentlichkeitsarbeit bei der Standortplanung von Abfallbeseitigungsanlagen. Motivuntersuchungen zur Ablehnung von Anlagen der Abfallwirtschaft durch die Bevölkerung. GEWOS GmbH (Gesellschaft für Wohnungs- und Siedlungswesen, Hamburg), Projektgruppe Abfall, im Auftrag des Umweltbundesamtes.

HERTIG, U. (1994): Einfluß der Oberflächenabdichtung auf Menge und Qualität des Sikkerwassers. In: Dohmann (Hg.).

HILLEBRECHT, E. (1987): Ausführung einer Kombinationsdichtung, in: THOMÉ-KOZMI-ENSKY (Hrsg., 1987a), S. 460.

HOCK, B./ELSTNER, E. F. (1989): Schadwirkungen auf Pflanzen, Lehrbuch der Pflanzentoxikologie, 2. überarbeitete Auflage, Wissenschaftsverlag Mannheim/Wien/Zürich.

HOFFMANN, H. (1984): Emissionsübernahme abgeschlossener Deponien. In: LWA-NRW.

HOFFMANN, H. (1986): Ergebnisse der Eignungsuntersuchungen von 10 Dichtungsmaterialien bei Feldversuchen (Deponie Geldern-Pont), in: FEHLAU/ STIEF (Hrsg.), S. 9-19.

HOLZLÖHNER, U. (1988): Das Feuchteverhalten mineralischer Schichten in der Basisabdichtung von Deponien, in: Müll und Abfall, Nr. 7, S. 295-302.

HOLZLÖHNER, U. (1990): Langzeitverhalten von mineralischen Abdichtungsschichten in Deponieabdichtungen hinsichtlich Austrocknung und Rißbildung. Bundesanstalt für Materialforschung und -prüfung, im Auftrag des Umweltbundesamtes.

HOMANS, W. (1994): Geruchsemissionen aus Abfalldeponien. In: Rettenberger u.a. (Hg.)

HORBERT, M. (1981): Klimatologisches Gutachten zur geplanten Großbergehalde Mottbruch, Berlin.

HORBERT, M. (1981a): Klimatologisches Gutachten zur geplanten Halde Scholver Feld, Essen.

HORBERT, M.; SCHÄPEL, C. (1986): Klimatische Untersuchungen an Bergehalden im Ruhrgebiet, Arbeitshefte Ruhrgebiet A 030 des Kommunalverbands Ruhrgebiet (Hrsg.), Essen

HÖSEL/SCHENKEL/SCHNURER: Müll-Handbuch. Sammlung und Transport, Behandlung und Lagerung sowie Vermeidung und Verwertung von Abfällen.

HÜBLER, K.-H./OTTO-ZIMMERMANN, K. (Hrsg., 1989): Bewertung von Umweltverträglichkeit, Taunusstein: Blottner.

HUNT, A./SIMPSON (1982): Atmospheric boundary layer over non homogenous terrain, in: PLATE (Ed.), S. 269-318.

IFEU - INSTITUT FÜR ENERGIE- UND UMWELTFORSCHUNG HEIDELBERG (1986): Umweltrelevanzprüfung für drei Deponiestandorte im Rhein-Neckar-Kreis.

IFEU - INSTITUT FÜR ENERGIE- UND UMWELTFORSCHUNG HEIDELBERG (1994): Transportmöglichkeiten für Restabfälle von der LK Alzey-Worms, Bad Kreuznach, Mainz-Bingen und Rheingau-Taunus zum KMW-Gelände nach Mainz. Heidelberg.

IFR - INSTITUT FÜR REGIONALWISSENSCHAFTEN DER UNIVERSITÄT KARLSRUHE (Hrsg., 1981): Kritik der Nutzwertanalyse. Drei Beiträge von EEKHOFF, J./HEIDEMANN, C./STRASSERT, G..

IGS (1993): Verkehrlich Lagegunst geplanter Standorte für eine Restabfallverbrennungsanlage im Kreis Neuss. IGS Ingenieurgemeinschaft Stolz im Auftrag des Kreises Neuss. Kaarst.

JANSON, O. (1988): Messung, Bewertung und Bilanzierung gasförmiger Emissionen aus Deponien für Hausmüll u. Sonderabfälle, in: Staub-Reinhaltung der Luft 48, Nr. 9, S. 333-339.

JELINEK, D. (1993): Probebau einer Kapillarsperre auf der Deponie 'Am Stempel', in: Wasser und Boden, H. 4.

JESSBERGER, H.-L. u. a. (Hrsg., 1987a): Seminar über neuzeitliche Deponietechnik. 12.11.1987. Ruhr-Universität Bochum.

JESSBERGER, H.-L. (1987b): Geotechnische Aspekte im Hinblick auf die Entwicklung neuzeitlicher Deponietechnik, in: JESSBERGER (Hrsg., 1987).

JESSBERGER, H.-L. (1989): Sicherheitsbetrachtungen bei Deponien, in: FEHLAU/STIEF (1989), S. 11-48.

JESSBERGER + PARTNER GmbH (1988): Umweltverträglichkeitsprüfung für die geplante Verbunddeponie Bielefeld-Herford: Technische Risikoanalyse mit quantifizierter Emissionsprognose. Teilbereiche A bis C, Sept. 1988/Febr. 1989.

JOCKEL, W./HARTJE, J. (1983): Untersuchung über die Emissionen diffuser Staubquellen, insbes. Halden u. Schüttgutanlagen und Möglichkeiten d. Emissionsminderung. Umweltforschungsplan des Bundesmin. d. Innern, Forschungsbericht 83-10403106.

JUNGERMANN, H./WIEDERMANN, P. M. (1990): Ursachen von Dissens und Bedingungen des Konsens bei der Beurteilung von Risiken. Arbeiten zur Risiko-Kommunikation, H. 12; Programmgruppe Technik und Gesellschaft (TU 6) des Forschungszentrums Jülich.

KALBERLAH, F. (1987): Vergleichende Betrachtung zu human- und ökotoxikologischen Aspekten der thermischen Abfallbehandlung und der biologisch-mechanischen Abfallbehandlung. Forschungs- und Beratungsinstitut Gefahrstoffe (FoBIG), Freiburg.

KALBFUS, W. (1988): Der AOX, die Bemessungsgrundlage für gefährliche Stoffe? In: Gefährliche Stoffe im Abwasser und Oberflächenwasser. Münchener Beitr. z. Abwasser-, Fischerei- und Flußbiologie, Bd. 42. Hg.: Bayerisches Landesamt für Wasserforschung, München.

KEENY/RENN/WINTERFELDT/KOTTE (1984): Die Wertbaumanalyse. Entscheidungshilfe für die Politik, München: High-Tech-Verlag.

KESSLER, P. (1992): Planung und Bemessung einer Umladestation für Schienentransport. Müll-Handbuch 2/1992.

KIPP, M. (1992): Die Situation des Brachvogels in NRW, Lölf-Mitteilungen, Heft Nr. 3/1992.

KIRCHHOFF, J.F. (1994): Moderne Entsorgungslogistiksysteme. Abfallwirtschaftsjournal 6, H. 5.

KLEINSCHMIDT, V. (1991): Einbeziehung tierökologischer Inhalte in Gutachten zur Eingriffsregelung und zur UVP in NRW, in: LÖLF-Mitteilungen 3/91.

KLISCHAN, U. (1993): Beispiele zur Konversion ehemals militärisch genutzter Flächen aus der Praxis der LEG Nordrhein-Westfalen, in: Mitteilungen der Landesentwicklungsgesellschaften und Heimstätten, Nr. 1/1993.

KNAUER; A. (1994): Abfalltransporte mit der Bahn. Müll-Handbuch 1/1994.

KNIPSCHILD, F.W. (1985): Kunststoffdichtungsbahnen für die Abdichtung von Deponien, in: Ablagerung umweltbelastender Stoffe, Veröff. Inst. Stadtbauwesen, H. 38, TU Braunschweig.

KNOCH, J. (1987) in: NIEDERSÄCHSISCHES UMWELTMINISTERIUM.

KNOEPFEL, P./REY, M. (1990): Konfliktminderung durch Verhandlung. Das Beispiel des Verfahrens zur Suche eines Standortes für eine Sondermülldeponie in der Suisse Romande, in: Evang. Ak. Loccum (Hrsg., 1990), Teil II.

KNÜPFER, F./SIMONS, H. (1985): Abdichtungssysteme für Mülldeponien, in: 8. MÜLL-TECHNISCHES SEMINAR.

KOCH, R. u. a. (1988): Langzeitfestigkeit von Deponiedichtungsbahnen aus Polyethylen, in: Müll und Abfall, 8/1988, S. 348-361.

KOHLER, E. E. (1987): Geochemische und kristallchemische Bewertung von Basisabdichtungen im Hinblick auf Sickerwasserangriff, in: JESSBERGER (Hrsg., 1987a).

KOHLER, E. E. (1989): Beständigkeit mineralischer Dichtstoffe gegenüber organischen Prüfflüssigkeiten. Empfehlungen für Deponieplaner und -betreiber, in: FEHLAU/STIEF (Hrsg., 1989).

KOHLER, E. E. (1990a): Beständigkeit von Tonmineralien. Die multi-mineralische Basisabdichtung, in: Seminar über multi-mineralische Basisabdichtungen, Bingen-Rüdesheim. Geologisches Landesamt Rheinland-Pfalz (Hrsg.), Mainz.

KOHLER, E. E. (1990b): Chemisch-physikalische Untersuchungen über das Redoxmilieu an der Grenzfläche von Kombinationsdichtungen. Staatliches Forschungsinstitut für angewandte Mineralogie Regensburg an der Universität Regensburg. Bundesanstalt für Materialforschung und -prüfung, im Auftrag des Umweltbundesamtes.

KOHLER, E. E./USTRICH, E. (1988): Tonminerale und ihre Wirksamkeit in natürlichen und technischen Schadstoffbarrieren, in: CZURDA/WAGNER (Hrsg., 1988a), S. 1-19.

KÖHLER, M. u. a. (1992): Möglichkeiten und Grenzen der Eingriffsregelung am Beispiel von Bremen-Niedervieland. UVP-report 4/92, 233-240.

KOKENGE, H. (1992): Zur Anwendung der Eingriffs-/Ausgleichregelung nach nordrheinwestfälischem Landesrecht, in: Das Gartenamt 5/92.

KOLODZIEJCOK, K.-G. (1992): Die naturschutzrechtliche Eingriffs- und Ausgleichsregelung, ihre Zielsetzung und Systematik, in: Natur-Recht, H. 7, S. 309-312.

KOMMUNALVERBAND RUHRGEBIET (1987): Klima und Lufthygiene als Planungsfaktoren, Essen.

KOMODROMOS, A./GÖTTNER, J. J. (1988): Beeinflussung von Tonen durch Chemikalien, in: Müll und Abfall, H. 3, Bielefeld: E. Schmidt Verl., 1986, S. 102-108 u. H. 12, S. 552-562.

KRAUSE, C./ADAM, K./SCHÄFER, B. (1983): Landschaftsbildanalyse, methodische Grundlagen zur Ermittelung der Qualität des Landschaftsbildes, -Bundesanstalt für Naturschutz und Landschaftsökologie, Schriftenreihe für Landschaftspflege und Naturschutz Heft 25, Bonn - Bad Godesberg.

KRAUSE, C./HENKE, H. (1980): Wirkungsanalyse im Rahmen der Landschaftsplanung; Bundesanstalt für Naturschutz und Landschaftsökologie, Schriftenreihe für Landschaftspflege und Naturschutz Heft 20, Bonn - Bad Godesberg.

KREJSA, P. (1988): Konzepte und Kriterien zur umweltgerechten Deponierung von Schadstoffen. Österr. Wasserwirtschaft, 40, Nr. 1/2, S. 25-29.

KREUSCH, J. (1984): Möglichkeiten, Probleme und Risikobewertung bei der untertägigen Einlagerung von Sonderabfällen; Gruppe Ökologie, Hannover

KRUSE, H./MAREKE, W. (1991): Emissionspfade und humantoxikologische Auswirkungen von ausgewählten Schadstoffen in Altlasten, in: FRANZIUS/ STEGMANN/WOLF (1991).

KRUSE, K. (1994): Langfristiges Emissionsgeschehen von Siedlungsabfalldeponien. Veröff. Inst. Siedlungswasserwirtschaft, TU Braunschweig, H. 54.

KRUSE, L./GRAUMANN, C.-F./LANTERMANN, E.-D. (Hrsg., 1990): Ökologische Psychologie. München: Psychologie-Verl. Union.

KUMPF, W./MAAS, K./STRAUB, H. (1986): Handbuch für die Müll- und Abfallbeseitigung. Loseblattwerk. Berlin: E. Schmidt Verl.

LAGA (1983): Deponiegas - Informationsschrift. Müllhandbuch 5/83. Berlin: E. Schmidt Verl.

LAHL, U./KUGLER, K./ZESCHMAR-LAHL, B. (1991): Sanierungsfall Bielefeld-Brake, in: FRANZIUS/ STEGMANN/WOLF (1991).

LANDSBERG, G. (1993): Gesetz zum Schutz vor schädlichen Bodenveränderungen und zur Beseitigung von Altlasten, in: Stadt und Gemeinde 1/1993.

LANGER, M. (1987): Die Deponierung von Sonderabfall. Methoden, Sicherheitskriterien, Standortvoraussetzungen, in: NIEDERSÄCHSISCHES UMWELTMINISTERIUM (1987), S. 333.

LANGHAGEN, K. (1990): Überdachungssysteme von Deponieeinbauflächen. In: WIEMER (Hg.).

LASSEN, D. (1987): Unzerschnittene verkehrsarme Räume über 100 km^2 Flächengröße in der Bundesrepublik Deutschland - Fortschreibung 1987 - in: Natur und Landschaft 62. Jg. (1987) Heft 12.

LASSEN, D. (1990): Unzerschnittenen verkehrsarme Räume über 100 km^2 - eine Ressource für die ruhige Erholung, in: Natur und Landschaft 65. Jg. (1990) Heft 6.

LAUGWITZ, R./POLLER, T./STEGMANN, R. (1988): Entstehen und Verhalten von Spurenstoffen im Deponiegas sowie umweltrelevante Auswirkungen von Deponiegasemissionen. In: Hamburger Ber., Abfallwirtsch., TU Hamburg-Harburg.

LEIBL, F. (1988): Ökologisch-faunistische Untersuchungen an Kleinsäugern im Bayrischen Wald unter besonderer Berücksichtigung von Windwurfflächen; Beiträge zum Artenschutz 5, Wirbeltiere, Schriftenreihe Bayrisches Landesamt für Umweltschutz, Heft 81.

LEOPOLD, L. B./LANGBEIN, W. B. (1962): The Concept of Entropy in Landscape Evolution. U.S. Geol. Surv. Prof. Pap. 422-H.

LINDEMANN, H. (1992): Beteiligung von Bürgern und Gemeindeverwaltungen bei der Standortsuche von Abfallbehandlungsanlagen. Studie von Beteiligungsmöglichkeiten am Beispiel von vergleichenden Standortuntersuchungen für Deponien. Diplomarbeit, Fachbereich Raumplanung, Universität Dortmund.

LOHMEYER, A./SCHUHMANN, R./ HALLER, H. (1990): Die Bestimmung des Einflußbereichs einer Mülldeponie bezüglich Lufthygiene und Kleinklima, in: Müll und Abfall, Nr. 4, S. 192-196

LOHMEYER, A; PLATE, E. (1986): Windfeld und Abgasausbreitung an Bergehalden, Arbeitshefte Ruhrgebiet A 029 des Kommunalverbands Ruhrgebiet (Hrsg.), Essen

LUHMANN, N. (1986b): Ökologische Kommunikation, Opladen: Westdeutscher Verlag.

MADER, H.-J. (1983): Artenschutz in der Eingriffs- und Ausgleichsregelung am Beispiel eines tierökologischen Bewertungsmodells für Straßentrassen; Jahrb. f. Naturschutz und Landschaftspflege Nr. 34 - Stand und Entwicklung des Artenschutzes.

MANN (1993): Stofftransport durch mineralische Deponieabdichtungen: Versuchsmethodik und Berechnungsverfahren. Dissertation. Schriftenreihe des Institutes für Grundbau der Ruhr-Universität Bochum, Heft 19.

MARFELS, H. u. a. (1987 u. 1988): Immissionsmessungen von faserigen Stäuben in der BRD.
IV. Gebäudeabriß und asbesthaltige Mülldeponie. Staub-Reinhaltung der Luft 47 (1987), Nr. 9/10, S. 219-223.
VI. Asbestbelastungen im Bereich von Mülldeponien, in: Staub-Reinhaltung der Luft 48 (1988), S. 463-464.

MARGREWITZ, D. (1986): Lölf-Mitteilungen, Merkblätter zum Biotop- und Artenschutz Nr. 69; Landesanstalt für Ökologie, Landschaftsentwicklung und Forstplanung Nordrhein-Westfalen.

MARQUARDT, N. (1988): Das HELP-Modell zur Abschätzung des Wasserhaushaltes in Deponieoberflächenabdichtungssystemen, in: FEHLAU/STIEF (1988).

MARQUARDT, N. (1989): Modifizierung und Verifizierung des HELP-Modells anhand von Lysimeteruntersuchungen, in: Müll und Abfall, H. 8, S. 415-420.

MARKQUARDT, N. (1990): Der Bodenwasserhaushalt in Deponieabdeckschichten. Diss. FB 14, TU Berlin.

MARKQUARDT, N./WOHNLICH, S. (1992): Verbessertes Simulationsmodell zur Berechnung des Wasserhaushaltes von Deponieoberflächenabdichtungen. EntsorgungsPraxis H. 6, 420-424.

MELCHIOR, S. (1993): Wasserhaushalt und Wirksamkeit mehrschichtiger Abdecksysteme für Deponien und Altlasten. Hamburger Bodenkundl. Arbeiten, Bd. 22. Verein z. Förd. d. Bodenkunde in Hamburg.

MELCHIOR, S. u. a. (1992): Vergleichende Bewertung unterschiedlicher Abdecksysteme für Deponien und Altlasten, in: THOMÉ-KOZMIENSKY (1992), S. 453-475.

MELCHIOR; S. u.a. (1993): Comparison of the Effectivenesse of Different Liner Systems for Top Cover. Proc. Sardinia 93, Fourth Int. Landfill Symp., CISA, Environmental Sanitary Eng. Centre, Cagliari.

MERGEN, H./SCHMITT, G. P. (1991): Sanierung der ehemaligen Industriemülldeponie Prael in Sprendlingen, in: FRANZIUS/STEGMANN/WOLF (1991).

MESAROVIC, M.D./MACKO, E. (1969): Foundations of a Scientific Theory of Hierarchic Systems, in: Whity, L. L. et al (Ed., 1969).

MESECK, H./REUTER, E. (1987): Prüfung und Bewertung der Durchlässigkeit mineralischer Dichtungsmaterialien. Ergebnisse Braunschweiger Laborversuche, in: THOMÉ-KOZMIENSKY (Hrsg., 1987a).

MILDE u. a. (1990): Zur Bewertung hydrogeologischer Barrieren - welche Möglichkeiten bietet der Großraum Berlin. In: THOMÉ-KOZMIENSKY.

MILLER, R. (1986) Einführung in die ökologische Psychologie. Opladen: Leske und Budrich.

MOCK, J. (1993): Ausgleich von Eingriffen in den Wasserhaushalt, in: Wasser und Boden, H. 3/1993, S. 148-151.

MOGEL, H. (1984): Ökopsychologie, Stuttgart: Kohlhammer.

MORIARTY, F. (1988): Ecotoxicology. The Study of Pollutants in Ecosystems. London et al: Academic Press.

MÜLLER, E.R./STOCKMEYER, M.R. (1993): Tonmineralogie und Deponietechnik. In: Zeitgem. Deponietechnik 1993.

MÜLLER, K. (1987): Akzeptanz von Deponiestandorten, in: THOMÉ-KOZMIENSKY (Hrsg., 1987a).

MÜLLER, K./HOLST, M. (1987): Raumordnung und Abfallbeseitigung - Empirische Untersuchung zu Standortwahl und -durchsetzung von Abfallbeseitigungsanlagen - im Auftrag des Bundesministeriums für Bauwesen, Raumordnung und Städtebau; Schriftenreihe des BMBau Nr. 06.065, Bonn 1987

MÜLLER, L./HEEMEIER, R./LAHL, U. (1990): Neue Deponiekonzepte: Das Beispiel Verbunddeponie Bielefeld-Herford; Vortrag beim Seminar "Zeitgemäße Deponietechnik", Universität Stuttgart, 14.-15. März 1990

MÜLLER, R. K./LOHS, K. (1987): Toxikologie, Stuttgart: G. Fischer.

MÜNK, G. u.a. (1989): Abdichtung von Mülldeponien. Kunststoffe 79, Nr.4, S. 352.

MURL - MINISTER FÜR UMWELT, RAUMORDNUNG UND LANDWIRTSCHAFT (1986): Naturschutz und Landschaftspflege in Nordrhein-Westfalen, Bewertungsgrundlagen für Kompensationsmaßnahmen bei Eingriffen in die Landschaft, Düsseldorf

MURL - MINISTER FÜR UMWELT, RAUMORDNUNG UND LANDWIRTSCHAFT (1986): Lärmminderungspläne - Ziele und Maßnahmen. Düsseldorf.

MURL - MINISTER FÜR UMWELT, RAUMORDNUNG UND LANDWIRTSCHAFT (1990): Abstände zwischen Industrie- bzw. Gewerbegebieten und Wohngebieten im Rahmen der Bauleitplanung (Abstandserlaß), RdErl. des Ministers für Umwelt, Raumordnung und Landwirtschaft vom 21.03.1990 - VB 3 - 8804.25.1 (V Nr. 2/90), Düsseldorf

MURL - MINISTER FÜR UMWELT, RAUMORDNUNG UND LANDWIRTSCHAFT (1991): Rahmenkonzept zur Planung von Sonderabfallentsorgungsanlagen, 3. Auflage, April 1991, Düsseldorf.

MWSV - MINISTER FÜR WOHNEN, STADTENTWICKLUNG UND VERKEHR (1988): Berücksichtigung des Schallschutzes im Städtebau - DIN 18005 Teil 1 - Ausgabe Mai 1987 - RdErl. d. Ministers für Wohnen, Stadtentwicklung und Verkehr vom 21.07.1988 - I A 3 - 16.21-2.

NEFF, H. K. (1987): Neue Deponiekonzepte unter Berücksichtigung von Bauabschnitten geringer Größe sowie Rückholbarkeit, in: JESSBERGER (Hrsg., 1987a).

NEFF, H. K./BLINDE, A. (1987): Architektur eines Erdhügelspeichers als Langzeitdeponie, Symposium Deponiebauwerke, Frankfurt.

NETZ, B. (1990): Landschaftsbewertung der unzerschnittenen verkehrsarmen Räume - eine rechnergestützte Methode zur Ermittlung der Erholungsqualität von Landschaftsräumen auf Bundesebene, in: Natur und Landschaft 65. Jg. (1990) Heft 6.

NIEDERSÄCHSICHES LANDESAMT FÜR BODENFORSCHUNG/NIEDERSÄCHSICHES LANDESAMT FÜR WASSER UND ABFALL (1991): Deponieüberwachungsplan Wasser, Beweissicherung an Deponien in Niedersachsen - Grundwasser, oberirdische Gewässer. Entwurf 2.1, Hannover/Hildesheim.

NIEDERSÄCHSISCHER LANDTAG (1989): Zustand der betriebseigenen Giftmülldeponien. Antwort auf eine Große Anfrage - Drs. 11/3597 - der Fraktion der Grünen vom 17. 2. 1989; Drs. 11/3855 v. 18. 4. 1989, 11. Wahlperiode.

NIEDERSÄCHSISCHES LANDESAMT FÜR BODENFORSCHUNG (1986): Bericht über geowissenschaftliche Vorsorgeuntersuchungen für die Ablagerung von Sonderabfällen. A.Z.: N 3.3-116/86 DRE/LAG, 30. 6. 1986.

NIEDERSÄCHSISCHES UMWELTMINISTERIUM (1987): Sonderabfallentsorgung in Niedersachsen, Expertenanhörung über Strategien und Verfahren zur Vermeidung/Verminderung/Verwertung sowie die endgültige Beseitigung von Sonderabfällen; Dokumentation einer Tagung des Niedersächsischen Umweltministers vom 5. bis 7. Mai 1987 in Hannover; Hannover.

NOEKE, J./TIMM, J. (1990): Altlasten, Sonderabfälle und Öffentlichkeit, Studie im Auftrag der Europäischen Stiftung zur Verbesserung der Lebens- und Arbeitsbedingungen; Dortmund.

OELTZSCHNER (1989): Aufgabe der geologischen Barriere bei Abfall deponien.- Abfallwirtschaftsjournal 1, Nr. 6, S. 26 - 53.

OELTZSCHNER (1991): Geologische - geotechnische und hydrogeologische Voraussetzungen für die Standortfindung von Abfalldeponien- Müllhandbuch, Hrsg. Hösel/Schenkel/Schnurrer, Kz 4520, Lfg. 7/91, 15 S. E. Schmitt Verlag Berlin

ÖKO-INSTITUT DARMSTADT (1992): Gutachterliche Stellungnahme zu Planrechtfertigung, Standort- und Sicherheitsfragen der geplanten Sonderabfalldeponie im Regierungsbezirk Arnsberg. 2. Zwischenbericht, im Auftrag der Städte Unna und Werl.

ÖKO-INSTITUT DARMSTADT/INSTITUT FÜR ÖKOSYSTEMFORSCHUNG FREIBURG/BÜRO FÜR HYDROGEOLOGIE UND UMWELT (AHU) AACHEN (1992): Sicherheitsbetrachtung für eine Industrieabfalldeponie in Luxemburg - Kurzfassung des Endberichts, im Auftrag der Gemeinde Roeser.

OSSIG, G./TYBUS ; M. (1986): Untersuchung des Langzeitverhaltens von Deponien. Endber. T. 2, BMFT, FKZ 1430184.

PECHER, K. (1989): Untersuchungen zum Verhalten ausgewählter organischer Chlor-Kohlenwasserstoffe während des sequentiellen Abbaus von kommunalen Abfällen. Diss. Univ. Bayreuth.

PETERSOHN, F. (1995): Beurteilung der verkehrlichen Anbindung beim Standortvergleich für Müllverbrennungsanlagen unter besonderer Berücksichtigung von Transportketten. Diplomarbeit, Fak. Raumplanung, Univ. Dortmund.

PETTELKAU, H.-J. (1988): Die Anwendung der neuen Störfall-Verordnung auf Sonderabfallbehandlungsanlagen, in: THOMÉ-KOZMIENSKY (Hrsg., 1988b).

PLATE, E. (1982): Engineering Meteorology, Amsterdam: Elsevier.

PLEß, G. (1992): Bewertung von Müllbränden auf der Mülldeponie Wolfsburg-Fallersleben (unveröffentlicht).

POLLER, T. (1990): Hausmüllbürtige LCKW/FCKW und deren Wirkung auf die Methanbildung. Hamburger Ber. 2, Abfallwirtschaft, TU Hamburg-Harburg.

POSNER, R. (Hrsg., 1990): Warnungen an eine ferne Zukunft: Atommüll als Kommunikationsproblem. München: Raben-Verlag.

PREUSS, S. (1991): Umweltkatastrophe Mensch. Heidelberg: Asanger.

RAMKE, H.-G. (1991): Hydraulische Beurteilung und Dimensionierung der Basisentwässerung von Deponien fester Siedlungsabfälle - Wasserhaushalt, hydraulische Kennwerte, Berechnungsverfahren. Diss. TU Braunschweig.

RAMKE, H.-G. (1994): Entwurfsprinzipien und hydraulische Berechnung von Deponiebasisentwässerungssystemen. In: Dohmann (Hg.).

RAMKE, H.-G./BRUNE, M. (1990): Untersuchungen zur Funktionsfähigkeit von Entwässerungsschichten in Deponiebasisabdichtungssystemen. Abschl.ber. Forsch.vorh. FKZ BMFT 14504573.

RAMMSTEDT, O. (1981): Betroffenheit - was heißt das? Politische Vierteljahresschrift, Sonderheft 12/1981.

REINKE, E. (1993): Verfahrensansatz zur Berücksichtigung zoologischer Informationen bei der UVP, in: Naturschutz und Landschaftsplanung 25 (1) 1993.

RETHMANN (1989): Transport von Sondermüll - Ein Vergleich Schiene/Straße aus abfallwirt-schaftlicher und gefahrgutrechtlicher Sicht, Abfallwirtschaft in Forschung und Praxis Bd. 29, Berlin.

RETTENBERGER, G. (1989) in: FEHLAU/STIEF, S. 143.

RETTENBERGER, G. (1992): Ziele und Verfahrenstechnik der Deponieentgasung. Seminar Deponiegastechnik, Technische Akademie Esslingen.

RETTENBERGER, G. (1994): Belastungspfade aus Deponien für Haus- und Sonderabfälle. In: Rettenberger u.a. (Hg.)

RETTENBERGER, G. (1994): Bewertung störfallartiger Ereignisse - Risikoabschätzung und sicherheitstechnische Bewertung. In: Rettenberger u.a. (Hg.)

RETTENBERGER, G. u.a. (1994): UVP bei Deponien und Anlagen der Abfallwirtschaft. Trierer Ber. z. Abfallwirtschaft, Bd. 5. Bonn: Economica Verl.

RETTENBERGER/BEITZEL (Hrsg., 1992): Bau- und Betriebstechnik bei Abfalldeponien, Bonn: Economica-Verlag.

REUTER, E. (1988): Durchlässigkeitsverhalten von Tonen gegenüber anorganischen und organischen Säuren, Braunschweig.

RIECKEN, U. (1992): Planungsbezogene Bioindikation durch Tierarten und Tiergruppen, BFANL (Hrsg.), Bonn-Bad Godesberg.

RIECKEN, U. (1992a): Grenzen und Machbarkeit von "Natur aus zweiter Hand". Natur und Landschaft 67 (11), S. 527-535.

RIECKEN, U. (1992b): Planungsbezogene Bioindikation durch Tierarten und Tiergruppen, Schriftenreihe für Landschaftspflege und Naturschutz, Heft 36; Bundesforschungsanstalt für Naturschutz und Landschaftsökologie.

RIECKEN, U./BLAB, J. (1989): Biotope der Tiere in Mitteleuropa, Bundesforschungsanstalt für Naturschutz und Landschaftsökologie.

ROELES, G. (1983): Auswirkungen von Müllverbrennungsanlagen auf die Standortumgebung. Analyse der Wahrnehmungen von Störungen und Belästigungen. Inst. f. Wasserversorgung, Abfallbeseitigung und Raumplanung, TH Darmstadt.

ROPOHL (1975): Systemtechnik - Grundlagen und Anwendung, München/Wien: Hanser.

RUBIO, M.A./WILDERER, P.A. (1991): Sanierungsfall Love Canal, in: FRANZI-US/STEGMANN/WOLF (1991).

RÜCKEL, H. G. (ZWECKVERBAND SONDERMÜLLPLÄTZE MITTELFRANKEN) (1987): Stellungnahme in: NIEDERSÄCHSISCHES UMWELTMINISTERIUM 1987.

RYSER, W. (1987): Der Betrieb von Abfalldeponien. Betriebsleitung, Voraussetzungen und Kontrolle, in: THOMÉ-KOZMIENSKY (Hrsg., 1987a).

SASSE (1992): Planerische, baubetriebliche und qualitätssichernde Maßnahmen beim Herstellen von Deponieabdichtungen unter besonderer Berücksichtigung der Witterungsproblematik, in: RETTENBERGER/BEITZEL (Hrsg., 1992).

SCHÄCKE, G./BURKHARDT, K./WELTLE, D./ESSING, H.-G./SCHALLER, K.-H. (1976): Toxikologische Untersuchungen bei Sondermüllplatz-Personal; in: Bericht über die 15. Jahrestagung der Deutschen Gesellschaft für Arbeitsmedizin; Stuttgart, S. 267-274.

SCHÄFER, J. (1990): Oberflächenabdichtungen von Deponien - Dichtheit und ihre Einflußfaktoren, in: Müll und Abfall, H. 7.

SCHÄRER, B./HAUG, N. (1990):Bilanz der Großfeuerungsanlagen-Verordnung, in: Staub-Reinhaltung der Luft 50, 139 - 144.

SCHARF, P. (1975): In: ROPOHL (1975).

SCHATZMANN, M. (1984): Veränderungen des lokalen Windfeldes und der Immissionssituation (Ergebnisse der Windkanaluntersuchungen), in: Ökologische Risikoanalyse Hafenschlickdeponie, Fallbeispiel Georgswerder. Planungsgruppe Ökologie und Umwelt, Hannover.

SCHEBEK; L. (1987): Beurteilung des Gefahrenpotentials von Sonderabfällen unter besonderer Berücksichtigung von Auslaugversuchen, Studie im Auftrag der Hessischen Industriemüll GmbH, Wiesbaden. (Werkstattreihe des Öko-Inst., Nr. 37).

SCHEFFER/SCHACHTSCHABEL (1989): Lehrbuch der Bodenkunde, Stuttgart: Enke.

SCHEFFER/SCHACHTSCHABEL (1992): Lehrbuch der Bodenkunde. - 13. durchgesehene Auflage. Ferdinand Enke Verlag.

SCHLAGINTWEIT, F. (1992): Beiträge zur Abdichtung von Deponien. Bayerisches Landesamt für Umweltschutz, Schriftenreihe H. 120.

SCHMIDT-LÜTTMANN, M. u. a. (1992): Einfluß des Eintrages von Luftinhaltsstoffen in oligotrophe Moorseen am Beispiel des Phosphors, UBA 12/1992.

SCHMITT-GLESER, G. (1988):Beförderung gefährlicher Abfälle und GGVS, in: THOMÉ-KOZMIENSKY (Hrsg., 1988b), S. 405-418.

SCHNEIDER/GÖTTNER (1991): Schadstofftransport in mineralischen Deponieabdichtungen und natürlichen Tonschichten.- Hrsg. Bundesanstalt für Geowissenschaften und Rohstoffe und den geologischen Landesämtern in der Bundesrepublik Deutschland. Geologische Jahrbuch Reihe C, Heft 58.

SCHNEIDER/TIETZE (1987): Numerische Schadstofftransportmodelle als Beurteilungsinstrument für die Barrierewirkung des Deponieuntergrundes. - Abfallwirtschaft in Forschung und Praxis. Fortschritte der Deponietechnik 19; S. 158 - 187.

SCHÖNER, P. (1988): Einrichtung und Betrieb von Sonderabfalldeponien, in: THOMÉ-KOZMIENSKY (Hrsg., 1988b).

SCHREIER, W. (1994): Fachuntersuchungen zum Emissionsgeschehen und zur Abfallbeschaffenheit. In: Rettenberger u.a. (Hg.)

SCHROEDER, P. R./GIBSON, A. C./SMOLEN, M. D. (1984): The hydrologic evaluation of landfill performance (HELP) Modell. Vol. II, US-EPA 539-Sw-84-010, Cincinnati, Ohio.

SIMONS, H./REUTER,E. (1985): Empfehlungen zur Herstellung toniger Basisabdichtungen, in: Mitteilungen Institut Grundbau und Bodenmechanik, Technische Universität Braunschweig, Heft 18.

SPENDLIN, H.-H. (1991): Untersuchungen zur frühzeitigen Initiierung der Methanbildung bei festen Abfallstoffen. Hamburger Ber. 4, Abfallwirtsch. TU Hamburg-Harburg.

SRU - DER RAT VON SACHVERSTÄNDIGEN FÜR UMWELTFRAGEN (1991): Abfallwirtschaft. Sondergutachten September 1990, Stuttgart.

STADT HAMBURG (1986): Arbeitsschutz-Handbuch für die Deponie Georgswerder; Baubehörde; Hamburg

STAUPE, J/LÜHR, H.-P. (1986): Der Besorgnisgrundsatz beim Grundwasserschutz, in: Wasser und Boden, Nr. 12, S. 600-603.

STEFFEN, H./SCHMIDT, C./KÜRMANN, H. (1989): Abschlußbericht über Versuche zur Ermittlung der Auswirkungen von Imperfektionen in Kunststoffdichtungsbahn und mineralischer Dichtung auf das Dichtungsverhalten von Kombinationsdichtungen. Dr.-Ing. Steffen Ingenieurgesellschaft mbH, im Auftrag des Umweltbundesamtes; Essen.

STEFFEN, H./SCHMIDT, C./KÜRMANN, H. (1989): Gutachten über Anforderungen an die stofflichen Eigenschaften und den Einbau der Dichtungselemente in einer Kombinationsdichtung. Dr.-Ing. Steffen Ingenieurgesellschaft mbH, im Auftrag des Umweltbundesamtes; Essen.

STERZL-ECKERT, H./DEML, E. (1994): Toxikologische Bewertung der Immisonen aus Abfallentsorgungsanlagen. In: Rettenberger u.a. (Hg.)

STIEF, K. (1992): Gedanken zur geologischen Barriere von Deponien. - Müll und Abfall, Heft 2, S. 85 - 94. Erich Schmidt-Verlag, Berlin.

STIEF, K. (1986): Das Multibarrierenkonzept als Grundlage von Planung, Bau, Betrieb und Nachsorge von Deponien, in: Müll und Abfall 18 (1), S. 15-20.

STIEF, K. (1987): Stellungnahme in: NIEDERSÄCHSISCHES UMWELTMINISTERIUM 1987.

STIEF, K. (1989a): Multibarrieren - Qualität und Quantität. Anm. z. Beitrag. v. D. Appel in H. 4/1989, in: Müll und Abfall, Nr.7, S. 379.

STIEF, K. (1989b): Ablagern von Abfällen, in: WALPRECHT (Hrsg., 1989).

STIEF, K./DÖRHÖFER (1992): Geologische und hydrogeologische Anforde-rungen an die geologische Barriere und das Deponieumfeld. Fachtagung "Abdichtung von Deponien und Altlasten". EF Verlag. Berlin.

STOLPE, H/VOIGT, M. (Hg.) (1996): Standortsuche und Standortüberprüfung von Deponien. (Abfallwirtschaft in Forschung und Praxis). Berlin: E.Schmidt Verl.

STRIEGEL (1994): Anforderungen an die Standortauswahl von Deponien der Deponieklassen nach der TA Siedlungsabfall. - Landesumweltamt Nordrhein-Westfalen, Materialien Nr. 2, S 41 - 63.

THOMÉ-KOZMIENSKY, K. J. (Hrsg., 1987a): Deponie - Ablagerung von Abfällen. Berlin: EF-Verl. f. Energie u. Umwelttechnik.

THOMÉ-KOZMIENSKY, K. J. (Hrsg., 1987b): Behandlung von Sonderabfall 1. Berlin: EF-Verl. f. Energie u. Umwelttechnik.

THOMÉ-KOZMIENSKY, K. J. (1987c): Transport und Sammlung von Sonderabfall, in: THOMÉ-KOZMIENSKY, K. J. (Hrsg.; 1987b): Behandlung von Sonderabfall 1, S. 65-80.

THOMÉ-KOZMIENSKY, K. J. (Hrsg., 1988a): Behandlung von Sonderabfall 2. Berlin: EF-Verl. f. Energie u. Umwelttechnik.

THOMÉ-KOZMIENSKY, K. J. (1988b): Ablagerung von Sonderabfall, in: THOMÉ-KOZMIENSKY, K. J. (Hrsg., 1988a): Behandlung von Sonderabfall 2, S. 162-292.

THOMÉ-KOZMIENSKY, K. J. (Hrsg., 1992): Abdichtung von Deponien und Altlasten, Berlin: EF-Verlag.

THOMÉ-KOZMIENSKY, K. J./LANTE, D. (Hrsg., 1990): Deponie 4. Berlin: EF-Verlag.

TRENT-UMWELT / WBK (1987): Standortuntersuchung für eine Sonderabfalldeponie im Regierungsbezirk Münster - Vorerkundung -, im Auftrag des RP Münster, Dortmund/Bochum.

TRENT-UMWELT (1991): Vergleichende raumbezogene Umweltverträglichkeitsuntersuchung von Standortalternativen für eine Sonderabfalldeponie im Regierungsbezirk Münster, Abschlußbericht April 1991, im Auftrag des RP Münster, Dortmund.

TRENT-UMWELT Forschungsgruppe an der Universität Dortmund / VOIGT, M. (Projektleitung) (1994): Vergleichende raumbezogene Umweltverträglichkeitsuntersuchung von Standortalternativen für eine Sonderabfalldeponie im Regierungsbezirk Münster - Abschlußbericht, 3 Bände, 642 S., 10 Karten, Kurzfassung. Geologische Untersuchungen: DeutscheMontanTechnologie (DMT), Essen. Koordination DMT-TRENT: M. Voigt.

TÜLLINGHOFF, R./BERGMANN, H.-H. (1993): Zur Habitatnutzung des Großbrachvogels im westlichen Niedersachsen: Bevorzugte und gemiedene Elemente der Kulturlandschaft. Die Vogelwarte, Bd. 37, H. 1.

TURK, M. (1994): Maßnahmen zur Unterhaltung und Sanierung von Sickerwassersammelsystemen. In: Dohmann (Hg.).

TÜV RHEINLAND E.V./WEDDE, F./TAGEDER, K.: (1987): Lärmschutz an Anlagen zur Abfallbehandlung und Abfallverwertung. Umweltforschungsplan der Bundesministers für Umwelt, Naturschutz und Reaktorsicherheit, Forschungsbericht 10503102/08, Umweltbundesamt (Hrsg.), Texte 3/87, Berlin.

TÜV-RHEINLAND (o. J.): Lärmgutachten zur Bauschutt-Deponie Piepersberg in Solingen-Gräfrath.

TÜV-RHEINLAND, INSTITUT FÜR ENERGIETECHNIK UND UMWELTSCHUTZ (1988): Potentielle Staubbelastung. Gutachten für die Bauschuttdeponie Piepersberg in Solingen-Gräfrath.

TÜV-RHEINLAND/INSTITUT FÜR ENERGIETECHNIK UND UMWELTSCHUTZ (o. J.): Emissionsfaktoren für genehmigungsbedürftige Anlagen nach der 4. Verordnung zur Durchführung des Bundes-Immissionsschutzgesetzes (Luftverunreinigungen), Teil 5. Umweltforschungsplan d. Bundesministers des Innern, Forschungsber. Nr. 77-10402704.

UMWELTBUNDESAMT (1989): Daten zur Umwelt 1988/89, Berlin.

UMWELTBUNDESAMT (1992): Daten zur Umwelt 1990/91, Berlin.

URBAN-KISS, S. (1992): Erfahrungen mit der Herstellung einer Kombinationsdichtung (Oberflächenabdichtung) nach TA Abfall-Kriterien, in: RETTENBERGER/BEITZEL (1992), S. 69-89.

VOIGT, M. (1992a): Deponietechnologie und Deponiestandort müssen zusammenwachsen. Planungsprobleme bei (Sonderabfall-)Deponien, in: Entsorgungs Praxis, H. 4.

VOIGT, M. (1992b): Methodisch begleiten. UVP bei der Standortwahl für Deponien, in: ENTSORGA-Magazin, H. 4/H. 5 Teil I und II.

VOIGT, M. (1993a): Zur Standortentscheidung in der Regionalplanung. Unveröffentlichtes Arbeitspapier, Fachgebiet Stadtbauwesen und Wasserwirtschaft, Fachbereich Raumplanung, Universität Dortmund.

VOIGT, M. (1993b): Probleme mit Zielen der Umweltplanung in unterschiedlichen Regionen, in: Berichte zur deutschen Landeskunde, H. 2.

VOIGT, M. (1993c): Bewertung bei Umweltverträglichkeitsuntersuchungen von Standorten. In: Umweltverträglichkeitsprüfung (UVP) - Unterstützung durch nutzwertanalytische Bewertung. Mitt. d. Inst. f. Hydrologie und Wasserwirtschaft der Univ. Karlsruhe, H. 43, 253-289.

VOIGT, M. (1996): Versorgungssysteme und Resourcen - Eine systemtheoretische Erkundung zur dauerhaften Integration naturhaushaltlicher Leistungen in die Gesellschaft am Beispiel Wasser. Diss. Univ. Dortmund.

WAGNER, J.-F. (1988): Mineralveränderungen bei der Migration von Schwermetallösungen durch Tongesteine, in: CZURDA/WAGNER (1988a), S. 47.

WAGNER, J.-F. (1991): Konzeption einer doppelten mineralischen Basisabdichtung, in: Müll und Abfall.

WALPRECHT, D. (Hrsg., 1989): Abfall und Abfallentsorgung. Vermeidung, Verwertung, Behandlung. Berlin u. a.: Heymann.

WASSERMANN, O./ALSEN-HINRICHS, C./SIMONIS, U. E. (1990): Die schleichende Vergiftung. Die Grenzen der Belastbarkeit sind erreicht. Die Notwendigkeit einer unabhängigen Umwelttoxikologie. Frankfurt: Fischer.

WEBER, B. (1990) Minimierung von Emissionen der Deponie. Veröff. Inst. Siedlungswasserw. u. Abfalltechn., Univ. Hannover.

WEDDE, F. (1987): Lärmschutz an Anlagen zur Behandlung und Verwertung von Haushaltsabfällen, in: THOMÉ-KOZMIENSKY/SCHENKEL (Hrsg.): Konzepte in der Abfallwirtschaft 1. Berlin: FE-Verl. f. Umwelttechnik, S. 207-219.

WEGNER, G. (1969): Stichwort Systemanalyse, in: Grochla, E. (Hrsg.): Handbuch der Organisation. Stuttgart.

WEHLING, P. (1989): Ökologische Orientierung in der Soziologie, Frankfurt: Verl. f. interkulturelle Kommunikation.

WEISS, A. (1988): Über die Abdichtung von Mülldeponien mit Tonen unter besonderer Berücksichtigung des Einflusses organischer Bestandteile im Sickerwasser. - Mitteilungen des Instituts Grundbau u. Bodenmechanik ETH Zürich, 133: S. 77-90, Zürich.

WHITY, L. L. u.a. (Ed., 1969): Hierarchical Structures.

WIEDEMANN, H. U. (1988a): Technische Anforderungen an die Abfallablagerung, in: THOMÉ-KOZMIENSKY (Hrsg., 1988a), S. 919-982.

WIEDEMANN, H. U. (1988b): Grundwasser und Deponie. TU Berlin Wissenschaftsmagazin 11 (Geologie), S. 121-124, Berlin.

WIEMER, K. (1987): Grundlagen zur Abdichtung und Kapselung von Deponien, in: THOMÉ-KOZMIENSKY (Hrsg.), S. 394.

WIEMER, K. (Hrsg., 1990a): Abfallwirtschaft und Deponietechnik '90. Fachgebiet Abfallwirtschaft und Recycling, Universität Kassel.

WIEMER, K. (1990b): Deponie im Umbruch. Vorbehandlung - Technik - Dichtung, in: WIEMER, K. (Hrsg.): Abfallwirtschaft und Deponietechnik '90. Kassel.

WIEMER, K./WIDDER, G. (1990): Emissionen von Deponien und Deponiegasverbrennungsanlagen. In: WIEMER, K. (Hrsg.): Abfallwirtschaft und Deponietechnik '90. Kassel

WITHERS, S. (1988): Risikomüll und Sicherheit. Europäische Stiftung zur Verbesserung der Lebens- und Arbeitsbedingungen.

ZEIGER, F.-G. (1993): Beständigkeit von tonigen Deponieabdichtungen im Kontakt mit Deponiesickerwasser und organischen Prüfflüssigkeiten. (Schriftenreihe Angew. Geologie Karlsruhe 24), Karlsruhe.

ZUBILLER, C.-O. (1992): Die Anforderungen an die Abdichtung bei Deponien und Altlasten auf der Grundlage der TA Abfall, in: THOMÉ-KOZMIENSKY (1992), S. 101-108.